欧盟

气候政策研究

RESEARCH ON EU CLIMATE POLICY

高小升／著

社会科学文献出版社
SSAP
SOCIAL SCIENCES ACADEMIC PRESS (CHINA)

本书为教育部人文社科研究青年项目“中国气候政策的国际反应与评价研究”的阶段性研究成果，项目批准号：13YJCGJW003。

目 录

Contents

·绪 论·

一 本研究的背景

自工业化以来，人类社会遭遇了各种各样的环境问题，而其中最为严重且最难应对的当属气候变化问题。根据联合国气候变化政府间委员会（IPCC）在2007年发布的第四份评估报告，人为排放的温室气体是气候变化的主要诱因。而同年英国财政部发布的《斯特恩报告》的研究结果显示，对气候变化无动于衷将使各国遭受的损失达到国内生产总值（GDP）的5%~20%，而应对气候变化需要付出的成本大约仅为GDP的1%。[①]为此，国际社会开始采取各种措施来应对气候变化。1988年，联合国气候变化政府间工作委员会（International Panel on Climate Change，简称IPCC）成立，由此开启世界各国共同合作对气候变化进行系统的科学研究。1990年12月，第45届联合国大会通过了第45/212号决议，决定成立由联合国全体会员国参加的“气候变化框架公约政府间谈判委员会”，由此国际气候谈判正式开始。时至今日，国际气候机制在过去的二十多年中经历了四个阶段的演变，即《联合国气候变化框架公约》（以下简称《公约》）谈判和批准（1990~1994年）、《京都议定书》谈判和批准（1995~2005年）、后京都谈判时期（2005~2011年）和2020年后国际气候机制谈判时期（2011年以来）。当前，世界各国正围绕着2020年后国际气候机制的构建进行着激烈的博弈。

---

① Nicholas Stern, *The Economics of Climate Change: The Stern Review* (Cambridge: Cambridge University Press, 2007), p. vi.

与此同时，气候变化问题进入联合国大会的议程。2007 年 4 月，联合国安全理事会特别会议首次讨论气候变化问题，此后的历次联合国大会上，气候变化都是要讨论的议题之一，俨然气候变化问题已成为全球重要的安全问题。不仅如此，为了推动和确保国际气候谈判的成功，联合国秘书长还先后在 2009 年 9 月和 2014 年 9 月发起和召开了联合国气候变化首脑特别峰会。此外，诸多重要的多边国际组织和论坛，如联合国、八国集团峰会、G20 集团峰会、主要经济体能源与气候变化峰会（MEF）都对气候变化给予了高度的关注。

可以说，气候变化已成为国际事务的中心议题和备受关注的“高级政治”问题之一，研究气候变化相关问题不仅重要而且显得尤为必要。

二　本研究的理论和现实意义

欧盟是最早对气候变化问题给予高度关注的行为体之一，而且在应对气候变化方面走在世界前列，在当前气候变化问题日益凸显和受到关注的背景下研究欧盟气候政策具有以下理论和现实意义。

首先，研究欧盟气候政策能够更加准确地把握欧盟在构建国际气候机制中的立场、承诺和发挥的作用，为中国有效参与国际气候机制提供借鉴。自气候变化问题进入国际政治议程后欧盟就积极参与其中，是国际气候谈判进程的主导者之一和国际气候合作规则的主要制定者之一。与此同时，在国际气候谈判中欧盟一开始就是以集团方式参与谈判，《京都议定书》（以下简称《议定书》）也允许欧盟成员国作为一个整体履行其减排目标（EU as a Bubble）。作为主要由发达国家组成的气候集团，欧盟的立场和气候行为对《联合国气候变化框架公约》（以下简称《公约》）其他缔约方有着重要的影响，欧盟在气候谈判中立场和行为的变化，都可能会导致气候谈判的走向和国际气候机制的构建发生某种改变。欧盟在国际气候机制的构建上可能坚持什么样的立场和采取什么样的行为，既取决于欧盟成员国对气候变化的利益认知和彼此之间的立场协调，更取决于国际气候合作和国际气候机制的发展。研究欧盟气候政策可以使我们更好地理解欧盟气候立场的影响因素和可能选择的气候行为，为提高中国在国际气候谈判中的主动性、完善中国的气候政策质量和其建设性参与后京都气候机制建设提供借鉴。

其次，研究欧盟气候政策是理解当前欧洲一体化发展的重要途径之一。冷战结束以来，欧盟成员国急剧增加，为应对扩大带来的制度冲击，欧盟推进机构改革，虽然《里斯本条约》于 2009 年 12 月正式生效，但是欧洲一体化的现状改观不大，加上全球金融危机以及当前欧盟成员国的主权债务危机，欧洲一体化需要新的发展点和动力。而气候变化则提供了这样的机会。应对气候变化不仅能够实现欧盟向可持续发展模式的转变，而且气候变化的“全球公共物品”属性为欧盟运用“欧洲模式”解决国际问题提供了机遇。更为重要的是，欧盟层面的气候行动要比成员国的行动更具成效，为欧洲一体化的深化提供了新的内容。鉴于气候变化涉及领域的多面性，欧盟气候政策的实施会对欧盟能源政策、欧盟“里斯本战略”（欧洲 2020 战略）以及欧盟对外行动能力和国际地位等方面产生一系列的连锁效应。欧盟机构也抓住这一机遇极力提高其存在的合法性，气候变化已成为欧洲一体化新的发展动力。因此，研究欧盟气候政策有利于更好地认识未来欧洲一体化的发展领域和前景。

再次，欧盟气候政策对世界具有较大的借鉴意义。如前所述，气候变化涉及政治经济发展的多个方面，欧盟很早就对气候变化给予了重大关注，对气候变化进行了大量的科学研究，采取了诸多应对气候变化的行动。特别是自进入 21 世纪以来，为应对气候变化和实现向低碳经济发展的转型，欧盟启动了“欧洲气候变化计划”（European Climate Change Programme），评估气候变化对欧盟各产业的影响及其对策，出台了一系列应对气候变化的措施，在应对气候变化和实现低碳经济方面积累了丰富的经验，为世界其他国家提供了效仿的榜样。同时，在全球层面上欧盟以集团方式参与国际气候谈判，共同做出承诺和承担应对气候变化责任，然后再由欧盟相关机构进行协调，根据成员国的实际国情承担不同的气候变化责任和义务。在欧盟内，其成员国国情差别较大，既有经济高度发达的德国、法国、英国等富裕国家，也有诸如西班牙、葡萄牙、希腊等发展相对滞后的“团结国家”（Cohesion Countries），更有加入不久的中东欧成员国。可以说，欧盟进行内部气候政策协调时面临的问题在一定意义上是国际社会应对气候变化困境的一个缩影。[1]从目前来看，欧盟根据“共同但有区别的责任”原则为成员国规定的温室气体排放目标，不仅保证了欧盟总体能够实现其国际气候承诺，而且保持了欧盟的团结和一体化的发展。欧盟气候政策也为国际社会在国际气候谈判中解决发达国家和发展中国家气候责任的划分提供了一个可供参考的样板。研究欧盟气候政策能为全球气候变化问题的解决提供诸多启示。

三　国内外学界的研究状况

（一）国外学界的研究状况

20 世纪 80 年代末，随着气候变化问题进入国际政治议程，欧共体就对气候变化给予了积极的关注，并酝酿采取共同的气候变化立场和措施。但是此时国外学术界并未对欧盟气候政策给予重视，一方面是因为全球气候变化尚存在科学上的不确定性；另一方面，《单一欧洲法令》和《欧洲联盟条约》首次使欧盟具有了独立的环境政策，其也成为这一时期学术界关注的重心和热点之一。[2]随着《公约》得到各国批准和生效，为落实《公约》的宗旨和精神以及为 1995 年召开的《公约》第一次缔约方大会做准备，美欧学术界对欧盟气候政策的研究开始受到重视，尤其是欧洲学者开始探讨欧盟应该采取什么样的共同气候立场和气候目标。国外主要的学术刊物刊登欧盟气候政策研究方面的文章日渐增多，欧洲国家相关的期刊和研究中心更是成为该研究的基地和中心，英国还创办了专门研究气候政策的杂志——《气候政策》（*Climate Policy*）。[3]自此之后，国外学术界对欧盟气候政策的研究论文和著作如雨后春笋般出现，研究范围日益广泛，研究

---

① Michael Grubb, “European Climate Change Policy in a Global Context”, in Helge Ole Bergesen et al. , eds. , *Green Globe Yearbook of International Cooperation on Environment and Development* 1995 (Oxford: Oxford University Press, 1995), p. 42.

② 20 世纪 90 年代初的历届欧盟研究协会（European Union Studies Association，简称 EUSA）年会上，欧盟的环境政策是每届年会都重点讨论的研究议题之一，具体参见欧盟研究协会出版的刊物——《欧盟研究评论》（*EUSA Review*）。

③ 《气候政策》杂志为双月刊，创刊于 2001 年，隶属于地球观察出版集团（Earthscan Publication Ltd），是世界知名的专门研究气候政策的权威期刊，期刊官方网站，http://www.earthscan.co.uk/? tabid = 480。

深度也日渐加强。[①]

总体而言，伴随着欧盟气候政策的发展演进，国外学术界的研究大致分为四个阶段：①1997 年京都会议以前，对欧盟气候政策的多数著述主要围绕着欧盟气候政策的发展、欧盟气候政策的要素以及欧盟如何形成共同气候立场以及确立什么样的气候目标展开。②从京都会议结束到《议定书》生效，国际社会围绕《议定书》的批准和生效进行了艰难的博弈。2001 年美国小布什政府宣布退出《议定书》，构建京都气候机制的努力陷入困境，欧盟经多方斡旋以及重大让步最终促使《议定书》在 2005 年生效。在此过程中，欧盟发挥了主导作用，不仅确定了具体的量化减排目标，而且对排放贸易的看法也由反对转为支持，并宣布将率先启动欧盟范围内的温室气体限额贸易体系——欧盟排放贸易体系（European Union Emission Trading System）。基于此，国外学术界的研究转向欧盟政策的实施、欧盟排放贸易体系和欧盟在国际气候机制中的领导地位等方面。③自 2005 年，伴随着后京都气候谈判的进行，欧盟的后京都气候政策、欧盟在后京都气候谈判中的地位（气候领导权）和作用则成为国外欧盟研究的热点之一。④哥本哈根气候大会结束以来，国外学者对欧盟气候政策的研究转向后哥本哈根时代欧盟气候战略的调整及其影响、2030 年欧盟能源与气候变化目标和立法进程的研究。

可以说，国外学术界对欧盟气候政策的研究，既有对前一阶段研究议题的继续，同时随着气候政策的发展，新的研究内容也不断增加。为研究的方便，本书将从欧盟气候政策的发展、欧盟内部气候政策、欧盟气候外交、欧盟的气候领导权以及欧盟气候政策的影响等五个方面对国内外的研究现状进行归纳评述。

---

① 截至目前，已经出版的著作中大部分为论文集，专著寥寥无几。相关的研究性论文主要散见于：《共同市场研究》（*Journal of Common Market Studies*）、《欧洲公共政策》（*Journal of European Public Policy*）、《欧洲环境》（*European Environment*，后改名 *Environmental Policy and Governance*）、《气候政策》（*Climate Policy*）、《国际环境协定》（*International Environmental Agreements*）、《欧共体及国际环境法评论》（*Review of European Community & International Environmental Law*）、《环境政治》（*Environmental Politics*）、《全球环境政治》（*Global Environmental Politics*）等期刊。

1. 关于欧盟气候政策发展的研究

如前所述，在《公约》获得批准和生效后，国外学术界对欧盟气候政策的研究开始起步，并出现了一系列的著作和文章。由于欧盟气候政策尚处于酝酿之中，这一时期的研究对欧盟气候政策的发展给予较大的关注。1992 年英国皇家国际事务研究所（Royal Institute of International Affairs）组织了一次关于欧盟气候政策的专题讨论会，较为全面地对欧盟气候政策的发展进行了论述，与会者的论文后被编辑出版，这是国外学术界第一本从国际政治角度对欧盟气候政策进行论述的著作。[①]此后，多位学者对欧盟气候政策的发展作了剖析和研究，从分析视角看主要有以下两类。

（1）阶段分析的视角。根据笔者收集的资料，主要有：尼杰尔·海格（Nigel Haigh）将早期（1996 年以前）欧共体的气候政策发展分为四个阶段，并分析了在不同阶段欧共体所采取的气候变化措施及其成效。[②] 伊恩·麦纳斯（Ian Manners）认为欧盟确立共同气候立场的谈判经历了提出稳定排放目标（1990 年 5 月 ~ 1990 年 10 月）、确立实现目标的战略（1990 年 11 月 ~ 1991 年 12 月）以及创设共同气候战略实施条件性（1991 年 12 月 ~ 1992 年 6 月）等三个阶段。[③]塞巴斯蒂安·欧贝特（Sebastian Oberthur）和马克·帕伦埃尔斯（Marc Pallemaerts）从欧盟气候政策与国际气候政策的互动出发，依据一般的政策形成理论将 20 世纪 80 年代末以来的欧盟气候政策分为议题设定阶段（1988 ~ 1995 年）、欧盟气候政策形成阶段（1995 ~ 2001 年）、对《议定书》的执行阶段（2002 ~ 2009 年）以及政策重新评估和后京都气候机制的准备阶段（2005 ~ 2009 年）等。[④]此外，作为欧

---

① Pier Vellinga and Michael Grubb, eds., *Climate Change Policy in the European Community: Report of a Workshop Held at the Royal Institute of International Affairs, October 1992* (London: Royal Institute of International Affairs, 1993).

② Nigel Haigh, "Climate Change Policies and Politics in the European Community", in Tim O'Riordan and Jill Jäger, eds., *Politics of Climate Change: A European Perspective* (London and New York: Routledge, 1996), pp. 155 – 185.

③ Ian Manners, *Substance and Symbolism: An Anatomy of Cooperation in the New Europe* (Aldershot: Ashgate Publishing Limited, 2000), pp. 39 – 81.

④ Sebastian Oberthur and Marc Pallemaerts, "The EU's Internal and External Climate Policies: An Historical Overview", in Sebastian Oberthur and Marc Pallemaerts, eds., *The New Climate Policies of the European Union: Internal Legislation and Climate Diplomacy* (Brussels: VUB Press, 2010), pp. 27 – 63.

盟气候变化适应与减缓战略项目（ADAM Project）的研究成果之一，安德鲁·乔丹（Andrew Jordan）等人也从欧盟气候政策发展史的角度做了较为详细的梳理。[①]

（2）层次分析的视角。鉴于欧盟气候政策涉及主体的多层次性，国外学术界对欧盟气候政策发展的研究不仅表现在关注欧盟共同气候立场和政策的形成上，而且对成员国及其他欧洲国家气候的立场也给予了很大的关注。尤根·维特斯泰德（Jøgen Wettestad）、迈克尔·格鲁布（Michael Grubb）分别从成员国层面、欧盟层面以及全球层面上对欧盟气候政策作了梳理，并对其前景和未来进行了评估。[②] 蒂姆·奥里奥丹（Tim O' Riordan）和吉尔·雅格（Jill Jäger）主编的《气候变化的政治学：欧洲人的视角》是一本论文集，该书考察了欧盟及成员国——德国、英国、意大利对气候变化的认识和采取的政策与措施。[③]尤特·考利尔（Ute Collier）和拉格纳·鲁夫斯泰德（Ragnar Löfstedt）的《欧盟气候政策的政治现状》从国内政治、欧盟政治和国际政治三个层面对欧盟主要成员国——德国、英国、意大利、法国、西班牙和瑞典等的气候战略及其影响因素做了仔细的比较研究，该书也是一本论文集。[④]保罗·哈里斯（Paul G. Harris）的《欧洲与全球气候变化》则从政治、外交政策和地区合作的视角对欧洲国家的气候政策进行了全面研究。该书也是一本论文集，由两部分组成，第一部分分析了欧洲各个国家气候政策的特点，第二部分则探讨了欧盟共同气候政策的形成、执行和决定因素。[⑤]嘉德林（Lyn Jaggard）的《气候变化政治

---

① Andrew Jordan and Dave Huitema et al. , eds. , *Climate Change Policy in the European Union: Confronting the Dilemmas of Adaptation and Mitigation?* (Cambridge: Cambridge University Press, 2010), pp. 52 - 80, 180 - 210.

② Jøgen Wettestad, "The Ambiguous Prospects for EU Climate Policy: A Summary of Options", *Energy & Environment* 12, (2001): 139 - 165; Michael Grubb, "European Climate Change Policy in a Global Context", in Helge Ole Bergesen et al. , eds. , *Green Globe Yearbook of International Cooperation on Environment and Development 1995* (Oxford: Oxford University Press, 1995), pp. 41 - 50.

③ Tim O' Riordan and Jill Jäger, eds. , *Politics of Climate Change: A European Perspective* (London and New York: Routledge, 1996).

④ Ute Collier and Ragnar Löfstedt (eds.), *Cases in Climate Change Policy: Political Reality in the European Union* (London: Earthscan Publications Ltd, 1997).

⑤ Paul G. Harris, ed. , *Europe and Global Climate Change: Politics, Foreign Policy and Regional Cooperation* (Cheltenham, UK: Edward Elgar Publishing Limited, 2007).

在欧洲：德国与环境的国际关系学》论述了德国在气候变化中的地位、对国际气候政治的参与方式和影响，并以2002年的世界可持续发展首脑会议和《公约》缔约方第八次会议为案例做了实证研究，是一本十分难得的专著。[①]

2. 关于欧盟内部气候政策的研究

当气候变化问题进入欧盟议程之时，正值欧洲一体化和欧盟环境政策获得突破性发展之际，虽然受制于《单一欧洲法令》确立的“辅助性原则”（the Subsidiary Principle），欧盟委员会等机构仍极力主张在欧盟层面上采取应对气候变化的措施，并为此进行了大量的努力。气候变化问题的全球公共属性最终促使欧洲理事会决定在构建气候变化机制的国际谈判中，欧盟作为一个整体参与其中，然后再进行内部责任分摊。基于此，国外学术界对欧盟内部气候政策的研究首先关注欧盟共同气候立场和政策的形成，此后随着欧盟气候政策的发展变化，国外学者对欧盟气候政策的研究侧重点也不断变化。截至目前，国外学者对欧盟内部气候政策的研究主要集中在以下方面。

（1）对欧盟共同气候政策和立场的分析。马瑞·F. 卡尔逊（Marinn F. Carlson）最早对欧盟气候政策形成过程进行了深入的剖析。[②]尤特·考利尔（Ute Collier）对1996年前欧盟为确立共同的气候战略而进行的各种尝试——欧盟统一的碳税、大力促进节能专项行动（SAVE）、可再生能源专项计划（ALTENER）以及温室气体监测机制等措施的实施过程和效果逐一进行了考察，并分析了造成上述现状的原因。[③]马特·基哈德森（Marte Gerhardsen）、迈克尔·梅林（Michael Mehling）、努诺·拉卡斯塔（Nuno. S. Lacasta）等研究了欧盟共同气候目标和政策形成过程中行为体的

① Lyn Jaggard, *Climate Change Politics in Europe: Germany and the International Relations of the Environment*（London and New York: Tauris Academic Studies, 2007）.

② Marinn F. Carlson, *Policy Formulation in the European Community: The Case of Climate Change*（Senior Honors Thesis, Dartmouth College, 1993）.

③ Ute Collier, “The EU and Climate Change Policy: The Struggle over Policy Competences”, in Ute Collier and Ragnar Löfstedt, eds., *Cases in Climate Change Policy: Political Reality in the European Union*（London: Earthscan Publications Ltd, 1997）, pp. 43 – 64; Ute Collier, “The European Union's Climate Change Policy: Limiting Emissions or Limiting Power?”, *Journal of European Public Policy* 4（1996）: 122 – 138.

地位、欧盟层面应对气候变化的原则和政策工具以及未来的前景等。[①]布莱恩·魏恩（Brian Wynne）则分析了欧盟共同气候政策形成中的制度和文化因素。[②]娜塔莉亚·古德兹（Nataliya Gudz）对欧盟在哥本哈根气候大会和坎昆气候大会的表现比较分析后得出结论认为，政策领域、制度设计、成员国偏好、身份认知和外部意外冲击等五大因素决定了欧盟共同对外气候立场。[③]

（2）对欧盟排放贸易体系的研究。在构建京都机制的谈判过程中，起初欧盟极力反对过多地使用排放贸易（Emission Trading）来实现《议定书》给附件一国家规定的减排目标。然而到了2000年，欧盟对排放贸易的态度发生了180度的大转变，而且宣布将从2005年起启动欧盟排放贸易体系。伴随着这一决定，国外学术界掀起了对欧盟排放权交易体系研究的热潮。

美欧学者首先将研究重点集中在欧盟对排放贸易立场转变的原因上，研究成果主要分为来两类：一是实证研究，比较有代表性的成果有：阿特里·克里斯滕森（Atle Christiansen）和尤根·维特斯泰德（Jøgen Wettestad）运用层次分析方法研究发现，欧盟对排放贸易立场急剧转变是国际、欧盟、成员国、次国家乃至个人层面等多种因素协同作用的结果。[④]二是理论研究，许多国外学者也运用各种理论范式对欧盟的立场转变进

---

① Marte Gerhardsen, *Who Governs the Environmental Policy in the EU? A Study of the Process Towards a Common Climate Target* (Oslo: Center for International Climate and Environmental Research, 1998); Joseph E. Aldy, et al., *Climate Change and Energy Security: Lessons Learned* (Washington, District of Columbia: American Institute for Contemporary German Studies, Johns Hopkins University, 2009), pp. 39 - 71; Nuno S. Lacasta et al., "Consensus among Many Voices: Articulating the European Union's Position on Climate Change", *Golden Gate University Law Review* 32 (2002): 351 - 414.

② Brian Wynne, "Implementation of Greenhouse Gas Reductions in the European Community: Institutional and Cultural Factors", *Global Environmental Change* 3 (1993): 101 - 128.

③ Nataliya Gudz, "How Many Voices? Constructing a Theoritcal Framework to Explain the EU's Internal Unity in the UNFCCC Negotiations", November 2011, http://www.ibrarian.net/navon/paper/2_ December_ 2011.pdf? paperid = 19397376. 最后登录时间：2014年5月26日。

④ Atle Christiansen and Jøgen Wettestad, "The EU as a Forerunner on Greenhouse Gas Emission Trading: How Did It Happen and Will the EU Succeed?" *Climate Policy* 3 (2003): 3 - 18; Atle Christiansen, "The Role of Flexibility Mechanism in EU Climate Strategy: Lessons Learned and Future Challenges?" *International Environmental Agreements: Politics, Law and Economics* 4 (2004): 27 - 46.

行了阐释：劳伦·卡斯（Loren Cass）借助“规范钳制”（Norm Entrapment）和“偏好变化”两个概念对欧盟的立场转变进行了深度的剖析；[①]埃德温·伍尔德曼（Edwin Woerdman）、本杰明·斯蒂芬（Benjamin Stephan）则分别以路径依赖方法和新葛兰西学派的理论范式对此做了考察。[②]

随着欧盟排放贸易体系从理论走向实践，该体系运作中的一系列实际问题开始受到国外学者的关注。总体来说，这一时期的研究重心主要包括：第一，欧盟排放贸易体系的内在运作和发展。在欧盟环境总司中负责气候变化和空气质量的委员约斯·德贝克（Jos Delbeke）领导下，包括彼得·查普飞（Peter Zapfel）、马蒂·瓦里奥（Matti Vainio）在内的欧盟委员会专业工作人员以自己的亲身经历从政治、经济、法律以及管理等视角对欧盟排放贸易的起步到执行做了透彻的研究。[③]与此同时，政治学家也参与其中，诠释了欧盟排放贸易中的各种力量——政府、工业以及非政府的游说团体——之间的互动，代表性的著作当属挪威的乔恩·B. 斯凯亚希斯（Jon Birger Skjærseth）和尤根·维特斯泰德的《欧盟排放贸易——起源、决策与执行》，[④]在该书中，两位作者关于欧盟委员会在欧盟排放贸易运作中作用的论述颇有见地。[⑤]第二，欧盟排放贸易体系中排放配额的分配。根据通过的欧盟排放贸易指令，在排放贸易实施的初期，排放配额是免费的且由成员国自己决定，此后再通过两个阶段的过渡最终实现欧盟排放许可

① Loren Cass, "Norm Entrapment and Preference Change: The Evolution of the European Union Position on International Emission Trading", *Global Environmental Politics* 5 (2005): 38 - 60.

② Benjamin Stephan, *Europe in the International Climate Change Negotiations: Seeking Explanations for EU's Changing Stance on Emission Trading* (Brussell: Institute for European Studies, Vrije University Belgium, 2008); Edwin Woerdman, "Path - Dependent Climate Policy: the History and Future of Emission Trading in Europe", *European Environment* 14 (2004): 261 - 275.

③ Jos Delbeke (ed.), *EU Environmental Law: The EU Greenhouse Gas Emission Trading Scheme* (Leuven: Claeys and Casteels, 2006).

④ Jon Birger Skjærseth and Jørgen Wettestad, *EU Emissions Trading: Initiation, Decision - making and Implementation* (Aldershot: Ashgate Publishing Limited, 2008).

⑤ Jørgen Wettestad, "The Making of The 2003 EU Emission Trading Directive: An Ultra - Quick Process Due to Entrepreneurial Proficiency?" *Global Environmental Politic* 5 (2005): 1 - 23; Jon Birger Skjærseth and Jørgen Wettestad, "Making the EU Emissions Trading System: The European Commission as an Entrepreneurial Epistemic Leader", *Global Environmental Change* 5 (2010): 314 - 321.

的完全拍卖和市场化，这些免费的排放许可如何分配成为决定欧盟排放贸易能否成功的关键之一。在欧盟排放贸易实施的第一阶段（2005~2008年），国外学者（特别是欧洲学者）全面分析了欧盟委员会分配方案的特点、政治和经济内涵。对第二阶段（2009~2012年）配额分配的研究则集中在免费配额的分配方法上，即“祖父条款”（Grandfathering）与拍卖（Auction）两种分配方法之争。第三，对欧盟排放贸易体系影响和前景的研究。欧盟排放贸易体系进入实施之后，主要欧洲学者适时对其运作进行了评估。总体看来，这些学者对该体系的分析主要集中在欧盟排放贸易体系对欧盟经济竞争力的影响和未来前景上。2006年英国《气候政策》杂志组织了一期欧盟排放贸易研究的专刊，其中深入探讨了欧盟排放贸易体系与欧盟竞争力的关系，代表了此方面目前研究的最高水平。[①]诸多欧盟学者，例如卡德利·梅亚德（Kadri Miard）、弗兰克·康弗瑞（Frank Convery）、索尼亚·彼德森（Sonja Peterson）等分析了企业游说、非政府组织以及其他外部因素对欧盟排放贸易体系制度设计和运作的影响。[②]此外，越来越多的学者在总结欧盟既往排放贸易体系执行经验的基础上，对2013年启动的欧盟排放贸易体系的第三个执行期（2013~2020年）的前景进行多方面的分析和预测。[③]

截至目前，对欧盟排放贸易体系的研究已经积累了大量的文献，然而作为欧盟实现气候变化目标最重要的途径之一，其仍是国外学术界研究欧盟气候政策的热点之一。

（3）对欧盟气候变化立法的研究。随着《议定书》的生效，如何实现既定的京都目标是欧盟需要认真应对的议题，加上欧盟在后京都气候谈判中单方面无条件承诺其2020年的温室气体排放水平比1990年降低20%。

---

① 本期专刊共有9篇文章，其中4篇从多个角度分析了欧盟排放贸易对经济竞争力的影响，具体参见 *Climate Policy*, Vol. 6, No. 4, 2006。

② Kadri Miard, “Lobbying during the Rivision of the EU Emission Trading System: Does EU Membership Influence Company Lobbying Strategies?” *Journal of European Integration* 36 (2014): 73-89.

③ 此方面代表性的分析主要有：O. Sarter, C. Palliere, S. Lecourt, “Benchmark-based Allocations in the EU ETS Phase 3: an Early Assessment”, *Climate Policy* 14 (2014): 507-524; Jørgen Wettestad, “Rescuing EU ETS: Mission Impossible?” *Global Environmental Politics* 14 (2014): 64-81; Denny Ellerman et al., *The EU ETS: Eight Years and Counting* (Badia Diesolana: European Union Institute, 2014)。

因此，欧盟自2005年起启动了关于“能源与气候变化”一揽子立法的内部谈判，以期通过气候立法实现上述目标，这引起了国外学者（主要是欧洲学者）的高度关注和研究。韦罗尼克·布鲁格曼（Veronique Bruggeman）和布拉姆·德尔沃（Bram Delvaux）是最早对《公约》和《议定书》生效以来欧盟气候立法进行系统探讨的欧洲学者之一。[①]克利斯多夫·盖拉茨（Kristof Geeraerts）等对2005年以来欧盟成员国及欧洲环境署成员国为应对气候变化而采取的国家立法、倡议和制订的计划进行了比较分析。[②]此后，国外学者围绕着当时正在进行的“气候变化与可再生能源”一揽子计划的谈判做了一系列的分析。研究内容分为两个方面：第一，对“能源与气候变化”一揽子立法草案的解读与分析。围绕着欧盟气候立法谈判的进行，国外学者对2007年1月和2008年1月出台的两个版本的“能源与气候变化”一揽子立法草案的出台过程、主要内容和可能产生的效应做了分析和预测。[③]第二，“气候变化与可再生能源”一揽子立法草案于2008年底在欧洲理事会获得通过，并于2009年4月正式成为欧盟立法后，国外学者转而重新评估该立法的含义和实施的前景。根据笔者收集的资料，总体来说，国外学者持两种态度：一种观点认为“气候变化与可再生能源”一揽子立法的通过是欧盟气候政策的重大突破，是当前世界上最为严格的应对气候变化措施，也为后京都气候谈判的成功提供了动力，树立了榜样；[④]另一种观点主要来自供职于诸如“地球之友”（Friends of Earth）、三代环保主义（E_3G）等环境非政府组织的研究学者，他们认为，“气候变化与可

---

① Veronique Bruggeman and Bram Delvaux, “EU Energy and Legislation under Pressure since the UNFCCC and the Kyoto Protocol?” in Marjan Peeters and Purt Deketelaere (eds.), *EU Climate Change Policy: the Challenge of New Regulatory Initiatives* (Cheltenham, UK · Northampton, USA: Edward Elgar, 2006), pp. 223 – 239.

② Kristof Geeraerts et al., *National Legislation and National Initiatives and Programmes (since 2005) on Topics Related to Climate Change* (Luxembourg: European Parliament Policy, 2007).

③ 主要的代表性分析有：Susane Droge, *The EU Climate Strategy – Building Blocks for International Climate Policy after* 2012 (Berlin: German Institute for International and Security Affairs, 2007); Davis Ellison, *On the Politics of Climate Change: Is There an East – west Divide?* (Budapeste: Institute for World Economics, Hungarian Academy of Science, 2008); Sally McNamara and Ben Liermen, *The EU's Climate Change Package: Not a Model to be Copied* (Washington D. C.: The Heritage Foundation, 2008)。

④ David Howarth, “Greening the Internal Market in a Difficult Economic Climate”, *Journal of Common Market Studies* 47 (2009): 133 – 150.

再生能源”一揽子立法并不足以推动欧盟形成有活力的气候政策，同时欧盟在该计划中的减排承诺是不够的，更高的承诺才符合欧盟的战略利益。[①] 当前，欧盟2030年能源与气候变化目标的确立与一揽子立法进程成为新的研究焦点。

（4）对欧盟内部气候变化责任分摊的研究。欧盟作为一个整体参与国际气候谈判，做出了比其他国家更高的减排承诺，然而在这样一个统一性与多样性并存的联盟内，欧盟如何分摊成员国的责任就成为国外学者尤为关心的问题。拉塞·雷杰斯（Lasse Ringius）最早对京都会议前欧盟气候政策做了考察，提出欧盟应从公平性出发，依据具体的国情，在成员国间达成非对称性的责任分摊协议。[②]此后多位学者从不同视角对欧盟内部责任分摊协议作了详细分析，研究内容主要集中于对欧盟责任分摊协议分配原则的探讨。宝勒·斯蒂芬森（Paule Stephenson）和乔纳森·波斯顿（Jonathan Boston）认为欧盟责任分摊协议建立在团结（Cohesion）和能力（Capability）两大原则之上，由此获得欧盟成员国广泛的政治支持。[③]皮尔·欧纳夫·马克伦德（Per Olov Marklund）、约翰·艾克曼斯（Johan Eyckmans）等人则分析了责任分摊协议中效率与公平的关系问题。[④]德国汉堡国际经济研究所的托克·艾德（Toke Aidt）和桑德拉·格瑞纳（Sandra Greiner）借助于对京都会议前（1997年）和京都会议后（1998年）两份责任分摊协议的比较分析，得出“欧盟成员国承担的减排责任的份额取决于一国可接受的国家目标、其他成员国承诺的状

---

① 代表性的论述有：Mike Hulme et al.，eds.，*Adaptation and Mitigation Strategies：Supporting European Climate Policy*，Final Report，June 2009；Kati Kulovesi et al.，“Environmental Integration and Multi－faceted Interantional Dimensions of EU Law：Unpacking the EU's 2009 Climate and Energy Package”，*Common Market Law Review* 48（2011）：829－891。

② Lasse Ringius，*Differentiation，Leaders and Fairness：Negotiating Climate Commitments in the European Community*（Oslo：Center for International Climate and Environmental Research，1997）.

③ Paule Stephenson and Jonathan Boston，“Climate Change，Equity and the Relevance of European ‘Effort－Sharing’ for Global Mitigation Efforts，” *Climate Policy* 10（2010）：3－16.

④ 此方面代表性的主要论述有：Per Olov Marklund and Eva Samakovlis，“What Is Driving the EU Burden－sharing Agreement：Efficiency or Equity?” *Journal of Environmental Management* 85（2007）：317－329；Johan Eyckmans et al.，*Efficiency and Equity in the EU Burden Sharing Agreement*（Leuven：Katholieke University，2002）。

况以及主持谈判的成员国在欧盟中的地位。[①]斯文·伯德（Sven Bode）则认为欧盟的责任分摊协议不是建立在某种公平的原则之上，而是政治妥协的产物。[②]此外，阿克西尔·迈克尔洛瓦（Axel Michaelowa）和雷杰娜·贝茨（Regina Betz）等也研究了21世纪欧盟扩大对责任分摊和气候目标的含义。[③]约翰·佛格勒（John Vogler）运用新制度主义中的合作博弈与规范钳制理论考察了构建京都机制和后京都机制过程中欧盟内部责任分摊的谈判。[④]

3. 关于欧盟气候外交的研究

在国际气候变化领域，欧盟作为国际行为体表现出了相对一致性和共同立场。为保持在国际气候领域的领导地位，欧盟开展了多层次的气候外交，不仅积极参与《公约》框架下构建国际气候机制的谈判，而且与许多国家进行了诸多的双边气候合作。在此背景下，国外学者对欧盟气候外交进行了剖析和研究。根据现有文献，研究内容主要集中在以下方面。

（1）对欧盟国际气候谈判立场的分析。总体来看，国外学者对此的分析主要有五种视角：第一，经济利益分析。丹尼尔·科勒曼（R. Daniel Kelemen）认为奉行严格环境标准的欧盟产业受到全球贸易自由化的巨大冲击使欧盟期望在国际环境领域充当“领导者”，把欧盟环境标准扩展到全世界，减少对欧盟的经济冲击并从中获利。[⑤]英国首席经济学家尼古拉斯·斯特恩（Nicholas Stern）对应对气候变化的经济成本收益做了评估，认为行动越早花费越少，主张欧盟等发达国家发挥领导作用。[⑥]第二，建构

① Toke Aidt and Sandra Greiner, *Sharing the Climate Policy Burden in the EU* (Hamburg: Hamburg Institute of International Economics, 2002).

② Sven Bode, "European Burden Sharing Post-2012", *Intereconomics*, 42 (2007): 72-77.

③ Axel Michaelowa and Regina Betz, "Implication of EU Enlargement on EU Greenhouse Gas 'Bubble' and Internal Burden Sharing", *International Environmental Agreements: Politics, Law and Economics* 1 (2001): 267-279.

④ John Vogler, "Climate Change and EU Foreign Policy: the Negotiation of Burden Sharing", *International Politics* 46 (2009): 469-490.

⑤ R. Daniel Kelemen, Globalizing European Union Environmental Policy (Paper presented at The European Union Studies Association, 11th Biennial International Conference, Marina Del Rey, California, April 23rd-25th, 2009).

⑥ Nicholas Stern, *The Economics of Climate Change: The Stern Review* (Cambridge: Cambridge University Press, 2007).

主义分析视角。范登·布兰德（Vanden Brande）从“规范”“认同”等观念性概念出发，分析认为欧盟积极的气候谈判立场源于气候变化问题为欧盟进行内部合法性和外部认同的构建提供了一种绝好的途径。[①]第三，双层博弈分析。路易斯·冯奇克（Louise Van Schaik）、卡雷尔·冯赫克（Karel Van Hecke）、塞巴斯蒂安·欧贝特（Sebastian Oberthur）、克莱尔·凯利（Claire Roche Kelly）等将欧盟的内部需求与外交战略进行综合分析，认为欧盟的积极的气候谈判立场基于进一步推动一体化的需要、缓解能源安全和实现国际问题解决的“欧盟模式”等。[②]第四，制度主义分析视角。乔恩·夏晖（Jon Havi）等人借助制度主义的路径依赖理论研究了在美国退出《议定书》之后，欧盟依然在国际气候谈判中采取积极立场的原因。[③]第五，结构主义分析。一些国外学者也从欧盟所处的外部环境中寻求对欧盟气候谈判立场的阐释。弗兰克·比尔曼（Frank Biermann）认为从国际气候格局看，欧盟处于美国与“七十七国集团加中国”之间，充当南北之间纽带作用和提升欧盟的地位使其愿意采取较为积极的气候立场。[④] 奥里奥尔·科斯塔（Oriol Costa）则以“颠倒的第二意象”（the Second Image Reversed）分析了气候政治对欧盟产生的影响，其中论及国际环境与结构对于欧盟气候立场的塑造作用。[⑤]此外，随着构建后京都气候机制的谈判进入关键阶段以及国际气候谈判的胶着状态，国外部分学者开始对欧盟具体的谈判立场给予了关注和剖析，例如芬兰国际事务研究所紧扣近两年的谈判

---

① Vanden Brande, “EU Normative Power on Climate Change: a Legitimacy Building Strategy?” http: //www. uaces. org/pdf/papers/0801/2008_ VandenBrande. pdf. 最后登录时间：2010 年 5 月 8 日。

② Louise Van Schaik and Karel Van Hecke, *Skating on Thin Ice: Europe's Internal Climate Policy and Its Position in the World* (Brussels: EGMONT Royal Institute for International Relations, 2008); Sebastian Oberthur and Claire Roche Kelly, “EU Leadership in International Climate Policy: Achievements and Challenges”, *The International Spectator* 43 (2008): 35 – 50.

③ Jon Havi, Tora Skodvin and Steinar Andresen, “The Persistence of the Kyoto Protocol: Why Other Annex I Countries Move on without the United States”, *Global Environmental Politics* 3 (2003): 1 – 23.

④ Frank Biermann, “Between the USA and the South: Strategic Choices for European Climate Policy”, *Climate Policy* 5 (2005): 273 – 290.

⑤ Oriol Costa, “Is Climate Change Changing the EU? The Second Image Reversed in Climate Politics,” *Cambridge Review of International Affairs* 21 (2008): 527 – 544.

进展，出版了一系列的分析评论。①

（2）关于欧盟双边气候合作的研究。在《公约》框架之外，欧盟进行了大量的双边气候合作来应对气候变化，但国外学者主要将研究集中在美欧、中欧等大国间的气候合作上，而较少对欧盟与其他发展中国家的合作给予重视。

美欧气候合作是国外学者有关双边气候合作中研究文献最多的一个方面，研究成果主要分为两类：一是对跨大西洋公众气候观的比较研究；二是对美欧气候政策和立场的分歧及其原因的研究。贝恩德·汉斯尤根斯（Bernd Hansjürgens）主编的《气候政策中的排放贸易：美国与欧洲的观点》较为全面地比较了美国与欧盟在排放贸易理念、战略与实施手段上的差异。②米兰达·施罗斯（Mrianda A. Scherurs）等人主编的《跨大西洋环境与能源政治》虽未直接谈及气候变化，却从根本上对美欧环境政策理念的差异做了比较研究。③朱丽娜·斯密斯（Julianne Smith）等也研究了美欧气候合作的挑战，提出了未来双方合作的框架。④ 约翰·佛格勒（John Vogler）和夏洛特·布雷瑟顿（Charlotte Bretherton）分析了美欧在构建国际气候机制上的不同立场，认为其源于双方的文化差异。⑤海耶斯（Jarrad Hayes）等则从国家安全的视角解释了欧美气候战略的差异。⑥

中国与欧盟之间的气候合作也是国外学者，特别是欧洲学者比较关

---

① 主要的分析评论有：Tuuli Mäkelä, *Low - Carbon Development: Finance as a Stumbling Block to EU's Position for Copenhagen*（Helsinki: The Finnish Institute of International Affairs, 2009）; Anna Korppoo and Alex Luta, eds., *Towards a New Climate Regime? Views of China, India, Japan, Russia and the United States on the road to Copenhagen*（Helsinki: The Finnish Institute of International Affairs, 2009）; Thomas Spencer et al., *The EU and Global Climate Change: Getting Back in the Game*（Helsinki: The Finnish Institute of International Affairs, 2010）。

② Bernd Hansjürgens, ed., *Emission Trading for Climate Policy: US and European Perspectives*（Cambridge: Cambridge University Press, 2005）.

③ Mrianda A. Scherurs et al., eds., *Transatlantic Environment and Energy Politics: Comparative and International Perspectives*（Farnham: Ashgate Publishing Limited, 2009）.

④ Julianne Smith and Derek Mix, "The Transatlantic Climate Change Challenge", *The Washington Quarterly* 31（Winter 2007 - 08）: 139 - 154.

⑤ John Vogler and Charlotte Bretherton, "The European Union as a Protagonist to the United States on Climate Change", *International Studies Perspective* 7（2006）: 1 - 22.

⑥ Jarrad Hayes and Knox - Hayes, "Security in Climate Change Discourse: Analyzing the Divergence between US and EU Approaches to Policy", *Global Environmental Politics* 14（2014）: 82 - 101.

注的研究议题，目前也出现了一批研究成果。比较有代表性的有：大卫·斯科特（David Scott）通过分析中欧之间的气候变化伙伴关系以及其他气候合作项目，深刻剖析了气候变化问题在中欧关系中的战略性地位。[①]康斯坦丁·霍尔泽（Constantin Holzer）和张海滨对中欧间气候变化和能源安全领域合作的潜力和局限做了深度研究。[②] 此外，在英国联邦事务部和瑞典外交部支持下，由英国皇家国际事务研究所（又称查塔姆研究所）、三代环保主义、中国社会科学院等机构进行的先导性创新研究课题——《中国与欧洲能源和气候安全相互依赖性研究》阐明了今后25 年内中国和欧盟在能源安全和气候安全方面的共同利益、挑战和机遇，并指出了今后中欧气候与能源安全目标合作的优先事宜。[③]目前上述机构的合作项目已进入正式实施阶段，开始研究如何推进中国的低碳发展，查塔姆研究所把该项目命名为“中国的低碳区域”（Low Carbon Zones in China）。

4. 关于欧盟气候领导权的研究

在《议定书》的谈判过程中，欧盟发挥了强有力的作用。《议定书》的诸多条款要么是欧盟立场的体现，要么是在欧盟的建议下达成的，但是美国的立场也使欧盟的主张受到一定的冲蚀。如何保持欧盟在国际气候领域的领先地位？带着这一目的，欧洲学者开始了对欧盟气候领导权的研究。

在早期关于欧盟气候领导权的研究中，国外学者（实际上是欧洲学者）主要关注如何保持欧盟在国际气候领域的领先地位并提出了各种具体的建议。1999 年，两位德国学者——塞巴斯蒂安·欧贝特（Sebastian Oberthür）和赫尔曼·奥特（Herman E. Ott）在对《议定书》谈判过程和具体条款进行系统分析之后，提出了保持欧盟气候领导地位的建议：一是确保《议定书》的批准和生效（即使美国从一开始就置身其外）；二是以欧盟和成员国层面气候政策和措施的实施来发挥“示范性”领导作用；三

---

① David Scott, “Environmental Issues as a ‘Strategic’ Key in EU - China Relations”, *Asia Europe Journal* 7 (2009): 211 - 224.

② Constantin Holzer and Haibin Zhang, “The Potentials and Limits of China - EU Cooperation on Climate Change and Energy Security”, *Asia Europe Journal* 6 (2009): 217 - 227.

③ Bernice Lee, et al., *Changing Climates: Interdependencies on Energy and Climate Security for China and Europe* (London: The Royal Institute of International Affairs, 2007).

是加强与发展中国家的关系和气候战略合作。[①] 2000 年，乔伊特·古普塔（Joyeeta Gupta）和迈克尔·格鲁布（Michael Grubb）主编的《气候变化与欧盟领导权》对欧盟的气候领导权做了深层次的全面分析。两位学者在塞巴斯蒂安·欧贝特和赫尔曼·奥特建议的基础上又增加两条保持欧盟气候领导地位的新提议：一是欧盟应采取新的外交手段确保其对外影响的统一性、灵活性和有效性；二是欧盟和成员国需进行全面的公众教育和拓展宣传运动，使公民理解欧盟为执行气候政策和措施需做出的牺牲。[②]

2001 年美国退出《议定书》之后，欧盟在几经努力和做出重大让步的情况下，最终促使《议定书》获得各国的批准后而生效，欧盟在国际气候领域的领导权进一步凸显。由此开始，研究欧盟气候领导权的学者和文献也越来越多。总体来看，分为以下几个方面。

（1）对欧盟气候领导权含义的考察。乔伊特·古普塔和迈克尔·格鲁布在《气候变化与欧盟领导权》一书中率先对欧盟的领导权进行了界定，提出欧盟具有结构性、工具性和方向性三种形式的领导权。[③] 伊迪丝·范登·布兰德（Edith Vanden Brande）运用"民事强权"（Civilian Power）概念解释了欧盟在环境领域（气候变化）的领导权，认为其内容既包含有权力目标，也包含有规范理念的目标。[④]克里斯蒂·尤西·罗瓦（Chirista Uusi - Rauva）采用话语分析方法，以欧盟能源与气候变化一揽子计划为案例探讨了欧盟报刊对环境领导权的塑造，发现欧盟环境领导权的内涵随着社会环境的改变而不同。[⑤]狄梅根（Megan Dee）则提出了评价欧盟地位的新框架，将欧盟在国际气候谈判中地位与作用分为领导者、推动者和拖后

---

① Sebastian Oberthür and Herman E. Ott, *The Kyoto Protocol – International Climate Policy for the 21 st Century* (Berlin: Springer, 1999), pp. 301 – 311.

② Joyeeta Gupta and Michael Grubb, eds., *Climate Change and European Leadership: a Sustainable Role for Europe?* (Dordrecht: Kluwer Academic Publishers, 2000), pp. 309 – 310.

③ Joyeeta Gupta and Michael Grubb, "Leadership: Theory and Methodology", in Joyeeta Gupta and Michael Grubb, eds., *Climate Change and European Leadership: a Sustainable Role for Europe?* (Dordrecht: Kluwer Academic Publishers, 2000), pp. 15 – 24.

④ Edith Vanden Brande, "The Role of the European Union in Global Environmental Politics: Green Civilian Power Europe?" http://www.keele.ac.uk/research/lpj/ecprsumschool/Papers/EBrandeGnCivPower.pdf. 最后登录时间：2010 年 6 月 17 日。

⑤ Chirista Uusi – Rauva, "The EU Energy and Climate Package: a Showcase for European Environmental Leadership?" *Environmental Policy and Governance* 2 (2010): 73 – 88.

腿者三种情况。[①]

（2）对欧盟气候领导权的基础和决定因素的研究。学者的总体观点比较接近，但也存在一定的差异。米兰达·施罗斯（Mrianda A. Scherurs）和伊夫·泰伯费恩（Yves Tiberghien）研究认为，欧盟对国际气候领导权的追求源于其分散的治理结构下不同政治层级间的竞争与多层互助的相互作用，其领导地位的保持取决于：欧盟内“绿化”国家的行为和承诺、欧洲议会和欧盟委员会的主导作用、公众的支持以及欧盟的道德承诺。[②]塞巴斯蒂安·欧贝特（Sebastian Oberthür）指出，四大要素决定欧盟在国际气候领域的领导地位：欧盟的制度构架、欧盟气候政策的协调性、气候政策的示范效应以及保持国际气候机制框架正常运作的能力。[③]伊万娜·克里特鲁（Ioana Creitaru）也提出了类似的主张，认为欧盟的气候领导权取决于其正式的政策承诺、气候政治的主要参与方、多层治理的结构以及外部环境等四大因素。[④]

（3）对欧盟气候领导权未来前景的研究。国外学者对此的研究具有明显的阶段性。第一波研究开始于2001年美国宣布退出《议定书》之后，这一时期学者重在评估欧盟是否具备充当气候领导者的能力。约翰·佛格勒（John Volger）认为欧盟具备了某些引导全球气候政治的能力，但是欧盟实现其承诺的能力和排放贸易体系的不确定性影响其领导地位的确立。[⑤]乔伊特·古普塔（Joyeeta Gupta）、拉塞·雷杰斯（Lasse Ringius）和古纳尔·斯泰特（Gunnar Sjöstedt）等分析认为，欧盟行为体

---

① Megan Dee, Evaluating European Union Leadership in Multi – lateral Negotiations: A Framework for Analysis (Paper Presented to EUSA Biennial Conference, Regency, Hyatt Hotel, Boston, 3 – 5 March 2011).

② Mrianda A. Scherurs and Yves Tiberghien, "Multi – level Reinforcement: Explaining European Union Leadership in Climate Change Mitigation", *Global Environmental Politics* 7 (2007): 19 – 46.

③ Sebastian Oberthür, "The European Union in International Climate Policy: the Prospect for Leadership", *Intereconomics* 42 (2007): 77 – 83.

④ Ioana Creitaru, The EU in the Global Climate Change Regime: Environmental Leader or Paper Tiger? (Paper Presented at the 2nd ECPR Graduate Conference, Universitate Autonoma, Barcelona, 25 – 27 August 2008).

⑤ John Vogler, *In the Absence of the Hegemony: EU Actorness and the Global Climate Change Regime* (Canbrerra: National Europe Center, Australian National University, 2002).

能力的不足和成员国国情的差异限制了欧盟气候领导潜能的发挥。[①] 第二波研究开始于《议定书》即将生效之际，其核心是2012年后欧盟的气候领导地位。阿克西尔·迈克尔洛瓦（Axel Michaelowa）率先对后京都时代欧盟气候领导权的现状进行了考察。[②]查尔斯·希普斯（Charles Heaps）等在对欧盟的国内气候行为和国际义务分析后指出，欧盟难以发挥气候领导权的症结在于不具有足够的政治意愿。[③] 塞巴斯蒂安·欧贝特（Sebastian Oberthur）和克莱尔·凯利（Claire Roche Kelly）则极为全面地研究了欧盟气候领导权的动因、成就和未来的挑战，是此方面研究中难得的精品。[④]

2009年底，在联合国哥本哈根会议上，美国和“基础四国”达成《哥本哈根协议》也凸显出欧盟地位的边缘化。以克里斯蒂安·艾根霍夫（Christian Egenhofer）、约瑟夫·柯廷（Joseph Curtin）、安东·乔奇夫（Anton Georgiev）等为代表的欧洲学者对欧盟地位边缘化的原因和后哥本哈根时代欧盟领导地位面临的挑战和对策进行了剖析。[⑤]目前，此方面新的研究成果正不断涌现，是当前研究的热点之一。

5. 关于欧盟气候政策影响的研究

自20世纪90年代初决定积极应对气候变化，酝酿欧盟共同气候政策

---

① 上述作者的经典论述参见：Joyeeta Gupta and Lasse Ringius，“The EU Climate Leadership：Reconciling Ambition and Reality”，*International Environmental Agreements：Politics，Law and Economics* 1（2001）：281－299；Gunnar Sjöstedt，“The EU Negotiates Climate Change：External Performance and Internal Structural Change”，*Cooperation and Conflict* 33（1998）：227－256。

② Axel Michaelowa，“Can the EU Provide Credible Leadership for Climate Policy Beyond 2012”，in Pelangi，ed.，*Kyoto Protocol：Beyond2012*（Jakarta：Pelangi，2004），pp. 12－22.

③ Charles Heapset et al.，*European's Share of the Climate Challenge：Domestic Actions and International Obligations to Protect the Planet*（Stockholm：Stockholm Environment Institute，2009）.

④ Sebastian Oberthur and Claire Roche Kelly，“EU Leadership in International Climate Policy：Achievements and Challenges”，*The International Spectator* 43（2008）：35－50.

⑤ 主要的研究成果有：Joseph Curtin，*The Copenhagen Conference：How Should the EU Respond?*（Dublin：Institute of International and European Affairs，2010）；Nick Marey，*Down But Not Out? Reviving the EU's Political Strategy after Copenhagen*（London：Third Generation Environmentalism，2010）；Olive Geden and Martin Kremer，“The European Union：A Challenged Leader in Ambitious International Climate Policy”，in Susane Drodge，ed.，*International Climate Policy：Priorities of Key Negotiating Parties*（Berlin：German Institute for International and Security Affairs，2010），pp. 30－37；Monica Alessi，Christian Egenhofer and Anton Georgiev，*Messages from Copenhagen：Assessment of the Accord and Implications for the EU*（Brussels：European Climate Platform，2010）。

开始，国外学者就开始研究欧盟推行气候政策可能产生的影响。他们的研究主要集中在以下两个方面。

（1）气候政策的经济影响。此方面的研究学者多为经济学家或者长期从事与经济相关研究的学者。当欧盟气候政策启动之时，这些学者从根本上还是把欧盟的气候政策看做一种经济政策。其中比较有代表性的有：克劳斯·康拉德（Klaus Konrad）等早在1997年就考察了欧盟为应对气候变化而进行的环境税改革所产生的经济和环境效应，认为欧盟能够借此实现经济和环境双重收益。①洛朗·维格尼尔（Laurent L. Vignier）、斯蒂夫·普鲁斯特（Stef Proost）等分别评估了《议定书》对欧盟成员国总体经济、工业活动以及社会福利的影响。② 索尼亚·彼得森（Sonja Peterson）、杰诺特·克莱珀（Gernot Klepper）等探讨了欧盟气候政策与欧盟竞争力的关系。③

（2）欧盟气候政策对欧洲一体化的影响。全球气候变化的公共物品属性为欧盟层面的应对措施提供了充分的理由和动力，国外的政治学者逐渐注意到欧盟气候政策的政治含义，尝试性地分析了其对欧洲一体化可能产生的影响。日本新潟大学教授臼井洋一郎（Yoichiro Usui）对欧盟气候战略的形成和发展的研究发现，欧盟气候治理中存在着治理模式软化（Softening）的趋势，并认为欧盟的“软治理”可能是实现欧洲一体化的另一途径，也将改变欧洲一体化的内涵。④马汀·格罗恩利尔（Martijn L. P. Groenleer）和路易斯·冯奇克（Louise Van Schaik）以《议定书》的

① Klaus Konrad and Tobias F. N. Schmidt, *Double Dividend of Climate Protection and the Role of International Policy Coordination in the EU* (Centre for European Economic Research, 1997).

② Laurent L. Vignier et al, "The Costs of the Kyoto Protocol in the European Union", *Energy Policy* 31 (2003): 459 - 481; Stef Proost et al., "Climate Change in European Countries and Its Effects on Industry", *Mitigation and Adaptation Strategies for Global Change* 9 (2004): 453 - 475.

③ Sonja Peterson and Gernot Klepper, *The Competitive Effects of the EU Climate Policy* (Kiel: Kiel Institute for the World Economy, 2008); Julien Bouzon, *A Tale of Two Cities: Kyoto in the Light of Lisbon, an Analysis of the EU Emissions Trading Scheme before Its Entry into Force* (Brussels: European Policy Centre, 2005).

④ Yoichiro Usui, New Modes of Governance and the Climate Change Strategy in the European Union: Implications for Democracy in Regional Integration (Paper prepared for the CREP 1st International Workshop: Designing the Project of Comparative Regionalism University of Tokyo, 12 - 13 September 2005).

谈判过程为案例，分析了欧盟的国际行为体属性。[①] 伊恩·贝利（Ian Bailey）和尤根·维特斯泰德（Jørgen Wettestad）考察了欧盟排放贸易治理结构的变化，前者认为各成员国对欧盟层面排放贸易法律框架的同意并不意味着环境管辖权向欧盟机构的倾斜，[②]后者指出排放贸易管理权向欧盟的集中化趋势将使欧盟委员会丧失在国家排放许可分配计划（National Allowance Plan）中发挥的重要权力，是对欧委会设定各国排放权上限权力的制约和平衡。[③]乌尔里卡·奥罗森（Ulrika Olausson）运用定性话语分析方法考察了瑞典报刊和公共电视台对气候变化的报道，认为欧洲人在气候变化问题上正在形成一种"共同的政治认同"，其结果将赋予欧盟更大的合法性和地位。[④]阿诺·贝伦斯（Arno Behrens）等分析了气候变化资金需求对欧盟预算的意义，认为其将推动欧盟共同农业政策和结构基金的改革，提高欧盟的预算规模等。[⑤]总体来说，国外学者对此方面的研究相对比较分散，但是其重要性正在日益受到重视。例如，布尔塞尔欧洲政策中心（European Policy Center）等一些欧洲研究机构已经设立了相关的研究项目，前期研究正在进行中，相信近期会有比较多的高质量研究成果出现。

（二）国内学界的研究状况

中国虽然从一开始就参与到应对气候变化的国际努力中，但是起初并未认识到全球气候变化的真正内涵，仅仅将其作为一个普通的环境问题来对待。因此，国内学者也迟迟没有对其给予应有的重视。1997 年底，中国社会科学院世界经济与政治研究所开始进行气候变化领域的研究工作，并成立了全球气候变化课题组。1998 年，为配合我国参与第四次缔约方会议

---

① Martijn L. P. Groenleer and Louise Van Schaik, "United We Stand? The European Union's International Actorness in the Cases of the International Criminal Court and the Kyoto Protocol", *Journal of Common Market Studies* 45 (2007): 969 - 998.

② Ian Bailey, "Neo - liberalism, Climate Governance and the Scalar Politics of EU Emission Trading", *Area* 39 (2007): 431 - 442.

③ Jørgen Wettestad, "European Climate Policy: Toward Centralized Governance?" *Review of Policy Research* 26 (2009): pp. 311 - 328.

④ Ulrika Olausson, "Toward a European Identity? The News Media and the Case of Climate Change", *European Journal of Communication* 25 (2010): 138 - 152.

⑤ Arno Behrens et al., *Financial Impacts of Climate Change: Implications for EU Budget* (Brussels: Center for European Policy Studies, 2008).

谈判的准备工作，该所承担了气候变化专题研究项目“‘巴西案文’的谈判立场及反对‘后阿根廷进程’研究”，该项目的重点是从国际经济和政治的角度，就中国参与谈判的立场和对策提出了我们的观点和建议。[①] 2005年，国家气候中心还创办了综合研究气候变化问题的专业期刊——《气候变化研究进展》，这也是目前国内唯一将自然科学和社会科学结合起来对气候变化进行研究的中文刊物。

中国对于欧盟气候政策的研究起步则更晚。最初只是在欧洲一体化研究的框架下，将其作为欧洲一体化第一根支柱下环境政策的一个分支来看待的，中国学者也基本是以研究欧盟环境政策为主，未对欧盟气候政策做专门的研究。根据笔者收集的资料，中国学者对欧盟气候政策研究的重视也仅是近十年的事情。2005 年，中国气象局培训中心课题组出版《各国气候变化应对体制研究报告》，其中董章杭对欧盟应对气候变化的立法程序、咨询机构和主要政策与法令做了梳理和分析，可以说是此方面研究的开始。[②]从目前看，中国学术界的研究主要集中在以下方向。

（1）欧盟气候政策的主要内容及其对中国的借鉴意义。欧盟是世界上最早采取应对气候变化的行为体，最初中国学者对欧盟气候政策的研究落脚点在于如何从欧盟气候政策中汲取经验，从而为中国未来发展转型服务，由此，中国学者分析了欧盟气候政策最重要的组成部分：第一，欧盟排放贸易体系。庄贵阳是国内第一位系统对欧盟排放贸易进行研究的中国学者，其分析了欧盟排放贸易机制的内容，评析了欧盟的国家排放配额分配计划及其对中国的借鉴意义。[③]此后，其他学者从不同角度对欧盟排放贸易进行了解析，比如上海社会科学院王伟男博士不仅对欧盟排放贸易机制及其成效做了颇有见地的分析，而且出版了国内第一本系统论述欧盟气候政策的专著——《应对气候变化：欧盟经验》。[④]第二，

---

① 陈迎、李真：《全球温室气体减排任重道远——全球气候变化课题组专题研讨会综述》，《世界经济与政治》1999 年第 3 期，第 76 页。

② 中国气象局培训中心课题组：《各国气候变化应对体制研究报告》，2005，第 5 ~ 10 页，http：//stream1. cma. gov. cn/info_ unit/uploadfile/200643084642833. pdf，最后登录时间：2012 年 4 月 13 日。

③ 庄贵阳：《欧盟温室气体排放贸易机制及其对中国的启示》，《欧洲研究》2006 年第 3 期，第 68 ~ 87 页。

④ 王伟男：《应对气候变化：欧盟经验》，中国环境科学出版社，2011。

欧盟应对气候变化立法。伴随着欧盟应对气候变化法规的出台，国内学者分析了欧盟“能源与气候变化”一揽子立法的含义及其对中国气候立法的启示，代表性分析如柯坚和何香柏的《环境法原则在气候变化适应领域的适用——以欧盟的政策与法律实践为分析视角》等。[①]

（2）欧盟追求国际气候领导权的动因分析。与国外学术界相比，中国学者虽然也关注欧盟在气候变化领域领导地位的状况及其对国际应对气候变化进程的影响，如薄燕和陈志敏的《全球气候变化治理中欧盟领导能力的弱化》[②]，但更加关注欧盟推行较为积极的气候政策和追求国际气候领域的“示范性领导权”的原因。谢来辉在剖析特殊偏好论、政治战略论和减排成本-收益比较决定论等三种阐释欧盟气候政策的观点之后，从恐惧、荣誉和利益的角度构建了理解欧盟气候政策动因的综合框架，并从国际经济互动关系的相对利益角度来全面理解各国的气候政策。[③]高小升和严双伍则认为追求经济利益、降低能源依赖、推动一体化的发展和欧盟内各层面的支持与推动等内在动力与国际体系和国际气候机制的影响、应对气候变化带来的压力和挑战以及拓展解决国际问题的“欧洲模式”等外在动因的共同作用促使欧盟采取相对积极的气候政策。[④]董勤从能源安全利益驱动的视角分析了欧盟气候政策的制定和执行，并且对欧盟的气候单边主义进行了剖析。[⑤]李慧明运用新现实主义理论分析了影响欧盟国际气候谈判立场的结构性动因，指出国际体系结构（包括气候政治格局）是欧盟在京都进程中发挥“领导作用”最根本的决定因素。[⑥]此外，不少国内学者在分析欧盟应对气候变化相关问题时也对欧盟气候政策的动因

---

① 柯坚、何香柏：《环境法原则在气候变化适应领域的适用——以欧盟的政策与法律实践为分析视角》，《政治与法律》2011年第11期，第27~35页。

② 薄燕、陈志敏：《全球气候变化治理中欧盟领导能力的弱化》，《国际问题研究》2011年第1期，第37~44页。

③ 谢来辉：《为什么欧盟积极领导应对气候变化》，《世界经济与政治》2012年第8期，第71~91页。

④ 高小升、严双伍：《欧盟气候政策的动因分析》，《国际论坛》2012年第5期，第7~13页。

⑤ 董勤：《欧盟气候变化政策能源安全利益驱动——兼析欧盟气候单边主义倾向》，《国外理论动态》2012年第2期，第69~75页。

⑥ 李慧明：《欧盟在国际气候谈判中的政策立场分析》，《世界经济与政治》2010年第2期，第48~66页。

有一定的论述。[①]

（3）欧盟对外双边气候合作。通过双边合作促使其他国家采取积极应对气候变化政策是欧盟对外气候战略的重要方式之一，因此国内学者对欧盟的对外双边气候合作给予了一定的研究，目前的研究重点主要集中在中欧气候合作和美欧气候合作上。对于前者，中国学者的关注点在于分析中欧气候合作的现状、潜力和存在的问题，进而提出促进中欧气候合作的建议，代表性分析如薄燕和陈志敏的《全球气候变化治理中的中国与欧盟》。[②]对于后者，中国学者主要运用比较分析方法研究美欧应对气候变化方式的差异及其对欧美气候合作的影响。薄燕、刘慧等借助比较分析法分别研究了美欧在《议定书》中发挥不同作用的原因和美欧气候政策的差异，前者认为气候变化在外交议程的不同地位、应对气候变化的途径差异以及对气候变化的生态脆弱性和成本的认知是决定美欧发挥不同角色的原因，[③]后者则指出美欧气候政策差异的实质是“碳资本主义”与“生态资本主义”两种不同资本主义发展模式的竞争，进而得出“美欧气候政策冲突不易调和”的结论。[④]严双伍和赵斌则分析了欧盟与美国在气候政治领域的分歧与合作。[⑤]

（4）对欧盟成员国气候政策的研究。鉴于欧盟政体的混合性，国内学者不仅关注作为一个整体的欧盟气候政策，也关注欧盟主要成员国的气候政策。当前已有相关成果主要关注英国、德国和法国的气候政策。对于英国的气候政策，吴向阳最先介绍了英国温室气体排放贸易制度的框架，并分析了其政策效果和存在的问题。[⑥]此后，王文军、陈迎剖析了英国应对气

---

① 这方面主要的论述有，傅聪：《欧盟应对气候变化的全球治理：对外决策模式与行动动因》，《欧洲研究》2012 年第 1 期，第 65 ~ 80 页；李慧明：《欧盟在国际气候政策中的行动战略与利益诉求》，《世界经济与政治论坛》2012 年第 3 期，第 105 ~ 117 页；李慧明：《气候政策立场的国内经济基础——对欧盟成员国生态产业发展的比较分析》，《欧洲研究》2012 年第 1 期，第 81 ~ 99 页。

② 薄燕、陈志敏：《全球气候变化治理中的中国与欧盟》，《现代国际关系》2009 年第 2 期，第 44 ~ 50 页。

③ 薄燕：《“京都进程”的领导者：为什么是欧盟而不是美国?》，《国际论坛》2008 年第 5 期，第 1 ~ 7 页。

④ 刘慧、陈欣荃：《美欧气候政策的比较分析》，《国际论坛》2009 年第 6 期，第 19 ~ 25 页。

⑤ 严双伍、赵斌：《美欧气候政策的分歧与合作》，《国际论坛》2013 年第 3 期，第 6 ~ 12 页。

⑥ 吴向阳：《英国温室气体排放贸易制度的实践与评价》，《气候变化研究进展》2007 年第 1 期，第 58 ~ 61 页。

候变化的政策及其对中国的借鉴意义。[①]朱松丽和徐华清通过对英国2003年和2007年能源白皮书的比较研究认为，英国气候政策已发生微妙的变化，从强调自身减排蜕变到一再强调国际行动及建立相应国际框架的重要性，并分析了发生变化的原因。[②]对于德国的气候政策，廖建凯不仅分析了德国减缓气候变化政策的发展进程，而且研究了德国为应对气候变化采取的能源政策与法律措施。[③] 李妍则分析了福岛核泄漏后德国的弃核战略对其减排目标的影响。[④]冯存万则对法国气候外交与实践进行了较为仔细的剖析，指出了其战略目标、存在的问题与面临的挑战。[⑤]

（5）哥本哈根气候大会以来的欧盟气候战略分析。2009年底的联合国哥本哈根气候大会上，欧盟的国际气候谈判策略遭遇重大挫折，由此开始了欧盟气候政策的转型与调整。围绕这一问题，国内学者对未来欧盟气候政策的走向展开了分析。高小升分析了欧盟后哥本哈根气候政策变化的表现、主要原因及其对欧盟和世界应对气候变化的影响。[⑥]陈俊荣对欧盟2020战略影响下欧盟未来的低碳发展方向做了详细的剖析。[⑦]刘衡则全面分析了欧盟对2020年后全球气候机制构建的立场与利益诉求。[⑧]房乐宪和张越结合欧盟在2013年发布的《气候变化适应战略》及其配套文件《发展气候适应战略指导方针》的核心内涵，不仅对欧盟在适应气候变化上最新立场进行了解读，而且分析了欧盟在华沙气候大会上的政策立场，评估了欧盟

---

① 陈迎：《英国气候政策及其对中国的借鉴》，《绿叶》2008年第9期，第63~68页；王文军：《英国应对气候变化的政策及其借鉴意义》，《现代国际关系》2009年第9期，第29~35页。

② 朱松丽、徐华清：《英国的能源政策和气候变化应对战略——从2003版到2007版能源白皮书》，《气候变化研究进展》2008年第5期，第272~276页。

③ 廖建凯：《德国气候保护与能源政策的演进》，《世界环境》2010年第7期，第54~57页；廖建凯：《德国减缓气候变化的能源政策与法律措施探析》，《德国研究》2010年第2期，第27~34页。

④ 李妍：《德国弃核策略对其减排目标的影响分析》，《经济问题探索》2012年第8期，第185~190页。

⑤ 冯存万：《法国气候外交与实践评析》，《国际论坛》2014年第2期，第57~62页。

⑥ 高小升：《欧盟后哥本哈根气候政策的变化及其影响》，《德国研究》2013年第3期，第32~44页。

⑦ 陈俊荣：《欧盟2020战略与欧盟的低碳经济发展》，《国际问题研究》2011年第3期，第65~69页。

⑧ 刘衡：《欧盟关于后2020全球气候协议的基本设计》，《欧洲研究》2013年第4期，第108~123页。

气候政策的最新动向及其对中国气候政策的含义。[①]当前此方面新的研究正不断出现，也是当前国内学术界研究欧盟气候政策的热点。

综合国内外学术界的研究成果发现，对欧盟气候政策的研究注重经济分析，尤其是欧盟的排放贸易成为国内外学者关注的重点，对欧盟气候政策的政治含义的分析与论述文献却相对分散，没有受到应有的重视。同时作为欧盟一体化合作的领域之一，欧盟气候政策对欧洲一体化的发展产生怎样的影响尚缺乏系统的论述。基于此，本书以欧盟的气候政策为研究对象，在梳理共同气候政策发展进程的基础上，研究欧盟气候政策形成和发展的动因、成就和挑战，进而分析其与欧洲一体化的关系和对世界应对气候变化的借鉴意义。

三 本书的研究方法

本书在借鉴国内外学者研究成果的基础上，从一体化的视角对欧盟气候政策进行全面系统的分析与研究。为实现这一目标，采取正确的研究方法尤为重要，因为只有遵循正确的研究方法才能得出正确的结论。马克思主义毫无疑问是我们分析和研究问题的正确方法，也是本书总的指导思想和研究方法。具体来说，本书将主要采取以下几种研究方法。

（1）历史分析法。欧盟气候政策的发展已有二十多年的历史，梳理欧盟气候政策发展进程，并按照笔者的研究视角对其重新进行阶段划分，总结欧盟气候政策发展的阶段性特点和未来趋势。

（2）文献分析法。在应对气候变化的过程中，欧盟发布了大量的官方文件来阐明欧盟在国际气候谈判中的立场，在欧盟内，欧盟及其成员国也制定了一系列的政策举措来落实应对气候变化承诺。通过分析和解读欧盟及其成员国发布的各种政策和立场文件，分析和研究欧盟在应对气候变化上的主要立场、采取的主要政策及其特点。

（3）辩证分析法。根据马克思主义辩证法，任何事物的发展都有其内在的发展规律和运行逻辑，欧盟气候政策也不例外。辩证分析法就是按照

---

① 房乐宪、张越：《当前欧盟应对气候变化政策新动向》，《国际论坛》2014 年第 3 期，第 25 ~ 30 页。

客观事物本身的运动和发展规律来认识事物的一种分析方法。就本书而言，笔者将用联系的观点、发展的观点、全面的观点以及对立统一的观点对欧盟气候政策进行研究，揭示欧盟气候政策不断发展的决定因素，分析在全球不少国家消极应对气候变化的背景下，欧盟为何采取颇为积极的气候政策和追求国际气候领导地位。

（4）定性分析和定量分析相结合。为了能够对欧盟气候政策进行全面的评估和研究，本书不仅运用定量分析（数据、图表等）对欧盟应对气候变化政策的效果进行评估，而且在研究欧盟气候政策存在问题和挑战的基础上，使用定性分析对欧盟气候政策的未来发展趋势做出判断。

四　本书的基本结构和主要内容

本书将运用上述提到的研究方法对欧盟气候政策进行全面系统客观的研究与分析。全书由绪论、五章和结语等七部分组成，具体的分析逻辑思路如下。

绪论部分介绍了本书选题的背景、分析了本书的理论和现实研究意义，并对国内外学术界有关的研究成果进行了归纳分析，指出已有研究的不足，从而确立本书的研究目标和研究方法。

第一章主要梳理了欧盟气候政策的形成与发展，并根据政策内容和一体化程度将欧盟气候政策的演进分为三个阶段，即 1986 ~ 1995 年的酝酿探索阶段、1996 ~ 2005 年的正式确立阶段和 2005 年以来的深入发展阶段。在欧盟气候政策的酝酿探索阶段，主要体现为欧盟气候变化观的转变，在认识到气候变化对欧盟的战略意义后，欧盟确立了稳定温室气体排放的政治目标，初步制定了实现目标的气候战略并尝试将其落到实处，从而为确立欧盟在气候领域的领导地位奠定了基础。随着国际气候机制进入《议定书》谈判和批准阶段，欧盟气候政策逐渐形成：一方面，欧盟以颇具雄心的欧盟共同气候目标和在气候议题上的妥协让步推动了国际气候谈判的成功；另一方面，欧盟也采取了一系列措施来兑现其承诺，革新温室气体监测机制，启动“欧洲气候变化计划”和建立欧盟排放贸易体系以及出台其他气候政策措施等，这不仅强化了欧盟在应对气候变化中的地位，也使欧盟气候政策确立起相对完整的政策框架。2005 年以来，欧盟气候政策进入深入发展期。在国际上，欧盟积极参与到构建后京都气候机制和2020年后国际气候机制谈判中，发布多份官方文件，详细阐明欧盟的谈判立场；在联盟内也先后确立了欧盟中长期气候目标，并通过“能源与气候变化”一揽子立法来兑现其承诺，使欧盟气候政策又向前迈出一大步。

第二章论述了欧盟气候政策不断发展和完善的原因。本书认为，欧盟气候政策的建立和发展是多种内因和外因相互作用的结果。从内因来看，通过应对气候变化，实现发展模式转型、推动经济增长、增加就业、缓解能源安全以及推动欧洲一体化发展是欧盟及成员国推行积极气候政策的主要动力，而欧盟社会各界对欧盟应对气候变化措施的支持也是重要原因。从外因来看，20世纪90年代欧盟外部形势是欧盟气候政策得以建立和发展的重要推动力，主要包括冷战结束后的国际体系结构和气候政治格局、全球化对欧盟的压力和挑战以及欧盟拓展解决国际问题的“欧洲模式”的需要等。

第三章则对欧盟应对气候变化政策的绩效进行了评估。总体来看，欧盟在应对气候变化上已经形成了相对完整的政策框架体系，主要体现在：在欧盟层面，欧盟不仅建立了世界上第一个温室气体限额贸易体系——欧盟排放贸易体系，而且在提高能源效率、发展可再生能源以及适应能力建设等领域取得了较大的进展。在国际层面上，欧盟积极参与到各种应对气候变化的国际努力中，不仅包括《公约》及其《议定书》下的国际气候谈判，而且通过八国集团/20国集团、主要经济体能源与气候论坛、欧盟－美国峰会以及欧盟－中国领导人会晤等多边和双边渠道推进国际气候合作，并借此建立起欧盟在国际气候领域的领导地位。

第四章分析了欧盟气候政策未来发展面临的问题和挑战。欧盟气候政策管辖权限的不足、气候政策制定缺乏灵活性和协调性以及共同气候政策措施软弱是欧盟气候政策难以回避的内在问题。与此同时，欧盟气候政策示范效应的下降、欧盟塑造后京都气候机制能力的削弱以及来自主要发展中国家和美国等《公约》缔约方的挑战等也是欧盟在参与国际气候谈判时不得不面临的外部挑战。如何应对内在问题和外在挑战对欧盟气候政策的未来发展至关重要。

第五章则研究了欧盟气候政策与欧洲一体化的关系，不仅分析欧盟气候政策对欧洲一体化进程的影响，而且分析欧洲一体化发展进程对欧盟气候政策的影响。欧盟气候政策的确立和发展不仅加速了欧盟治理模式的转变，推进了欧盟的预算改革，而且降低了欧盟的“民主赤字”，提升了欧盟的合法性，提高了欧盟的行动能力和国际地位。与此同时，欧盟气候政策的发展也受到欧洲一体化进程的规制，欧盟扩大、欧盟机构改革以及欧洲2020战略的出台都在不同程度上改变着欧盟气候政策的运作情景。

最后是本书的结语。这一部分主要在上述分析的基础上，对欧盟气候政策的未来发展趋势做出判断。从长远来看，鉴于欧盟气候政策在推动欧盟经济发展转型、推动欧洲一体化发展、拓展欧盟解决国际问题的“欧洲模式”以及提升欧盟的世界地位等方面发挥了积极作用，欧盟气候政策仍将是未来数十年内欧盟及其成员国的优先议程，但欧盟气候政策的未来发展状况将取决于欧盟实现减排目标的能力、欧盟对适应和减缓气候变化关系的处理以及《里斯本条约》的履约情况。

需要说明的是，本书写作过程中存在着不少困难，如该领域整体研究比较单薄，资料收集困难，涉及内容庞杂等，从而使笔者在创新方面颇感力不从心。经艰苦的努力，形成了笔者关于欧盟气候政策的一些粗浅观点，仍有待学界批评指正。

· 第一章 ·

欧盟气候政策的形成与发展

20 世纪 70 年代末，气候变化问题进入国际政治领域。出于对气候变化研究的缺乏和认识不足，欧盟最初并未予以重视，直到 1988 年欧共体才首次在欧洲层面上讨论气候变化问题。自此之后，欧盟在应对气候变化问题上的态度、立场和措施日渐积极，并以实现在国际气候领域的领导地位为目标，逐步形成了共同的欧盟气候政策。作为欧洲一体化第一支柱下环境政策合作的领域之一——欧盟气候政策的形成和发展也和任何一项公共政策发展一样，经历了政策酝酿探索、政策确立与初步发展以及深入发展时期，呈现出明显的阶段性特征。

第一节　欧盟气候政策的酝酿与初步探索（1986～1995 年）

当气候变化问题进入国际政治领域之时，欧共体正处于一体化发展的关键时期，如何推进欧洲一体化成为 20 世纪 70 年代末 80 年代初欧共体关心的首要问题，因此当时欧共体对气候问题的关注不多。但是伴随着气候变化科学研究和国际应对气候变化形势的发展，欧盟对气候变化的认识开始发生变化，气候变化逐步提上欧盟的议事日程，欧盟机构也尝试协调其成员国在气候变化上的立场，并开始酝酿形成欧盟共同的气候政策。

一　欧共体控制温室气体政治目标的提出

对气候变化问题的关注最早可以追溯到 20 世纪 50 年代，然而科学界对造成气候变化原因的争执使得在很长的一段时间内，气候变化单纯是一个科学问题。1979 年 2 月第一次世界气候大会在此方面迈出重要一步，会议指出，二氧化碳在导致全球变暖中发挥着重要的作用。然而会议并未引起世界各国决策者的注意，全球变暖还是全球变冷继续成为科学家激烈谈论的话题。[①]在此情况下，欧盟委员会仅通过了一项气候科学的多年研究计划。可以说，欧盟应对气候变化的方式和世界其他地方并无二致，其对气候变化问题的热情也低于美国。

然而 1985 年在奥地利召开的维拉赫会议（Villach Conference）使形势大为改观。此次会议不仅对气候变化的趋势做出了初步预测，指出"大气层 CO_2浓度每增加一倍，全球平均表面温度升高 1.5℃ ~4.5℃"，[②]而且强调人类应通过经济、社会和技术等方面的研究来应对潜在的气候变化并作出政策选择。由此，气候变化问题开始政治化，成为政治决策直接关心的问题。1987 年，世界环境与发展委员会出版的《我们共同的未来》将气候变化纳入全球发展与环境问题中，从而加速了气候变化的政治化进程。1988 年 6 月在加拿大多伦多举行的"变化中的大气：对全球安全的影响"国际会议，首次将气候变化作为政治问题看待，会议不仅强调了气候变化的后果，而且呼吁各国政府行动起来，制订大气层保护计划，其中包括一项国际性框架公约。[③]多伦多会议催生了一系列气候变化国际会议的召开，提升了国际社会对气候变化的关注力度。[④]

国际社会对气候变化关注的升温推动了欧盟对气候变化态度和立场的转变。欧洲议会是最早对气候变化做出政策回应的欧盟机构。1986 年 7 月，提交给欧洲议会的"菲兹斯曼司报告"（Fitzsimons Report）首次讨论了气候变化问题。在此报告基础上，欧洲议会通过决议指出采取应对气候

---

① 科学界对气候变化的争论过程，参见 Matthew Paterson, *Global Warming and Global Politics* (London and New York: Routledge, 1996), pp. 17 -29。

② Matthew Paterson, *Understanding Global Environmental Politics: Domination, Accumulation, Resistance* (Hampshire: Palgrave Macmillan, 2000), p. 122.

③ 徐在荣：《全球环境问题与国际回应》，中国环境科学出版社，2007，第 212 页。

④ 多伦多会议之后，与气候变化有关的国际会议如雨后春笋般出现，主要有：1988 年的汉堡气候和发展世界大会；1989 年 2 月渥太华"大气保护的法律和政策"专家会议；1989 年 9 月东京"全球环境与人类回应"国际会议；1989 年 11 月诺德维克"大气污染和气候变化"环境部长会议；1989 年 11 月的迈尔会议以及 1989 年 12 月在开罗举行的"准备气候变化世界会议"等。

变化措施的必要性，同时强调大规模节能和理性使用能源的益处。该决议也承认发达国家在造成温室效应上的责任以及为发展中国家提供适当技术以应对气候气候变化的义务。[①]同年 10 月，欧共体委员会提交给欧共体部长理事会的《欧共体第四个环境行动计划》也提及气候变化问题，声称在进一步研究确定气候变化可能的不利影响情况下，欧共体应考虑可能采取的措施和发展替代能源战略。1988 年 7 月，欧共体委员会成立了跨部门工作组来研究温室效应问题，这也表明欧共体委员会决定对气候变化问题给予越来越高的政治注意力。因而到了 1988 年 11 月，欧共体委员会就向部长理事会提交了关于气候变化的第一份磋商文件，评估了气候科学的研究发现和可能的气候变化行为。欧共体委员会在文件中并未提出明确的气候变化应对措施建议，但是明确主张对气候变化科学和未来的政策选择进行全面的研究。其寓意显而易见，即降低大气中温室气体的浓度还不是当前的现实目标，但可能是未来的长期目标。尽管欧共体内的“富裕”国家与“贫穷”国家[②]对于委员会提出的建议存在分歧，欧共体理事会最终仍同意建立一个工作计划，研究欧共体未来可能采取的具体气候政策。基于此，1990 年 3 月，欧共体委员会发布第二份气候变化磋商文件，提出了欧盟应对气候变化的政策。与 1988 年的磋商文件相比，欧共体从对气候变化问题的模糊评估转向提出明确而且具体的政策建议，提出“到 2000 年，工业化国家应将其温室气体排放稳定下来，并考虑到 2010 年实现重大削减”。[③]与此同时，欧共体第六总司（主管环境问题）的专家小组还提出运用财政措施应对气候变化问题的设想。

欧共体对气候变化的立场和态度转变也为欧共体形成共同的气候政策打下基础。气候变化问题的严肃性也使欧共体实际的最高机构——欧洲理事会对其给予了积极的关注。1990 年 6 月，在爱尔兰首都都柏林召开的欧

① Publicatons Office of European Communities, “Resolution on the Measures to Counteract the Rising Concentration of Carbon Dioxide in the Atmosphere (the Green Effect)”, *Official Journal of the European Communities* 29 (1986): 272 – 273.

② “贫穷国家”是指人均国民生产总值（GNP）低于欧共体 12 国平均水平的成员国，包括爱尔兰、西班牙、葡萄牙和希腊；而“富裕国家”是指人均国民生产总值（GNP）高于欧共体 12 国平均水平的成员国，包括除上述四国以外的其他八个欧共体成员国。

③ Jon Birger Skjærseth, “The Climate Policy of the EC: Too Hot to Handle?” *Journal of Common Market Studies* 32 (1994): 26.

洲理事会峰会要求尽早确立温室气体排放目标和制定温室气体限排战略，从而为欧共体确立共同气候政策目标扫除了政治上的障碍。因此，1990 年 10 月由欧共体能源与环境部长理事会通过决议：欧共体成员国和其他工业化国家应该采取措施以实现到 2000 年将温室气体排放量稳定在 1990 年的水平上。对于当前对能源需求较低的欧共体成员国，应在照顾其未来发展对能源需求增长的基础上，确立相应的气候目标和战略，但应不断提高其经济活动的能源效率。[①]由此，欧共体气候政策具有了共同的政治目标。

可以说，在 1988 年 11 月到 1990 年 10 月两年的时间内，从对气候变化的重新认识到确立起控制温室气体的政治目标，欧共体气候政策的发展是迅速和相当顺利的。[②]以下三大因素在其中起了关键的作用：第一，第二次世界气候大会的推动。欧共体能源与环境部长联合理事会的召开正值第二次世界气候大会召开前夕，为实现欧共体在大会上强有力的领导地位，欧共体需要在气候变化问题上做出积极的姿态。第二，欧共体实用主义的考虑。虽然对气候变化的影响尚不完全确定，但一些欧共体成员国已经确立了限制、稳定以及减少温室气体排放的政策目标，同时考虑到仍有一些欧共体成员国尚无控制温室气体排放的目标，欧共体认为在未来十年内稳定温室气体排放的目标是可以实现的。第三，1987 年生效的《单一欧洲法令》确立了欧共体环境政策的法律地位，也规定了欧共体在对外环境谈判中的地位，使其有权在气候变化问题上作出决定。

总之，欧共体控制温室气体政治目标的确定不仅使欧共体在气候变化领域处于领先地位，也对美国、日本等其他工业化国家产生了一定的压力，更为欧共体形成共同气候政策打下坚实的基础。

二 欧盟应对气候变化战略的出台

在多伦多会议之后，气候变化问题受到世界各国的普遍关注。1988 年

---

① Nigel Haigh, "Climate Change Policies and Politics in the European Community", in Tim O' Riordan and Jill Jäger, eds., *Politics of Climate Change: A European Perspective* (London and New York: Routledge, 1996), p. 162.

② Jon Birger Skjærseth, "The Climate Policy of the EC: Too Hot to Handle?" *Journal of Common Market Studies* 32 (1994): 27.

9月，气候变化问题首次成为联合国大会的议题，并于同年12月建立联合国“气候变化政府间工作委员会”（IPCC）对气候变化进行研究。两年以后，联合国大会通过第45/212号决议，正式成立“气候变化框架公约政府间谈判委员会”（INC）就国际合作应对气候变化进行谈判。对欧盟来说，控制温室气体政治目标的确立保持了其在第二次世界气候大会上的主导地位，然而面对此后的国际气候形势，尤其是刚刚启动《公约》谈判和即将于1992年召开的联合国可持续发展大会，如何实现欧盟控制温室气体的政治目标成为欧盟能否保持自己在气候领域领导地位的关键。

为此，欧盟开始考虑制定实现应对气候变化目标的战略。在1990年6月欧洲理事会“环境倡议”的影响下以及受第二次世界气候大会上所获成果的鼓舞，欧盟积极在联盟层面上制定实现稳定排放目标的气候战略。1990年10月召开环境和能源部长理事会后不久，由欧盟环境和能源委员共同起草了一份名为“欧盟限制二氧化碳排放行动计划”的磋商文件交由部长理事会讨论。在该文件中，欧盟委员会声称要实现稳定温室排放目标意味着欧盟将在未来实现15%～20%的减排，同时又乐观地认为欧盟将能够以相对较低的成本实现这一目标，但是欧盟现有的政策行为（如提高能源效率）难以实现上述目标。为此，欧盟委员会在文件中列举了在可再生能源、能源效率以及交通领域能够采取的政策措施。[①]在接下来的几个月里，欧盟委员会内部就欧盟最终将采取的战略进行了多次的磋商。到1991年5月，欧盟委员会的内部磋商文件确立了未来欧盟气候政策的四大要素：①采取管制性方法；②借助财政手段；③成员国间的目标分摊（Target Sharing）；④成员国层面的补充性气候行为。[②] 作为1991年7～12月的欧盟轮值主席国，荷兰强烈支持欧盟委员会提出的责任分摊思想，主张对成员国气候目标的确定可以借鉴1988年欧盟在处理酸雨问题上的经验和方法，采取“自上而下”的方式对成员国减排责任进行划分，并以欧盟指令

① Jay P. Wagner, “The Climate Change Policy of the European Community”, in Gunnar Ferman, ed., *International Politics and Climate Change: Key Issues and Critical Actors* (Oslo: Scandinavian University Press, 1997), p. 313.

② Nigel Haigh, “Climate Change Policies and Politics in the European Community”, in Tim O' Riordan and Jill Jäger, eds., *Politics of Climate Change: A European Perspective* (London and New York: Routledge, 1996), p. 163.

的形式确定下来。然而这一方法最终未能获得欧盟理事会的支持和通过，由此财政手段（例如征收欧盟层次的能源税或者碳税）就成为欧盟委员会建议的基石。

1991 年 7 月，欧盟委员会就温室气体排放战略举行首次政策讨论，借此欧盟委员会环境委员里帕·迪梅雅娜（Ripa di Meana）和能源委员卡多索·伊坎哈（Cadosa e Cunha）在欧共体政策和税收政策之间达成一定妥协。经过辩论，欧盟内外的多份研究报告均表明，节能政策和征收能源税对欧盟及成员国的经济损害不大，同时也将能够实现欧盟提出的稳定排放目标。然而欧盟工业界反对征收能源税的建议，认为其将大大增加生产的经济成本，极大地破坏欧盟工业在世界上的经济竞争力。根据英国《经济学家》的报道，“布鲁塞尔由此也遭受了有史以来最有力的工业游说，凸显出欧盟征收能源税所面临的巨大阻力”。[①] 1991 年 9 月，欧盟委员会就温室气体排放战略举行第二次政策讨论并达成一致意见。欧盟委员会建议的温室气体排放战略由三部分组成：①征收欧盟层面的能源税；②实施共同体层面的政策措施；③成员国的补充性措施。[②]虽然三大建议同等重要，但鉴于征收能源税将意味着欧盟对成员国内部事务的更大介入，因而从一开始就备受关注。

1991 年 10 月 1 日，欧盟委员会正式向在卢森堡召开的环境部长理事会提交“欧盟温室气体排放战略”磋商文件。尽管理事会总体上对欧委会的建议表示欢迎，但英国反对将征收能源税纳入共同体战略。理事会最终决定成立特设小组仔细研究欧委会的建议，特别是征收能源税的提议。[③]两周之后，在阿姆斯特丹举行的部长理事会会议上，英国出乎意料地放弃了对“在欧盟范围内征收能源税”建议的反对，欧盟各国环境部长“原则上”接受欧委会的能源税计划，一致同意采取应对气候变化的行为。[④]然而在同月举行的能源部长理事会上成员国部长们表示，在美

---

① “‘Taxing Carbon’ and ‘Europe’s Industries Play Dirty’”, *The Economist*, 9 May 1992.

② Ian Manners, *Substance and Symbolism: An Anatomy of Cooperation in the New Europe* (Aldershot: Ashgate Publishing Limited, 2000), p. 44

③ Background Paper: A Community Strategy to Limit Carbon Dioxide Emissions and to Improve Energy Efficiency, 3 October 1991, ISEC/B26/91, Commission of European Communities, p. 1.

④ Jon Birger Skjærseth, “The Climate Policy of the EC: Too Hot to Handle?” *Journal of Common Market Studies* 32 (1994): 29.

国、日本等欧盟主要的贸易伙伴尚未采取类似政策的前提下，不同意征收欧盟范围的能源税。鉴于欧盟内上述分歧的存在，欧盟将很难在 1991 年 12 月欧盟环境和能源部长理事会上就共同体的温室气体排放战略达成一致。[①]

在此背景下，1991 年 10 月 14 日发布的“欧盟限制温室气体排放和提高能源效率战略”磋商文件做出了很大的妥协。首先，欧委会最初提出的、得到荷兰政府积极支持的“目标分摊”概念由于法国、意大利和英国的反对而最终放弃，转而由“责任分摊”（Burden Sharing）所取代，它将对共同体内的落后经济体（主要是希腊、爱尔兰、西班牙和葡萄牙）为应对气候变化而产生的调整成本做出财政补偿。其次，新的能源税在财政上是中性的，一些工业部门拥有例外权，同时新的能源税是基于能源使用和温室气体排放量的混合税。最后，无悔政策（no - regret policy）不仅包含提高能效计划和气候科学研究计划，而且包含能源税和温室气体管制机制。

欧委会磋商文件做出的妥协提高了共同体温室气体控制战略获得通过的可能性和几率。1991 年 12 月 4 日，欧洲议会发表意见，表示接受欧委会的大部分建议。此后举行的环境部长和能源部长理事会同意该战略，要求欧委会就具体实施提出正式的建议。尽管欧共体的温室气体控制战略原则上获得通过，但许多成员国在等待欧委会的正式建议，以便在其成为欧盟立法之前做出最后的判断。

如前所述，欧盟内的工业界反对征收欧盟范围的能源税，到了 1992 年 1 月，成员国工业界的反对更加强烈，因为日益明显的事实表明，欧盟建议采取的能源税将不是“无悔的”。根据欧委会第六总司 1991 年发布的《欧盟控制温室气体一揽子措施对欧洲工业的影响》报告，欧洲工业游说者认为欧盟征收能源税必须以其他经济发展与合作组织成员国实施类似的措施为前提，并向欧盟机构展开了有力的游说。虽然欧共体采取各种办法来维持欧委会所达成的内部妥协，然而在强大的游说面前最终失败。在欧委会主席的影响下，负责税收和欧共体内部市场的委员和成员国的反对最

---

① 1992 年 6 月联合国环境大会将在巴西里约热内卢召开，1991 年 12 月的欧盟理事会是确立欧盟立场的最后机会。

终使欧委会不得不将经济发展与合作组织成员国采取类似措施的前提性条件作为欧委会达成内部妥协的新基础。[①]这一情况使得欧盟究竟能够达成什么样的温室气体控制战略变得不确定起来。

然而，对欧盟及其成员国来说，共同体温室气体控制战略意义重大。1992 年 6 月，第二届联合国环境与发展大会将在巴西里约热内卢举行，同时《公约》也将在该会议上接受世界各国的批准。欧盟能否延续第二次世界气候大会上的主导地位在很大意义上将取决于欧盟如何实现其温室气体稳定目标。美国政府也不失时机地抓住欧盟内部在达成共同气候战略上的政治困境，指出欧盟在缺乏共同政策措施情况下提出的稳定排放目标是没有意义的。[②]在内外压力之下，欧委会内部经过妥协，最终在里约热内卢会议前夕公布了欧盟实现温室气体稳定目标的一揽子建议，其包括四个方面的措施：①在现有基础上节能和提高能效的框架指令（SAVE 框架内）；②支持发展可再生能源的决定（ALTERNER）；③建立二氧化碳排放监测机制的决定；④征收基于能源使用与碳排放的混合税指令。[③]

对于欧委会提出的建议，节能和提高能效、发展可再生能源以及建立二氧化碳管理机制等均没有太大的争议性。然而征收混合税的提议，虽然欧委会在提出之前已进行了修改以降低成员国的敏感性，但大多数成员国仍觉得欧委会过于冒进。根据《单一欧洲法令》第 130 条，征收混合税的建议在理事会的表决须采取“一致通过”的方式，使其在理事会的通过异常艰难。1992 年 5 月，欧盟理事会最终未能就征收混合能源税达成一致，但欧委会的其他三大建议获得支持。尽管如此，欧盟稳定温室气体排放目标一揽子建议的出台仍标志着欧盟在制定共同气候战略上迈出了重要一步。

---

① M. Jachtenfuchs and M. Huber, “Institutional Learning in the European Community: the Response to the Greenhouse Effect”, in J. Liefferink, P. Lowe and A. Mol, eds., *European Integration and Environmental Policy* (London: Belhaven Press, 1993), p. 50.

② Mattew Paterson, *Global Warming and Global Politics* (London and New York: Routledge, 1996), p. 89.

③ Nigel Haigh, “Climate Change Policies and Politics in the European Community”, in Tim O’Riordan and Jill Jäger, eds., *Politics of Climate Change: A European Perspective* (London and New York: Routledge, 1996), p. 164.

三　欧盟实施气候变化战略措施的初步尝试

如前所述，对欧委会来说，征收能源混合税是实现欧盟温室气体稳定目标的最重要的组成部分，在欧盟未来气候政策中的地位重大。鉴于此，欧委会为征收能源税建议能在理事会获得通过进行了新的努力。就在联合国里约热内卢环境和发展大会结束后半个月，欧委会不顾欧洲议会的批评，向欧盟理事会最终提交了“关于征收能源混合税指令的建议”文件，试图去除欧盟成员国为征收能源混合税所附加的前提性条件。但是到 1994 年 12 月，欧盟理事会最终决定不会在共同体层次征收能源税，但鼓励成员国在其国内采纳类似的征税，欧委会的尝试最终失败。由此，欧委会提出的其他三条建议就成为此后欧盟实现温室气体稳定目标的政策措施，这一严重打了折扣的欧盟气候政策也首次进入执行阶段。

1. 欧盟能源效率特别行动计划

欧盟能源效率特别行动计划（SAVE Program）发起于 1987 年，该计划的最初目的是通过在欧盟范围内提高能源效率，实现减少温室气体排放和提高欧盟能源安全，然而直到 1991 年 10 月该计划才获得欧盟能源部长理事会的接受和支持。欧盟能源效率特别行动计划要求欧盟采纳和执行新的能效标准建议指令，它涵盖电力生产、建筑业、汽车业以及家用电器等行业，并确立了 1985～1995 年提高能效 20% 的目标。1993 年该计划建议被正式采纳之后，建议指令的内容要么受到削弱，要么被彻底删除。最终欧盟能源效率特别行动计划蜕变成为一个框架指令，仅仅列举了用于指导欧盟成员国气候计划和措施的总方针，而缺乏对目标、期限和内容的明确规定。[①]即便如此，由于资金的缺乏和欧盟成员国对《单一欧洲法令》乃至《欧洲联盟条约》中“辅助性原则”（the Subsidiary Principle）的新阐释也使得该计划的管制性内容在实施过程中严重缩水，有的内容则直接被放弃，其结果是欧盟能源效率特别行动计划对欧盟成员国能源效率提高的影

① Wyn Grant et al., *Effectiveness of European Union Environmental Policy* (London: Macmillan Press Ltd, 2000), p. 127.

响微乎其微。①

尽管如此，欧盟委员会还是借助该计划推进了欧盟共同气候政策。首先，在欧委会的努力下，1995 年 12 月到期的欧盟能源效率特别行动计划得以延续，进入第二阶段（SAVE－Ⅱ），虽然 SAVE－Ⅱ与欧盟的最初预想有所差距，但欧委会仍然保持了在欧盟层面上提高能源效率的一席之地。其次，欧盟成员国同意由欧委会在欧洲层面上制定贸易产品的能效标准和欧盟内产品的能效标志。由此，欧盟气候政策有了初步的执行。

2. 发展可再生能源的决议

作为欧委会实现稳定排放目标的一揽子建议的组成部分，发展可再生能源的决议（ALTENER）设想在五年内由欧盟提供大约 4000 万“埃居”（ECU）的资金以实现到 2005 年减排 1.8 亿吨 CO_2的目标。1993 年，发展可再生能源的决议在欧盟理事会获得通过。然而和欧盟能源效率特别行动计划一样，其规模和内容也大大削弱。根据理事会通过的最终文本，发展可再生能源的决定虽然规定了未来实现的具体目标，但对实现目标应该采取何种执行手段却语焉不详。与此同时，在第一个五年计划内（1993～1997 年）的总量为 4000 万“埃居”的启动资金也被认为是明显不足的。②在可再生能源决议实施进入第二阶段（1998～1999 年）后，上述现状也没有太大的改观，虽然欧盟委员会和欧洲议会曾建议提高欧盟对可再生能源的资金支持，但欧盟理事会最终通过接受的资金总量与最初欧委会和欧洲议会建议的数额要少得多，发展可再生能源决定的执行也比预想的要困难得多。

但是可再生能源决议的执行并不能说是完全失败的。该决定虽未对各成员国可再生能源计划的实施设置硬性的标准，却要求各成员国在执行其可再生能源计划时要考虑到可再生能源决议规定的三大目标：①在 1991～2005 年间将可再生能源在欧盟能源供应中的份额从 4% 提高到 8%；②提升可再生能源在电力生产中的比例；③确保生物能源在汽车能

① Jøgen Wettestad, “The Complicated Development of EU Climate Policy: Lessons Learnt”, in Joyeeta Gupta and Michael Grubb, eds., *Climate Change and European Leadership: a Sustainable Role for Europe?* (Dordrecht: Kluwer Academic Publishers, 2000), p. 32.

② Michael Grubb, “European Climate Change Policy in a Global Context”, in Helge Ole Bergesen et al., eds., *Green Globe Yearbook of International Cooperation on Environment and Development 1995* (Oxford: Oxford University Press, 1995), p. 46.

源消耗中的比例达到5%。可再生能源支持资金是欧盟预算，采取公私部门相结合，也提高了欧委会在其中的发言权。此外，1997年12月，欧委会在发布的"共同体战略和行动计划白皮书"中呼吁，"到2010年，可再生能源在欧盟能源需求中比例应该翻一番而达到20%"。[①] 尽管遭到英国、法国和德国的反对，欧盟理事会仍接受欧委会的提议，建议将其作为欧盟成员国的自愿目标和各国发展可再生能源的指导方针。这也表明欧委会在欧盟气候应对措施执行中的地位正经历着极为缓慢却不断向上的提升。

3. 温室气体监测机制的确立

温室气体监测机制（Monitoring Mechanism）是欧委会建议中对于实现共同体温室气体稳定目标最具实质性意义的措施，在欧委会征收能源税的建议失败之后，温室气体检测机制则成为早期欧盟气候政策的基石。1993年6月24日欧盟环境部长理事会通过93/389/EEC号决议，正式建立起对人为排放的CO_2以及不受《蒙特利尔议定书》管制的其他温室气体的监测机制。欧盟温室气体监测机制的建立具有双重目的：一方面要确保2000年欧盟的温室气体排放稳定在1990年的水平上，另一方面要实现1992年《公约》给共同体设定的共同减排目标。根据93/389/EEC号决定，成员国应制定、颁布、执行温室气体限控国家计划，并根据欧委会的要求对国家计划进行定期的信息通报。决议还对温室气体限控国家计划应包含的内容做出了具体规定，其中包括要求成员国提供1994～2000年间温室气体的排放趋势，每年向欧委会报告前一年内的排放情况等内容。在此基础上，由欧盟委员会对成员国的国家计划进行评估以确定各方的共同努力能否促使共同体承诺目标的实现。[②]温室气体排放机制的确立使欧委会对欧盟气候政策的前景充满乐观。

但是93/389/EEC号决议对成员国的遵守问题言之甚少，没有规定欧盟委员会对成员国应对气候变化措施进展实施年度评估，由此也导致了温

---

① European Commission, *Energy for the Future: Renewable Sources of Energy*, *White Paper for a Community Strategy and Action Plan*, 26 November 1997, COM (97) 599 Final, p. 8.

② Nuno S. Lacasta, S. Dessai and E. Powroslo, "Consensus among Many Voices: Articulating the European Union's Position on Climate Change", *Golden Gate University Law Review* 32 (2002): 383 - 384.

室气体检测机制在运作中显得支离破碎。[①] 1994 年 3 月，欧盟委员会对成员国的温室气体限控国家计划进行了首次评估，然而信息的不完整使得欧委会很难判断共同体是否能够实现其确立的限排目标。即便有的成员国更新了报告的内容，但欧委会依然因为德国、法国、意大利以及英国等欧盟主要成员国报告信息的不足而很难令人满意地做出评估。此外，成员国格式各异的报告和欧委会有限的人力也使评估报告难以如期发布。

然而毫无疑问的是，温室气体排放监测机制的建立提高了欧盟机构，特别是欧盟委员会在欧盟气候政策实施中的地位。虽然欧盟此时未能建立起共同的气候政策，欧盟温室气体排放监测机制的实施还缺乏成员国的有效遵守，进展缓慢，但是该机制对欧委会和成员国责任的划分为建立欧盟共同气候政策积累了经验，打下了一定的制度基础。

总之，自 1986 年气候变化问题进入欧盟的议事日程到 1994 年欧盟及成员批准《公约》，欧盟开始尝试在欧盟整体层面上应对这一挑战。然而从其近十年的发展过程和结果来看，欧盟尝试确立共同气候政策努力虽然取得了一些成就（例如温室气体稳定目标的提出和监测机制的建立），但总体来说是失败的。究其原因，主要有以下几点：首先，欧盟的主要成员国对采取欧盟共同气候政策极为怀疑，尤其体现在对征收欧盟能源混合税的讨论过程中。其次，温室气体减排潜在成本的巨大差异使许多成员国对运用共同政策工具控制温室排放的建议反应冷淡。再次，面对“马约”签署后的欧洲一体化发展形势，“疑欧主义者”发现“辅助性原则”是阻止国家主权过多向欧盟转移的强有力手段，由此欧盟共同气候政策的推出也受到影响。最后，欧盟条约所导致的欧委会行动能力的缺乏也使欧盟难以在环境政策领域，尤其是气候变化上推行有效的措施，更难顺利地建立起共同的气候政策。

第二节　欧盟气候政策的正式确立（1995～2005 年）

《联合国气候变化框架公约》确立了国际社会应对气候变化的基本政

① Joy Hyvarinen, “The European Community's Monitoring Mechanism for CO2 and Other Greenhouse Gases: The Kyoto Protocol and Other Recent Development”, *RECIEL* 8 (1999): 193.

策框架，然而《公约》规定的模糊性使得各缔约方不得不就《公约》的执行进行谈判。1995年《公约》第一次缔约方大会决定成立“柏林授权特设小组”（Ad hoc Group on Berlin Mandate），通过谈判达成一个后续议定书来推进对《公约》的执行。1997年，“柏林授权特设小组”完成使命，向缔约方大会提交了贯彻《公约》精神的《京都议定书》（以下称《议定书》）。为保持其在气候领域的领导地位，从《议定书》谈判的启动到《马拉喀什协议》的达成以及《议定书》的批准生效，欧盟在欧洲和国际层面上进行了大量的努力。在这一过程中，欧盟逐渐建立起相对完整的气候政策体系，欧盟气候政策终于正式确立。

一　《议定书》谈判时期的欧盟气候政策（1995～2001年）

在《议定书》谈判开始之后，欧盟认识到要保持在国际气候谈判中的地位和欧盟立场的可信度，不仅要在国际气候谈判中提出有抱负的应对气候变化承诺，更需要欧盟在联盟内以具体可行的气候政策措施来履行其做出的承诺。为此，欧委会不失时机地建议欧盟理事会正式授权其协调成员国在《议定书》谈判中的立场和建立欧盟内部气候政策协调机制。虽然理事会未通过欧委会的建议，却同意设立气候变化特设小组作为欧盟内气候政策的协调机制，这也表明欧盟理事会态度的微妙变化和支持建立欧盟气候政策的意愿。为了使在《议定书》谈判中的地位获得更大的支撑，欧盟在联盟内采取了一系列的气候变化措施，使欧盟气候政策又向前迈进了一步。

1. 欧盟共同减排目标的提出和责任分摊协议的达成

自气候变化问题进入国际政治领域以来，欧盟就以一个整体参与国际气候谈判，并先后提出了共同气候政策目标。如果说在《公约》谈判时期各方的重心是做出什么样的气候变化承诺，那么到了《议定书》谈判过程中，缔约方关注的不仅仅是做出的气候承诺，更在于如何履行这些承诺。对欧盟来说，其对《议定书》谈判的影响力也在很大意义上取决于欧盟兑现承诺的能力。然而欧盟成员国迥异的国情导致成员国间气候变化责任的分摊成为十分棘手的问题。成员国和欧委会也认识到，采取某种形式的区别对待以使成员国承担不同的气候责任是达成欧盟内气候政策妥协的必要途径，但应采取什么样的具体责任分摊方式尚不确定。基于此，在《公约》谈判和批准的过程中，欧委会先后提出了多种进行内部责任分摊的建议，但都由于成员国的反对在欧盟理事会未获通过，欧盟达成内部责任分摊协议的努力进展缓慢。在 1995 年柏林召开的《公约》第一次缔约方会议上，欧盟成员国仍未就《公约》执行的最终形式以及欧盟相应的减排目标形成共同意见，更奢谈内部责任分摊问题了。①但是根据欧委会进行的相关研究，欧盟要保持其在国际气候领域的领导地位不仅要求欧盟 2005 年的整体减排目标不应低于 10%，而且取决于欧盟实现其承诺目标的能力。因此，达成共同气候目标和做出内部责任分摊安排就成为欧盟亟须解决的问题。

基于此，欧委会建议欧盟应确立“到 2005 年在 1990 年基础上减排 10%”的共同目标，提出了成员国间的责任分摊体系，但成员国之间的分歧使欧委会的建议未被理事会所接受。1996 年，在欧盟轮值主席国爱尔兰的支持下，欧盟在爱尔兰首都都柏林举行了一次名为“走向欧洲共识”的欧盟气候政策专题讨论会，来自欧盟气候变化特设小组的成员国代表、环境总司的官员、荷兰能源政策顾问等就欧盟的减排政策进行了磋商。根据提交给会议的讨论文件，环境总司提出了欧盟共同减排目标和成员国责任分摊的建议。对于前者，环境总司认为到 2005 年应减排 10%；对于后者，环境总司提出九个欧盟成员国应该减排，两个“团结国家”可以适当增加排放，其他的成员国应稳定排放。②但大多数成员国希望 2005 年的减排目标在 5% 左右，加上欧委会的准备不足，最终成员国未能就该建议达成一致，但大都暗示能够接受 2010 年减排 10% 的目标。在此情况下，爱尔兰向环境部长理事会提交了关于欧盟共同减排目标的建议：2005 年欧盟排放总量与 1990 年相比减少 5% ~10%，到 2010 年减少 15% ~20%。遗憾的是，1996 年 12 月欧盟环境部长理事会还是拒绝了爱尔兰的建议。

为了迎接 1997 年底在日本京都召开的《公约》第三次缔约方大会

---

① UNFCCC, Synthesis of Proposal by Parties, UN. Document No. FCCC/AGBM/1996/10, 19 November 1996.

② Lasse Ringius, Differentiation, *Leaders, and Fairness: Negotiating Climate Commitments in the European Community* (Oslo: Center for International Climate and Environmental Research, 1997), p. 18.

（京都会议）和展示欧盟的领导权，担任 1997 年上半年欧盟轮值主席国的荷兰在经过精心的准备之后，提出了对成员国责任分摊的新途径——“三要素方法”（Triptique Approach）。1997 年 1 月 16 ~ 17 日，欧盟气候变化特设小组举行专题讨论会对荷兰的提议进行了研究。在提交会议讨论的“三要素方法”报告中，荷兰提出了四种减排情景下成员国责任的具体分摊（见图 1 - 1）。虽然成员国对报告的某些方面并不十分满意，但是总体对报告提出的责任分摊方法表示满意。以此为基础，1997 年 1 月 27 日，荷兰以信函的形式向成员国建议欧盟应在 1997 年 3 月举行的部长理事会上做出“2005 年温室气体排放减少 10%，2010 年减少 15%”的承诺，同时强调按照 2010 年目标进行责任分摊的意义和重要性。[①]许多成员国依然认

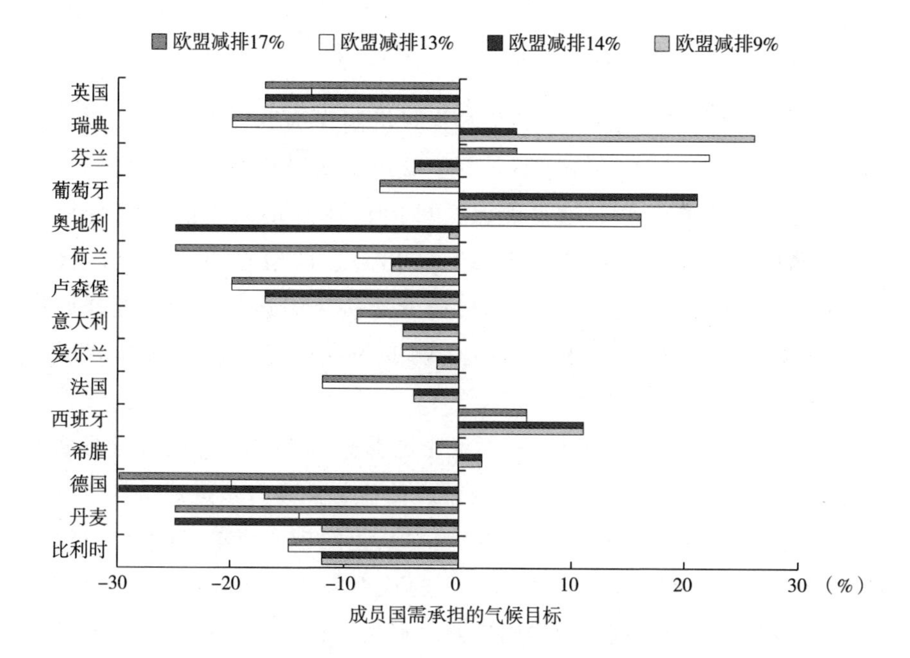

图 1 - 1 欧盟四种减排情景下成员国的责任分摊

资料来源：Lasse Ringius, Differentiation, *Leaders, and Fairness: Negotiating Climate Commitments in the European Community* (Oslo: Center for International Climate and Environmental Research, 1997), p. 25。

① Lasse Ringius, Differentiation, *Leaders, and Fairness: Negotiating Climate Commitments in the European Community* (Oslo: Center for International Climate and Environmental Research, 1997), p. 26.

为建议规定的各国减排目标过高而不可行，希望他们的减排目标不要过于严格，应依据他们实际减排能力来确定。然而面对即将召开的新一轮《议定书》谈判和年底召开的《公约》缔约方大会，欧盟各国终于在 1997 年 3 月就共同气候目标和内部临时责任分摊协议达成一致，即欧盟到 2010 年将承诺减排 15%，临时责任分摊将实现 9.2% 的减排目标，剩余的减排责任则在《议定书》谈判结束之后进行分配。1997 年的《议定书》为欧盟规定了 8% 的减排目标，这也使对 1997 年 3 月《责任分摊协议》的重新谈判成为必要。1998 年，在轮值主席国英国和欧盟理事会的主持下，欧盟成员国就京都目标重新达成新的责任分摊协议，并在四年后以 2002/358/EEC 号决议的形式成为欧盟立法，由此欧盟正式确立起共同的减排目标。

2. 温室气体监测机制的改革

正如本章第一节所言，温室气体监测机制作为欧盟为实现排放稳定目标的措施之一，在实施的过程中由于缺乏对成员国执行的年度评估使得该机制显得支离破碎，对于确保成员国集体实现欧盟的稳定目标没有起到应有的作用。随着《议定书》的出台，欧盟作为一个整体接受减排 8% 的京都目标以及欧盟内部责任分摊协议的达成，如何监督成员国对分摊协议的执行和实现京都目标就成为欧盟需要认真考虑和解决的问题。

对此，欧盟理事会决定对 1993 年通过的 93/389/EC 号决议进行修改以提高温室气体监测机制对共同体内排放的监督能力，增进成员国排放计划之间的信息交流，从而借助该机制编写欧盟的排放清单。1999 年 4 月，欧盟理事会通过 1999/296/EC 号决议，完成对温室气体监测机制的改革。1999/296/EC 号决议提高了成员国应对气候变化国家计划中对政策和措施的要求。根据该决定，成员国提交给欧委会的报告除涵盖 93/389/EEC 号决议规定的内容外，还应该包括：①政策措施的实际执行进度；②未来政策和措施的预计进展。同时，决议还要求成员国在每年的 12 月 31 日前向欧委会提交此前两年的温室气体排放数据、对此前一年的任何数据更新（包括排放基年 1990 年在内）以及对 2005 年、2010 年、2015 年和 2020 年排放的最新预计。[①]此外，欧盟理事会1999/296/EC号决议中设想由欧委会对成员国取得的进展进行年度评估。正如许多气候政策评论家所言，“温室气体监测机制”的称呼名不副实，它难以反映出其在欧盟内部责任分摊协议下为实现欧盟共同减排目标所发挥的巨大潜力和重要性。[②]可以说，欧盟温室气体监测机制的改革扩大了欧盟委员会对成员国应对气候变化国家计划信息掌握的广度，便于欧委会就欧盟总体减排情况做出更为清楚而明确的判断，进而为确立更为协调的欧盟共同气候政策奠定了基础。

3. 欧洲气候变化计划的启动

1997年12月，《京都议定书》在日本京都举行的《公约》第三次缔约方大会上获得通过，据此欧盟作为一个整体接受了在2008～2012年间减排8%的气候目标。能否实现《议定书》给欧盟规定的京都目标将是决定在国际气候谈判中能否保持影响和充当领导地位的主要因素。从对成员国应对气候变化政策和措施的评估来看，实现欧盟内部责任分摊协议下的国家排放目标存在着很大的不确定性和困难。根据相关的估算，欧盟当时采取的政策和措施在2010年能够实现的减排将为-1.4%～0%。为此，欧盟理事会决定加快在应对气候变化上的立法进度。

1999年10月，在卢森堡举行的欧盟理事会上，欧盟环境部长敦促欧盟委员会最迟应在2000年前应确定欧盟优先采取的气候行动并要求欧委会为实现上述目标而提出适当的建议。作为对欧盟理事会要求的回应，2000年3月欧委会决定启动欧洲气候变化计划（ECCP），意在通过与欧盟内利益攸关者的磋商以及与成员国专家、商业集团和非政府组织的合作以制定出统一协调的政策与措施来应对气候变化，协助成员国实现减排目标。根据欧盟委员会提交给理事会和欧洲议会的磋商文件，欧洲气候变化计划将主要限于推进欧盟京都目标的实现，但是在未来的中长期发展中，该计划也将涉及适应问题以及通过能力建设和技术转让进行的国际合作，气候科

---

① Publications Office of the European Communities, “Council Decision of 26 April 1999 Amending Decision 93/389/EEC for a Monitoring Mechanism of Community CO2 and Other Greenhouse Gas Emissions”, *Official Journal of European Communities* 42（1999）：35-38.

② Nuno S. Lacasta, S. Dessai and E. Powroslo, “Consensus among Many Voices: Articulating the European Union's Position on Climate Change”, *Golden Gate University Law Review* 32（2002）：384.

学研究以及清洁技术的有效展示、培训和教育等。[①]为了实现上述目标，欧洲气候变化计划设立灵活机制、能源供应、节约能源、交通、工业和研究等六个工作组，并设立由欧盟委员组成的筹划指导委员会来协调工作组的工作。所有工作组对其负责的欧盟行业减排目标进行经济评估，根据行业特点确定相应的减排目标，使欧盟能够以最低成本实现京都目标。欧洲气候变化计划采取“自下而上”方法和“自上而下”方法的结合对欧盟减排的各种选择进行了比较研究。研究结果显示，欧盟的不同行业应接受不同的减排目标：能源供应（11%）、化石燃料（46%）、工业（26%）、农业（8%）、废物处理（28%），由此带来的成本约为欧盟 GDP 的 0.06%，其他组织进行的研究也表明欧盟的减排成本将不超过 GDP 的 0.3%。[②]

2001 年 3 月，欧盟气候变化计划完成第一阶段的研究，并发布报告阐明欧盟在实现京都目标上的政策选择，提出了以最低成本减排的六种途径：①能源供应的“去碳化”（Decarbonization）；②提高能源效率，尤其是在工业、房地产和服务业等领域；③进一步减少已二酸（$C_6H_{10}O_4$）和硝酸工业中氧化亚氮（N_2O）的排放；④减少矿产开采、石油与天然气、废物处理和农业部门甲烷（CH_4）的排放；⑤减少氢氟碳化物（HFCs）、全氟化碳（PFCs）、六氟化硫（SF_6）等有氟气体在工业过程、汽车空调以及冰箱中的使用；⑥在交通运输领域采取提高能源效率的措施。欧盟据此经过数月准备于 2001 年 10 月提出了实现上述目标的一揽子政策建议，涵盖能源、交通、工业、跨领域等四大领域。[③]然而根据欧委会的说法，上述政策建议的减排效果仍将难以达到实现京都目标的需要，因此使得欧洲气候变化计划仍有必要继续就欧盟的减排措施进行研究，这为后来启动欧洲气候变化计划第二阶段创造了条件。

---

① Commission of European Communities, *Communication from the Commission to the Council and the European Parliament on EU Policies and Measures to Reduce Greenhouse Gas Emissions: Towards a European Climate Change Programme (ECCP)*, COM (2000) 88 final, Brussels, 8.3.2000, p. 6.

② Nuno S. Lacasta, S. Dessai and E. Powroslo, "Consensus among Many Voices: Articulating the European Union's Position on Climate Change", *Golden Gate University Law Review* 32 (2002): 389.

③ 详见 Commission of European Communities, *Communication from the Commission on the Implementation of the First Phase of the European Climate Change Programme*, COM (2001) 580 final, Brussels, 23.10.2001。

4. 其他欧盟气候政策措施

从以上分析来看，欧洲气候变化计划是欧委会确立欧盟层面应对气候变化的主要政策和措施。为了进一步推动欧盟实现京都目标，欧委会还在欧洲气候变化计划框架之外尝试实施其他的政策措施。

首先是 2001 年 9 月欧盟理事会通过促进可再生能源在电力生产中使用的 2001/77/EC 号指令，该指令以欧委会 1997 年发布的可再生能源白皮书为基础，要求欧盟成员国采取措施促进可再生能源发电的增长，以便实现在该指令附件中所规定的可再生能源目标。根据《欧洲共同体条约》第 175 条第 1 款和欧盟能源市场自由化的要求，这一指令对成员国不具有强制约束力，但欧盟理事会期望借此使成员国认识到增加可再生能源发电也是欧盟实现京都目标的重要手段之一，为欧盟可再生能源框架的建立奠定了基础。①

其次是欧盟层面自愿减排协定的签订。在环境保护问题上，工商业界与国家签订自愿的环境协定并不少见，尤其在比较重视环境保护的欧洲更是如此，但是在欧盟层面签订此类协议则十分鲜见。这一现状在 20 世纪 90 年代中后期得到改变，欧盟开始和具体的工业部门就签订自愿协定展开讨论，温室气体减排也成为双方磋商的重要内容。1998 年 7 月，欧盟与欧洲汽车生产协会（ACEC）达成温室气体减排自愿协定。根据该协定，欧洲汽车生产协会承诺在协议生效后的十年内将汽车排放的温室气体减少 25%，到 2000 年研制出低排放量的汽车。作为交换条件，欧盟部长理事会不再就欧洲汽车业温室气体排放通过新的立法。② 2000 年，欧盟又与日本汽车商生产协会（JAMA）和韩国汽车生产商协会（KAMA）签署了类似的自愿限排协定，规定了欧洲市场上销售的日韩汽车的温室气体排放要求。

总之，当欧盟参与到《议定书》谈判中之后，尤其是接受《议定

---

① Publications Office of the European Communities, "Directive 2001/77/EC of the European Parliament and of the Council of 27 September 2001 on the Promotion of Electricity Produced from Renewable Energy Sources in the Internal Electricity Market", *Official Journal of the European Communities* 44 (2001): 35.

② Jøgen Wettestad, "The Complicated Development of EU Climate Policy: Lessons Learnt", in Joyeeta Gupta and Michael Grubb, eds., *Climate Change and European Leadership: a Sustainable Role for Europe?* (Dordrecht: Kluwer Academic Publishers, 2000), p. 39.

书》规定的京都目标之后，欧盟为实现共同体的京都目标开始提出一系列的政策建议。在经过了数十年的酝酿和探索之后，欧盟气候政策日渐成型。然而欧盟提出的一系列政策建议如何执行，能否落到实处才是决定欧盟是否具有真正的气候政策和欧盟能否发挥领导作用的根本因素。[①]

二　《议定书》批准过程中的欧盟气候政策（2002～2005年）

2001年《马拉喀什协议》的达成结束了《公约》缔约方在《议定书》具体执行细节上的分歧和谈判僵局，从而使《议定书》的批准和生效成为各方关注的焦点。对欧盟来说，《议定书》的生效和实施意义重大，带有明显欧盟印记的《议定书》的成功不仅是对欧盟在国际气候领域领导地位的承认，也标志着欧盟多边主义对美国单边主义的胜利。为此，欧盟不仅在国际上展开积极的外交努力，推动各缔约方尽快批准《议定书》，更为重要的是，欧盟在内部气候政策的相关立法明显加速，为实现京都目标而进行的努力日渐加强。

1. 欧盟排放贸易体系的正式确立

排放贸易（Emission Trading）是《议定书》的三大灵活机制之一，其目的在于帮助《公约》附件一国家以较低的成本实现温室气体减排。在《议定书》谈判中，欧盟最初态度冷漠，并且主张严格限制排放贸易在实现京都目标中的使用，但是随着国际气候谈判局势的发展，欧盟的态度开始发生转变，并为建立欧盟排放贸易体系而积极努力。1998年6月，欧盟委员会首次表示欧盟应该放弃对包括排放贸易在内的京都灵活机制的反对，为国际排放贸易的发展做出建设性贡献。同月，欧盟为落实《议定书》发布的“气候变化——欧盟的后京都战略”文件指出，制定全面的欧盟气候战略应考虑到《议定书》的所有条款，尤其是三大灵活机制，这些灵活机制在降低欧盟减排成本中能够发挥重要作用，进而确保欧盟工业的竞争力。同时，文件建议欧盟在2005年前建立内部排放贸易体系，进而为

---

① Joyeeta Gupta and Michael Grubb, eds., *Climate Change and European Leadership: a Sustainable Role for Europe?* (Dordrecht: Kluwer Academic Publishers, 2000), p. 21.

2008 年国际排放贸易的启动做好准备。[①] 1999 年，欧委会在提交给部长理事会和欧洲议会的磋商文件中提出，使欧盟及成员国熟悉京都机制的最好途径就是建立欧盟自己的排放贸易体系，并建议在欧盟内对京都灵活机制进行政策讨论。[②]

至此，欧盟排放贸易体系进入政策制定阶段。2000 年 3 月，欧盟委员会发布《欧盟排放贸易体系绿皮书》，就第一阶段欧盟排放贸易体系涉及的温室气体种类、涵盖范围以及具体实施细则进行了广泛咨询。根据欧委会收到的 90 份意见，欧盟内绝大多数的组织、商业团体和非政府组织支持建立欧盟排放贸易体系。基于此，2001 年《公约》第七次缔约方大会召开前夕，作为欧盟气候政策一揽子计划的一部分，欧委会提出了欧盟排放贸易框架指令的建议。2003 年 10 月，欧盟理事会通过 2003/87/EC 号排放贸易指令，确立起欧盟排放贸易体系的基本框架。根据该指令，在排放贸易首个试运行阶段（2005～2007 年），其涵盖范围将主要包括能源、铁金属的生产与处理、采矿以及其他工业活动等四个领域的 CO_2 排放，预计约占欧盟 CO_2 排放总量的 45%。[③]与此同时，为了确立《议定书》的其他灵活机制——联合履约和清洁发展机制与欧盟排放贸易的关系，2004 年欧盟理事会又通过 2004/101/EC 号联系指令，正式确立了三者之间的关系。至此，欧盟排放贸易体系正式建立起来。

2. 温室气体监测机制的再次改革

如前所述，随着国际气候谈判和欧盟气候政策的发展，1999 年欧盟对温室气体监测机制进行了首次改革，提升了欧盟机构在气候政策中的地位和作用。然而该机制在实际运行中仍存在很大的缺陷，使其难以满足欧盟实现京都目标的需要。为此，欧盟再次对温室气体检测机制进行了革新，使该机制不仅要成为监测欧盟内温室气体排放的功能性机制，而且是欧盟

① Council of European Communities, Communication from the Commission to the Council and the European Parliament, *Commission Climate Change – Towards an EU Post – Kyoto Strategy*, COM (98) 353 final, Brussels, 03. 06. 1998, p. 20.

② Council of European Communities, Communication from the Commission to the Council and the European Parliament, *Preparing for Implementation of the Kyoto Protocol*, COM (1999) 230 Final, Brussels 19. 05 1999, pp. 14 – 15.

③ Jon Birger Skjærseth and Jørgen Wettestad, *EU Emissions Trading: Initiation, Decision – making and Implementation* (Aldershot: Ashgate Publishing Limited, 2008), p. 51.

实现《议定书》下京都目标的保证机制。

根据理事会于 2004 年通过的 280/2004/EC 号决议，欧盟温室气体监测机制改革与此前相比主要有以下变化：①改革后的欧盟温室气体监测机制不仅要求成员国要制定国家气候变化计划，而且要制定共同体气候变化计划并提交给欧盟委员会；②决定对欧盟成员国提交给欧委会的信息做了更加详细的规定；③280/2004/EC 号决议在一定意义上使欧洲气候变化计划的存在正式化。根据该决议，欧委会在欧洲气候变化计划框架下提出的任何措施的实施应以欧盟正式立法的方式进行，从而使其都能得到认真执行。①

3. 提高能源效率的新措施

在《公约》议定书的谈判过程中，欧盟为确保能够实现温室气体排放的稳定目标，欧盟在能源效率特别行动计划（SAVE）的框架下采取了一些提高能源效率的措施，但是执行效果不佳。与此同时，成员国对在欧盟层面上采取气候变化措施的敏感甚至反对使得在此之后一段时间内再无相关的措施出台。《议定书》逐渐改变了这一状况。为完成《议定书》规定的京都目标，欧盟决定采取更多提高能效的措施来降低对能源的依赖，减少温室气体的排放，并通过了两个主要的相关指令。

第一，建立能源密集型产品基本生态标准的框架的 2005/32/EC 号指令。根据该指令，欧委会为在欧盟范围内生产的诸多产品，如计算机、冰箱和电灯泡等，制定了最低的能效标准并以欧盟立法的形式确立下来，从而重新启动了 20 世纪 90 年代停滞不前的欧盟能效标准建设。

第二，实现能源最终效率和能源服务国家计划的 2006/32/EC 号指令。该指令是对 1993 年欧盟理事会通过的 93/76/EEC 号指令②的废除和替代，要求成员国拟定国家行动计划以确定其到 2016 年实现能源效率提高 9% 的

---

① Sebastian Oberthur and Marc Pallemaerts, eds., *The New Climate Policies of the European Union: Internal Legislation and Climate Diplomacy* (Brussels: VUB Press, 2010), p. 42.

② 该指令要求欧盟成员国通过提高能源效率来减少 CO_2 的排放，具体内容参见 "Council Directive 93/76/EEC of 13 September 1993 to Limit Carbon Dioxide Emissions by Improving Energy Efficiency (SAVE)", http://eur-lex.europa.eu/LexUriServ/LexUriServ.do?uri=CELEX:31993L0076:EN:HTML。最后登录时间：2014 年 10 月 7 日。

欧盟非约束性目标的路径和方法。[①]

4. 为执行《议定书》采取的其他政策措施

作为欧盟应对气候变化政策主要的研究支持平台——欧洲气候变化计划的研究表明，欧盟依靠上述政策仍将不足以实现京都目标，因此欧委会采取行动，在上述政策措施之外增添了新的气候变化立法，主要有：①房屋节能 2002/91/EC 号指令。该指令对欧盟既有房屋和未来新建房屋的能源效率规定了明确的标准。②促进生物能源在交通运输业中使用的 2003/30/EC 号指令。该指令鼓励成员国在交通运输中用生物能源取代柴油和汽油，以实现气候变化应对目标、保证能源的安全供应和提高可再生能源在能源使用中的比例。指令对生物能源的范围进行了界定，提出了对成员国不具约束力的暗示性生物能源利用目标，即到 2005 年 12 月 31 日，生物能源应达到交通运输业能源总消费的 2%，到 2010 年 12 月 31 日达到 5.75%。[②]③推进热电联产的 2004/8/EC 号指令。在考虑到各国不同气候条件和经济状况的前提下，欧盟期望以供热和电力的联合生产实现提高能源效率和保障能源供应的目的。该指令规定了供热和电力联合生产的标准与涵盖领域。④减少含氟温室气体排放的 842/2006 号条例和 2006/40/EC 号指令。根据《议定书》的规定，包括氢氟碳化物（HFCs）、全氟化碳（PFCs）和六氟化硫（SF_6）在内的六种温室气体作为一个整体计入各国的京都目标中，因此减少含氟温室气体的排放也将有利于京都目标的实现。根据 842/2006 号条例，欧委会对欧盟范围内诸如冰箱、空调、热力泵设备等产品生产商提出了减少含氟气体使用的要求和义务，并明确规定从 2008 年 1 月 1 日，在镁铸造过程中对六氟化硫的年使用量不得超过 850 公斤，六氟化硫在轮胎充气中的使用从 2007 年 7 月 4 日起应被完全禁止。[③] 2006/

① Publications Office of the European Union, "Directive 2006/32/EC of the European Parliament and of the Council of 5 April 2006 on Energy End - Use Efficiency and Energy Services and Repealing Council Directive 93/76/EEC", *Official Journal of the European Union* 49 (2006): 69.

② Council of European Communities, "Directive 2003/30/EC of the European Parliament and of the Council of 8 May 2003 on the Promotion of the Use of Bio - fuels or Other Renewable Fuels for Transport", *Official Journal of the European Union* 46 (2003): 44 - 45.

③ Publications Office of the European Union, "Regulation (EC) No. 842/2006 of the European Parliament and of the Council of 17 May 2006 on Certain Fluorinated Greenhouse Gases", *Official Journal of the European Union* 49 (2006): 6.

40/EC 号指令则对规定汽车生产要求的 70/156/EEC 号指令（1970 年 2 月 6 日通过）进行修改，对汽车空调所带来的含氟温室气体排放做出了新规定，阐明了欧盟未来即将采取的措施以及成员国的责任与义务。

可以说，从《议定书》谈判的启动到其最终生效，欧盟不仅在国际层面发挥了重要的作用。更为重要的是，欧盟在自身层次上提出了一系列应对气候变化和实现欧盟京都气候目标的政策措施。欧洲气候变化计划的启动、温室气体排放监测机制的逐步完善、欧盟排放贸易体系的确立以及其他相关措施的出台，所有这些都表明欧盟在经历了缓慢发展之后，最终确立了真正意义上的欧盟气候政策。

第三节　欧盟气候政策的新发展（2005 年至今）

随着《议定书》的生效和开始执行，欧盟开始对欧盟气候政策的现状进行评估，进而为《议定书》第一履约期（2008～2012 年）结束之后的国际气候机制和欧盟气候政策做出安排。有鉴于此，自 2005 年以来，欧盟在国际上积极投身到联合国框架下的构建后京都气候机制的谈判中，在欧洲层面上进行内部磋商为 2012 年后欧盟气候政策做出了规划。2009 年联合国哥本哈根气候会议的召开及其结果更使欧盟加紧发展欧盟共同气候政策，欧盟气候政策也进入发展的新时期。

一　联合国哥本哈根气候会议前的欧盟气候政策（2005～2009 年）

进入后京都时代，《议定书》的生效使欧盟将更多的精力转向对其既有气候政策的执行和评估。与此同时，为了给欧盟在国际气候谈判中的地位提供更为坚实的盟内基础，在欧委会发布的“全球升温不超过 2℃——欧盟 2020 年的政策目标”磋商文件基础上，2007 年 3 月欧洲理事会通过决议，正式确立欧盟中长期气候政策目标，又称“20/20/20 目标”，即到 2020 年，欧盟单方面承诺温室气体排放总量在 1990 年基础上减少 20%，能源效率提高 20%，可再生能源在欧盟能源供应中的比例达到 20%，包括交通领域生物能源的使用至少达到10%。[①]为实现上述目标，欧洲理事会要求欧盟委员会在2008年前就实现2020年目标提出欧盟应该采取的一揽子措施。由此，制定实现2020年气候目标的措施成为这一阶段欧盟内部气候政策的重心和主要任务。

2007年3月欧洲理事会会议之后，欧盟委员会开始着手制定实现欧盟2020年气候目标的措施。2008年1月，欧盟委员会在与其他欧盟机构以及相关利益行为体磋商之后，正式向欧盟环境部长理事会提交了欧盟“能源与气候变化”一揽子立法建议。与往常的欧盟立法情况不同，欧盟“能源与气候变化”一揽子立法建议很快得到支持和响应，2008年12月11～12日欧洲理事会就该一揽子计划达成政治妥协。几天以后的12月17日，该一揽子计划在欧洲议会进行“一读”并获通过。此后经过数月的准备，欧盟部长理事会于2009年4月正式通过欧盟“能源与气候变化”一揽子立法建议，并经成员国批准，两周后正式生效，成为欧盟立法。

作为欧盟内部气候政策发展的重要一步，“能源与气候变化”一揽子立法主要由四大部分组成：①对2003年欧盟排放贸易指令进行修改；②非欧盟排放贸易体系涵盖部门减排努力分摊的决定；③新的更加全面的可再生能源指令；④碳的捕获与封存（CCS）指令。此外，欧委会也根据欧盟条约赋予的权利通过了修改后的“环境措施国家援助指导意见”，作为欧盟“气候与能源”一揽子立法的第五部分。为了更好地了解欧盟应对气候变化的措施，笔者将“气候与能源一揽子计划”所包含的立法逐一进行分析。

1. 2009/29/EC号排放贸易指令

根据欧盟2003年通过的排放贸易指令，欧盟排放贸易体系于2005年进入实验运行阶段（2005～2007年），并在2008年进入第二阶段（2008～2012年）。在此过程中，一方面欧盟排放贸易的某些弊端开始凸显出来，另一方面欧盟也积累了一定的经验，使得对排放贸易体系的修改和纠正成为必要。作为欧盟“气候与能源”一揽子立法的重要组成部分，2009/29/EC号排放贸易指令对2003/86/EC号排放贸易指令进行了大幅度的修改和

---

① Sebastian Oberthur and Marc Pallemaerts, eds., *The New Climate Policies of the European Union: Internal Legislation and Climate Diplomacy* (Brussels: VUB Press, 2010), p. 45.

拓展：①欧盟将设定统一的温室气体排放上限，以取代现存成员国决定的国家排放许可分配计划。②具体规定了排放贸易的减排目标。根据修改后的指令，参与欧盟排放贸易体系的所有机构和部门2020年的温室气体排放总量与2005年相比减少21%。[①]③设定了实现减排目标的途径。新的排放贸易指令规定在2013~2020年间，欧盟将逐步降低温室气体排放上限。此外，欧盟将改变在当时排放贸易中大量免费发放排放许可的做法，自2013年起从电力生产行业开始，拍卖将成为排放许可分配的主要原则。

尽管如此，与欧委会的最初建议相比，欧盟的排放贸易指令还是缩水不少。首先，作为过渡性措施，在2013~2020年间一些欧盟新成员国的电力生产企业仍将继续能够获得逐渐减少的免费排放许可。其次，制造业部门将实行逐步向拍卖方式过渡，到2027年最终实现排放许可的完全拍卖。再次，指令为工业部门设置了广泛的例外权。根据2009/29/EC号排放贸易指令，倘若某一行业面临“碳泄漏”（Carbon Leakage）的威胁且经欧盟专家委员会得到核实，该行业将在排放许可的获得上享有例外权。最后，在排放许可拍卖收益的使用上，欧委会也做出了让步。欧洲议会环境委员会原本希望拍卖排放许可所得收益全部用于支持与气候相关措施的实施，但修改后的排放指令仅包含了一个不具有执行效力的提议，即至少应有50%的拍卖收益应用于减缓和适应气候变化相关的活动。[②]

2. 分摊减排努力的406/2009/EC号决议

作为欧盟“能源与气候变化”一揽子立法的第二个组成部分，减排努力分摊的406/2009/EC号决议为不参与欧盟排放贸易的产业部门（主要包括住房、建筑、交通、服务业、农业等）规定了相应的减排义务和目标，以填补欧盟排放贸易能够实现的减排目标与2020年目标间的缺口。根据修改后的减排努力分摊决议，欧盟对2002年通过的2002/358/EC号决议进

---

① Publications Office of the European Union, “Directive 2009/29/EC of the European Parliament and of the Council of 23 April 2009 Amending Directive 2003/87/EC so as to Improve and Extend the Greenhouse Gas Emission Allowance Trading Scheme of the Community”, *Official Journal of the European Union* 52 (2009): 63.

② Jon Birger Skjærseth and Jørgen Wettestad, “The Emissions Trading System Revised (Directive 2009/29/EC)”, in Sebastian Oberthur and Marc Pallemaerts, eds., *The New Climate Policies of the European Union: Internal Legislation and Climate Diplomacy* (Brussels: VUB Press, 2010), p. 76.

行了如下的修正：①从名称上进行了修改。即由原来的“减排责任分摊”（Burden - sharing）改称“减排努力分摊”（Effort - sharing），以减少成员国的敏感性。②减排目标分摊原则的修改。自 2013 ~ 2020 年，不参与欧盟排放贸易的成员国相关部门减排目标的分配将与 2008 ~ 2012 年有很大的不同。首先，参照的排放基年将不再是 1990 年而是 2005 年。其次，减排目标的分摊将充分考虑到成员国人均 GDP 的差异，从而给予那些加入未参与《议定书》第一履约期欧盟京都目标分摊的新成员国减排的灵活性。③实现减排目标的方式也有新的变化。406/2009/EC 号决议不仅准许欧盟成员国将其获得的部分排放许可用于实现来年的目标和转让给其他成员国，而且允许成员国从与发展中国家和东欧转型经济体的清洁发展机制和联合履约中获得减排信用，但是借助上述机制实现的减排目标不得超过成员国 2005 年温室气体排放总量的 3% 。①

3. 2009/28/EC 号可再生能源指令

2009/28/EC 号可再生能源指令也是欧盟“能源与气候变化”一揽子立法的重要组成部分，它为实现 2020 年欧盟可再生能源目标而给成员国可再生能源的利用比设置了强制性的要求。根据欧盟官方出版局发布的可再生能源指令，其主要包含两大内容：①确立了欧盟成员国可再生能源的分摊标准。成员国可再生能源目标分配实行两步走：首先所有的成员国接受将可再生能源在能源消耗中的比例提高到 5.5% 的共同目标。在此基础上，依据成员国 GDP 在欧盟经济中的份额分摊剩余的可再生能源目标，并进行适当微调以奖励那些优先采取措施实现可再生能源目标的成员国。②明确了实现可再生能源目标的方式。为了使成员国能够实现目标，新的可再生能源指令允许成员国以联合项目、可再生能源数据转让②等方式共同实现它们的目标。与此同时，为确保可再生能源目标的如期实现，指令也为成

---

① Publications Office of the European Union，“Decision No 406/2009/EC of the European Parliament and of the Council of 23 April 2009 on the Effort of Member States to Reduce Their Greenhouse Gas Emissions to Meet the Community's Greenhouse Gas Emission Reduction Commitments Up to 2020”，*Official Journal of the European Union* 52（2009）：141.

② “可再生能源数据转让”（Statistical Transfer）是根据 2009/28/EC 号可再生能源指令第 6 款创立的可再生能源合作机制，它允许以协议的方式将欧盟某一成员国在其国内生产的可再生能源转让给另一成员国以帮助后者实现其可再生能源目标。这种转让因完全是虚拟的，不产生实施性的能源流动而获得此名。

员国规定了一些必须实现的硬性目标。指令规定到 2020 年，可再生能源在成员国交通运输业能源消费中的比例至少应达到 10%。此外，指令也建立了具有强制约束力的能源标准以确保生物能源生产的可持续性，规定从 2013 年起，生物能源的排放至少比化石能源减少 35%，到 2017 年起减少 50%。[①]

4. 二氧化碳捕获与封存的 2009/31/EC 号指令

碳的捕获与封存技术（CCS）是减少大气中温室气体浓度的有效手段之一，但技术的不成熟使其未受到应有的重视。2009 年出台的 2009/31/EC 号指令对碳的捕获与封存技术做出了新的具体规定。正如该指令的第一章第一条所言，“本指令意在建立起 CO_2 封存的法律框架，在确保 CO_2 永久安全封存和尽量防止与消除其对环境和人类健康负面影响的前提下应对气候变化”。[②]因此，该指令的多数条款主要涉及 CO_2 封存的管理和去除当时欧盟立法体系中限制封存技术使用的各种规定。与此同时，为了确保 CO_2 封存的安全进行，2009/31/EC 号指令不仅明确要求 CO_2 的捕获要严格遵守欧盟关于综合污染预防与控制的 2008/1/EC 号指令中规定的许可程序，而且规定欧盟委员会有权对成员国批准开展碳封存项目决定的草案进行评估。此外，作为二氧化碳捕获与封存指令的重要内容之一，欧盟决定对碳的捕获与封存技术推广提供资金支持，承诺在 2015 年前将欧盟排放贸易体系下 3 亿个排放许可的拍卖收益用于支持欧盟范围内 12 个碳的捕获与封存技术示范工程的建设。该激励机制能对碳的捕获与封存技术的推广发挥多大作用尚取决于未来排放许可的拍卖价格。[③]

---

① Tom Howes, “The EU New Renewable Energy Directive (2009/28/EC)”, in Sebastian Oberthur and Marc Pallemaerts, eds., *The New Climate Policies of the European Union: Internal Legislation and Climate Diplomacy* (Brussels: VUB Press, 2010), p. 141.

② Publications Office of the European Union, “Directive 2009/31/EC of the European Parliament and of the Council of 23 April 2009 on the Geological Storage of Carbon Dioxide and Amending Council Directive 85/337/EEC, European Parliament and Council Directives 2000/60/EC, 2001/80/EC, 2004/35/EC, 2006/12/EC, 2008/1/EC and Regulation (EC) No 1013/2006”, *Official Journal of the European Union* 52 (2009): 119.

③ 更加详细的分析参见：Joana Chiavari, “The Legal Framework for Carbon Capture and Storage in the EU (Directive 2009/31/EC)”, in Sebastian Oberthur and Marc Pallemaerts, eds., *The New Climate Policies of the European Union: Internal Legislation and Climate Diplomacy* (Brussels: VUB Press, 2010), pp. 151 – 176。

作为欧盟“能源与气候变化”一揽子气候立法的四根支柱，上述指令和决定共同管理着欧盟内温室气体的排放，划分了欧盟排放贸易体系内的诸部门和该体系之外的诸部门之间的减排努力，并以综合协调的方式实现欧盟2020年气候目标（见图1-2）。

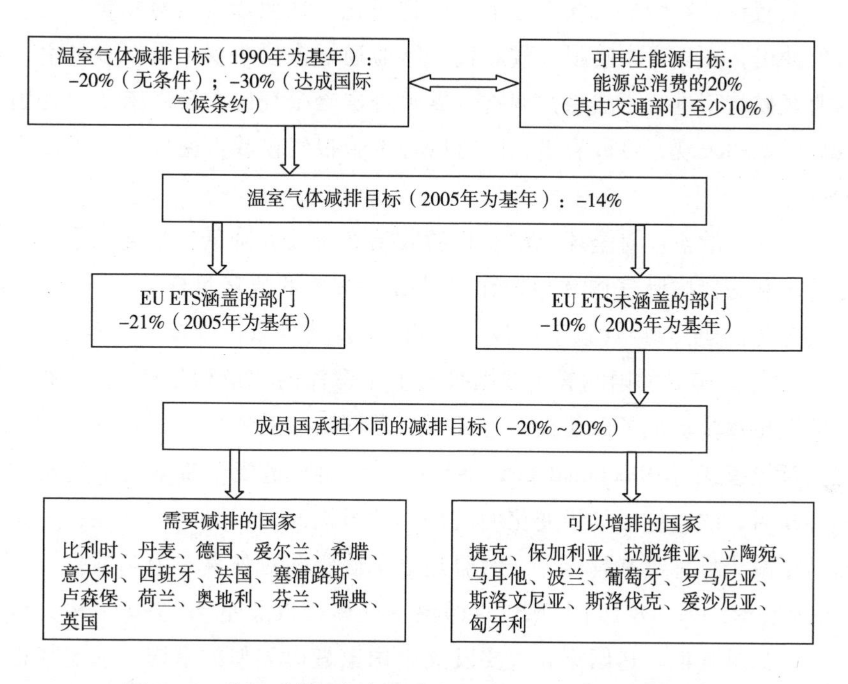

图1-2　欧盟“能源与气候变化”一揽子立法之间的关系

资料来源：Sebastian Oberthur and Marc Pallemaerts, eds., *The New Climate Policies of the European Union: Internal Legislation and Climate Diplomacy*（Brussels: VUB Press, 2010）, p. 49。

二　后哥本哈根时代欧盟气候政策的再调整（2010年以来）

2009年12月，备受全球关注的联合国气候大会在丹麦哥本哈根举行。由于各缔约方之间的分歧，使会议未能按照预先的计划就2012年后的国际气候机制达成一致，最终仅通过了体现各国政治共识但不具有法律约束力的《哥本哈根协议》。欧盟原本希望在哥本哈根气候会议上继续发挥主导作用，然而在会议的最后时刻，美国与中国、印度、巴西和南非组成的基础四国绕开欧盟以闭门会议达成《哥本哈根协议》，此举凸显出欧盟在国际气候领域地位的削弱和边缘化趋势。在哥本哈根会议之后，欧盟开始调整政策，以重新树立其在气候领域的地位和威望。

1. 哥本哈根会议后欧盟气候政策的变化趋势与特点

欧盟在哥本哈根气候大会上被“边缘化”的政治现实对欧盟产生了极大的冲击，在后哥本哈根气候时代，欧盟通过多项决议，采取多种手段对欧盟气候政策进行了战略性调整。纵观哥本哈根气候大会以来欧盟在国际气候领域的表现，可以看出，欧盟后哥本哈根气候政策主要体现出以下新的变化。

第一，欧盟应对全球气候变化的政治意愿大大降低。长期以来，欧盟把追求和保持国际气候领导权作为其最为重要的战略目标之一，《联合国气候变化框架公约》（以下简称《公约》）及其《京都议定书》（以下简称《议定书》）确立的国际气候规则被打上了深深的“欧盟烙印”，在此过程中欧盟也逐步形成了以榜样的力量来引领国际应对气候变化发展的方向引领型领导模式（Directional Leadership）。[①]然而在遭受了哥本哈根气候大会的冲击后，欧盟应对气候变化的政治热情日渐减弱，具体表现在：一是欧盟承诺减排目标越来越保守。欧盟是最早确定和对外宣布中期减排目标的《公约》缔约方，承诺将2020年的温室气体排放总量与1990年相比减少20%，如果其他发达国家和主要发展中国家做出类似的承诺，欧盟将把这一目标提高到30%”。[②]欧盟在后哥本哈根气候政策中依然保持这一承诺不变。然而欧盟2020年减排目标明显缺乏政治雄心，因为要实现有效的气候变化应对，联合国气候变化政府间委员会（IPCC）报告认为发达国家2020年应减排25%～40%，世界自然基金会（WWF）也认为“20%的减排目标太低，欧盟2020年减排目标至少应为40%”。[③]与其他发达国家相比（以2007年为排放基年），欧盟20%的减排目标明显低于美国和加拿大，30%

① Joyeeta Gupta and Michael Grubb, eds., *Climate Change and European Leadership: a Sustainable Role for Europe?* (Dordrecht: Kluwer Academic Publishers, 2000), pp. 6－9.

② Commission of the European Communities, *Towards a Comprehensive Climate Change Agreement in Copenhagen*, COM (2009) 39 final, Brussels, January 28, 2009, p. 2.

③ WWF International, “WWF Expectations for the Copenhagen Climate Deal 2009”, http://www.wwf.se/source.php/1237614/Copenhagen%20Expectations.pdf. 最后登录日期：2014年3月10日。

的减排承诺也低于澳大利亚和日本承诺减排的上限。[①]二是欧盟对后哥本哈根气候谈判的期望降低。欧盟颇具雄心的谈判目标和立场是以往国际气候谈判取得进展的最为重要的因素之一，然而这在哥本哈根大会后发生了变化：在坎昆会议上，欧盟放弃了尽快达成2012年后国际气候安排的目标，转而期望会议能够就《哥本哈根协议》的执行做出一系列具体的决定，2010年欧盟环境部长理事会决议指出，欧盟在坎昆气候会议上的目标是在双轨制[②]下达成一个均衡的谈判结果。[③]在2011年德班气候大会以及2012年多哈气候大会上，欧盟要求尽快达成未来气候机制的迫切性下降，提议将达成未来气候安排的时间推迟至2015年。三是欧盟对联合国气候变化机制的支持意愿下降。一直以来，联合国框架下的《公约》及其《议定书》是国际社会应对气候变化的主渠道，欧盟也是其最积极和最有力的支持者，然而在哥本哈根气候大会之后，欧盟一方面继续支持通过联合国渠道应对气候变化，但同时对通过其他双边和多边机制解决气候变化问题的兴趣日渐增加。在2012年以来的德班平台谈判中，欧盟多次强调，要通过改革化石能源补贴机制、利用国际航空组织和国际海事组织等机构，以《公约》框架外的国际合作倡议（International Cooperative Initiatives，ICIs）推进减排。[④]所有这些都表明后哥本哈根时代的欧盟应对气候变化的动力和政治意愿在削弱。

第二，欧盟后哥本哈根气候政策更加注重提升应对气候变化承诺的落实。与以往不同的是，后哥本哈根时代的欧盟改变了通过做出有政治雄心的减排目标承诺来保持国际气候领导权的做法，转而越来越重视通过采取实质性的盟内气候行为来兑现欧盟的国际气候承诺，这表现在：一是进一

---

① Thomas Spencer et al.，*The EU and Global Climate Regime*：*Getting Back into the Game*（Helsinki：the Finnish Institute of International Affairs，2010），p. 4.

② 2007年以来国际气候谈判在《议定书》下发达国家进一步承诺特设工作组（AWG-KP）和《公约》下长期气候合作特设工作组（AWG-LCA）等两条途径下同步进行，因而被称为“双轨制”。

③ Sebastian Oberthür，“Global Climate Governance after Cancun：Options for EU leadership”，*The International Spectator* 46（2011）：10.

④ “Submission by Ireland and the European Commission on Behalf of the European Union and Its Member States：Pre-2020 Mitigation Ambition”，Dublin，1 March 2013，pp. 2-5. http：//unfccc. int/files/documentation/submissions_ from_ parties/adp/ application/pdf/adp_ eu_ workstream_ 2_ 20130301_ . pdf. 最后登录日期：2013年4月19日。

步改善欧盟排放贸易体系的减排效果。2005 年启动的欧盟排放贸易体系是欧盟气候政策的核心和基石，也是欧盟内减排的主要方式之一，在该体系运行的第一阶段（2005～2007 年）和第二阶段（2008～2012 年）因为多种因素减排效果不佳，使该体系遭受很大的质疑。[①]但是在 2009 年哥本哈根会议前夕，作为欧盟“能源与气候变化”一揽子立法最重要组成部分之一，2009/29/EC 号排放交易指令对 2013～2020 年欧盟排放交易体系（第三阶段）的规则做了新的调整，它不仅将设定温室气体排放上限的权限从成员国转移至欧盟机构（欧盟委员会），而且具体规定了 2013～2020 年排放贸易体系的减排目标，并为此设定了实现减排目标的具体途径。这些改革措施目前正在欧盟后哥本哈根气候政策中得到落实。二是欧洲 2020 战略和能源 2020 战略等系列举措的出台与执行也为欧盟内气候政策目标的实现提供了新的保障。如前所述，在哥本哈根气候大会后仅三个月，欧盟就提出了欧洲 2020 战略，提出欧盟要实现智慧型、可持续和包容性增长，将欧盟 20/20/20 气候变化和能源目标纳入其中，[②]并为此提出了七大旗舰计划来确保其实现，如今这些计划日渐见效。2010 年 11 月 10 日，欧盟又发布“能源 2020”战略，强调要确保 2020 年能效目标的实现。[③]与此同时，欧盟战略能源技术行动计划（SET－Plan）的应对气候变化效应在后哥本哈根时代也显现出来。据统计，仅在欧盟第七个研发框架计划（2007～2013 年）中，能源主题就资助支持了 350 个能源技术研发创新项目，资助金额超过 18 亿欧元；负责科研与创新事务的欧盟委员会委员奎恩（Máire Geoghegan－Quinn）表示，未来的欧盟研发框架计划——“2020 地平线”（Horizon 2020）将一如既往地继续增加新能源技术研发投入，继续推动欧盟实现 2020 能源与气候变化目标。[④]三是加速兑现对发展中国家的资金支

---

① 详细分析参见 Denny Ellerman ET AL.，*Pricing Carbon：the European Union Emissions Trading Scheme*（Cambridge：Cambridge University Press，2010）。

② 20/20/20 气候变化和能源目标，又称 3 个“20”目标，是指到 2020 年，欧盟单方面承诺温室气体排放总量在 1990 年基础上减少 20%，能源效率提高 20%，可再生能源在欧盟能源供应中的比例达到 20%。

③ European Commission，*Energy* 2020：*A Strategy for Competitive，Sustainable and Secure Energy*（Luxembourg：Publications Office of the European Union，2011），pp. 8－11.

④ 张志勤、吴鹏：《欧盟战略能源技术行动计划实施五年取得成就》，中华人民共和国外交部网站，2013 年 5 月 10 日，http：//www. fmprc. gov. cn/ce/cebe/chn/omdt/t1039145. htm，最后登录日期：2013 年 8 月 24 日。

持承诺。《哥本哈根协议》要求发达国家在2010~2012年为发展中国家提供总额为300亿美元的快速启动基金（FSF）以帮助后者应对气候变化，欧盟承诺将提供其中的72亿欧元。从目前来看，欧盟是所有发达国家中承诺资金最多，也是相对守信的缔约方。尽管受到严峻的经济形势和财政紧缩的限制，欧盟及其成员国仍已超额兑现承诺，安排快速启动资金73.4亿欧元（约95亿美元）。①目前欧盟正在考虑确定2013~2020年对发展中国家支持资金的份额问题。此外，欧盟委员会也于2013年3月27日正式启动了制定2030年气候变化和能源政策框架的相关工作。可以说，欧盟在上述领域采取的政策措施大大增强了欧盟兑现气候承诺的能力和欧盟在后哥本哈根气候谈判中立场的可信度。

第三，欧盟气候外交战略中的理想主义成分大大减弱，现实主义外交手段的运用日益频繁。在《公约》及其《议定书》谈判和批准时期，欧盟主要以榜样的力量（Leading by Example）来吸引其他缔约方仿效欧盟的做法，从而引领国际应对气候变化进程。然而在后哥本哈根气候谈判中，欧盟现实主义气候战略手段的运用明显增加，这表现在：一是欧盟气候承诺的附加性条件增多。在2010年坎昆气候大会和2011年德班气候大会上，欧盟放弃了在以往谈判中“反对延续《议定书》，要求建立单一后京都气候安排”的立场，转而同意和支持发展中国家关于《议定书》有第二履约期的要求，但以后者支持在2020年后建立单一国际气候条约为前提。②二是在后哥本哈根气候谈判中结成新的气候联盟。在哥本哈根气候大会后，欧盟开展多层次的气候外交活动，加强了与主要经济体的沟通与协调，并同小岛国家（AOSIS）和最不发达国家（LDCs）以及拉丁美洲与加勒比海国家等结成气候自愿联盟——卡塔纳赫论坛（Cartagena Dialogue for Pro-

---

① Council of the European Union, *Council Conclusions on Climate Finance – Fast Start Finance*, 3238th ECOOMIC and FIACIAL AFFAIRS Council Meeting, Brussels, 14 May 2013, p. 1. http://www.consilium.europa.eu/uedocs/cms_ data/docs/ pressdata/en/ecofin/137109.pdf. 最后登录日期：2013年5月20日。

② Council of European Union, *Preparation for the16 th Conference of the Parties to the UN Framework Convention on Climate Change Cancun, 29 November to10 December 2010 – Council conclusions*, 3036th ENVIRONMENT Council meeting Luxembourg, 14 October 2010, p. 2, http://ec.europa.eu/clima/policies/international/negotiations/docs/conclusions_ envir_ en.pdf. 最后登录日期：2013年4月20日。

gressive Action)，[①]从而使欧盟不仅在坎昆气候大会上的影响力有所恢复，而且在2011年底德班“加强气候行为平台”（以下简称德班平台，ADP）的建立中发挥了主导作用，[②] 并将这种态势在2012年多哈气候大会上保持下去。三是采取单边气候行动迫使其他国家采取应对气候变化的努力。2011年，欧盟宣布将航空业纳入欧盟排放贸易体系，并决定自2012年1月1日起对所有飞往欧盟的航班征收排放税，由此招致其他国家（尤其是美国和中国）的强烈抵制，后经过多方磋商，欧盟在2012年11月暂停了上述政策的执行，交由国际航空组织（ICAO）来解决航空业的温室气体减排问题。然而欧盟在国际航运业也有采取类似政策措施的打算，并且欧盟在后哥本哈根时代多次威胁将对那些不承担减排的国家征收边界调节税。

总体来看，在后哥本哈根气候时代，保持欧盟在国际气候领域的主导地位仍是欧盟气候政策的目标，但欧盟追求国际气候领导权的方式已发生明显的转变。

2. 欧盟后哥本哈根气候政策调整的影响

哥本哈根气候大会后的欧盟气候政策变化不仅对欧盟在国际气候领域的地位产生了不小的影响，而且也对国际气候机制的构建以及中国参与应对气候变化意义非凡。

第一，欧盟气候政策的新变化在一定程度上改善了欧盟的国际气候形象，使欧盟在后哥本哈根气候谈判中的影响有所恢复。欧盟在哥本哈根气候大会上的“大败”促生了欧盟后哥本哈根气候政策的变化，这种政策变化减弱了对方向引领型领导权的依赖，转而注重欧盟内部的实质性减排行为和现实主义气候外交的作用。因此，虽然欧盟应对气候变化的政治意愿不断下降，但欧盟的国际气候地位较哥本哈根大会前有所提升，这表现

---

① 卡塔赫纳论坛成立于2010年3月，由欧盟发起，其目标在于改变哥本哈根气候大会后黯淡的国际应对气候变化形势，推进全球气候变化谈判。该论坛参与方没有正式的成员身份，成员也不固定，面向所有愿意推进气候谈判的国家开放，被称为应对气候变化领域的“意愿联盟”。目前已有来自欧盟、亚洲、大洋洲以及拉美的47个国家参加，每年至少举行三次会议，并且常年通过电子邮件协调彼此立场。因其首次会议于2010年在哥伦比亚的卡塔赫纳举行而获得此名。

② Louise van Schaik, *The EU and the Progressive Alliance Negotiating in Durban: Saving the Climate?* (London: Overseas Development Institute and Climate and Development Knowledge Network, 2012), pp. 15 - 19.

在：一是欧盟气候政策的示范性和气候承诺的可信性明显增加。在应对气候变化中，承诺与落实之间的巨大差距（Implementation Gap）是欧盟气候政策的主要挑战，这大大降低了欧盟国际气候领导权的可信性。[①]哥本哈根气候大会上的失败也让欧盟认识到通过采取欧盟实质性气候行为落实国际气候承诺对于保持欧盟国际气候地位的重要性。因此，欧盟在哥本哈根气候大会后采取的一系列欧盟内部气候行为——推进“能源与气候变化”一揽子立法的执行、出台欧洲2020战略和能源2020战略、加强2010～2012年气候快速启动基金的落实等措施，不仅降低了欧盟国际气候承诺的执行赤字，而且也向其他国家展示了欧盟应对气候变化的决心和实现低碳转型的经济和技术可能性，从而使欧盟气候政策的可信度和吸引力得到一定程度的提升。二是欧盟在后哥本哈根气候谈判中的影响力和地位正在逐渐回升。后哥本哈根气候时代的欧盟日渐认识到仅仅依靠榜样的力量来引导国际应对气候变化的发展是不够的，发挥结构性权力（硬实力），推行现实主义的气候外交也非常重要，两者综合运用给欧盟带来不少收益：在坎昆会议上，欧盟以接受京都第二履约期换取了其他缔约方对“欧盟要求建立单一气候条约”主张的支持。而在德班气候大会上，欧盟凭借与澳大利亚、最不发达国家、小岛国家、非洲国家和拉丁美洲与加勒比海国家等结成的“卡塔纳赫论坛”，不仅避免了被排除在核心气候谈判之外的局面，而且欧盟建立“德班平台”的提议获得大会通过，由此开启了2020年后国际气候制度谈判进程，欧盟也成为德班气候大会上的主角。[②]同样，欧盟为2012年多哈气候大会上设定的目标全部实现，欧盟负责气候行动的委员赫泽高也称“这是一次成功的气候会议”。[③] 从目前的总体情况看，欧盟气候政策的变化有利于欧盟修补在哥本哈根气候大会上受损的国际气候形象，也使欧盟的国际气候领导地位慢慢恢复。

---

① Sebastian Oberthur and Claire Roche Kelly，“EU Leadership in International Climate Policy：Achievements and Challenges”，*The International Spectator* 43（2008）：39－42.

② Louise van Schaik，*The EU and the Progressive Alliance Negotiating in Durban：Saving the Climate?*（London：Overseas Development Institute and Climate and Development Knowledge Network，2012），pp. 16－17.

③ Connie Hedegaard，“Why the Doha Climate Conference Was a Success”，http：//www. guardian. co. uk/environment/2012 /dec /14/doha－climate－conference－success. 最后登录日期：2013年5月11日。

第二，欧盟后哥本哈根气候政策的变化也将对2020年后国际气候制度的构建产生复杂而又深远的影响。纵观20世纪80年代末以来的整个国际气候谈判史，欧盟一直是推动国际应对气候变化努力向前发展的主要力量之一。欧盟不仅是达成“柏林授权”协议，以及启动《议定书》谈判的第一功臣，而且也是2001年《波恩政治协定》和2007年《巴厘岛路线图》得以达成的主要因素。在后哥本哈根气候时代，欧盟虽然依然是国际气候谈判中相对积极的推动力量之一，但欧盟后哥本哈根气候政策的变化对后哥本哈根气候谈判来说可谓喜忧参半，做出这样的判断的原因在于：一是哥本哈根气候大会后欧盟在国际气候领域影响力的逐渐回升有利于后哥本哈根气候谈判取得进展。从后哥本哈根时代三次最为重要的联合国气候大会来看，通过降低参会预期目标、大力开展气候外交以及与部分发展中国家联盟等手段，欧盟不仅提升了自身在后哥本哈根气候谈判中的地位，而且也使后哥本哈根气候谈判取得了一定的成果。2010年坎昆会议通过的《坎昆协议》不仅将一年前不具法律约束力的《哥本哈根协议》的内容全部吸收，而且还有所发展；2011年底德班平台的建立也与欧盟的提议和支持密不可分；[①]在2012年底的多哈气候大会上，欧盟继续发挥主导作用，再次凭借强有力的双边气候外交以及与卡塔纳赫论坛国家的联盟，使《公约》缔约方大会最终决定终止巴厘岛路线图建立的两大工作组（AWG－KP和AWG－LCA）的使命，将应对气候变化的重心转移至德班平台工作下，使国际气候谈判从双轨制转为单轨制，[②]有利于各方集中精力以便未来的国际气候谈判取得进展。二是欧盟后哥本哈根气候政策的变化进一步降低了国际社会有效应对气候变化的可能性。联合国环境署的报告显示，“依据现有各国的减排努力，要实现全球升温不超过2℃的目标，国际社会在2020年仍存在80亿吨的排放缺口（Emission Gap）”。[③]后哥本哈根时代的

---

① Hans J. H. Verolme, *European Climate Leadership: Durban and Beyond* (Brussels: Heinrich－Boell－Stiftung European Union, 2012), pp. 5－8.

② 在2005～2011年间国际气候谈判实行双轨制（AWG－KP和AWG－LCA），德班平台启动后（2012年度），国际气候谈判实质上是三轨制（AWG－KP、AWG－LCA和ADP），但是随着2012年底多哈气候大会决定结束AWG－KP和AWG－LCA两大工作组，2013年起的国际气候谈判是单轨制，即仅在ADP下进行。

③ UNEP, *The Emission Gap Report* 2012－*A UNEP Synthesis Report* (Nairobi: United Nations Environmental Programme, 2012), pp. 2－3.

欧盟不仅没有提升承诺减排目标，反而是降低了应对气候变化的雄心和意愿，从而使全球长期气候目标的实现越来越困难。在此情况下，即便是在欧盟的努力下国际气候谈判最终取得成功，国际气候安排得以达成，但是对于解决全球气候变化问题的意义也不大。三是欧盟对其他渠道的强调，不利于《公约》框架下国际气候谈判的进行。联合国框架下的《公约》及其《议定书》是国际应对气候变化的主渠道，欧盟也是该渠道的强有力支持者，然而欧盟后哥本哈根气候政策的调整也使欧盟的立场开始发生改变。在后哥本哈根气候谈判中，欧盟越来越强调在《公约》框架外以国际合作倡议推进减排的重要性，甚至不惜采取单边行为将行业排放纳入欧盟排放交易体系中。这些措施的推行在某种程度上能够促进世界减排，但也有可能削弱联合国渠道在应对气候变化中的地位，不利于国际气候谈判取得进展。

第三，欧盟后哥本哈根气候政策的变化也将给中国带来新的机遇与挑战。在国际气候谈判中，欧盟与中国在诸多议题上持有相近的立场，尤其是在 2001 年美国退出《议定书》后，中国与欧盟在气候变化问题上的合作关系进一步得到提升，并呈现出“稳定婚姻关系”的模式特征。[①] 欧盟后哥本哈根气候政策的变化将为上述中国 - 欧盟气候关系注入新的因素，这些因素主要有：一是欧盟在哥本哈根大会后大力推行双边气候外交有利于深化中欧气候合作。哥本哈根气候大会后欧盟更加注重通过双边外交来提升欧盟在国际气候领域的影响，并将获取不同伙伴的支持作为欧盟重要的国际气候谈判策略，中国无疑是欧盟最重要的伙伴之一。在此背景下，中国与欧盟在后哥本哈根气候时代的协调与沟通进一步增多，气候变化伙伴关系也进一步增强。比如 2010 年 4 月，中欧双方发布《中欧气候变化对话与合作联合声明》，宣布建立部长级长期气候变化对话机制和部长级气候变化热线。[②]气候变化问题越来越成为中欧在多种场合密切讨论和合作的议题之一，这不仅有利于提升中国的国际影响，而且有助于从欧盟获得技术和资金，使中国更好地应对气候变化和更快地实现经济发展转型。二是

① 薄燕：《全球气候变化治理中的中美欧三边关系》，上海人民出版社，2012，第 148 页。

② 江国成：《中国欧盟宣布建立气候变化部长级对话与合作机制》，新华网，2010 年 4 月 29 日，http://news.xinhuanet.com/world/2010-04/29/c_1264097.htm。最后登录日期：2013 年 5 月 20 日。

欧盟后哥本哈根气候谈判策略的变化也将给中国带来新的压力与挑战。在哥本哈根气候大会前的国际气候谈判中，欧盟主要通过与中国等发展中国家的合作对美国等伞形集团[①]国家施压，使其在应对气候变化问题上采取更具雄心的努力，但在哥本哈根大会后，欧盟谈判策略发生变化，体现出美欧联合对中国施压的态势。不仅如此，欧盟还采取多种措施试图分化“七十七国集团加中国”，试图减少该集团中其他发展中国家对中国的支持。从欧盟在坎昆、德班以及多哈等三次联合国气候大会上的表现看，欧盟基本上奉行了拉住“卡塔纳赫论坛”国家，劝服南非和巴西，孤立中国与印度的国际气候谈判策略，并借此迫使中国接受更大的、有法律约束力的应对气候变化责任，中国在后哥本哈根气候谈判中的压力骤升。因此在接下来德班平台谈判中，如何应对来自美欧不断增加的压力和保持发展中国家集团内部的团结将是中国面临的重要挑战。

总之，在后哥本哈根气候时代，欧盟气候政策经历了重新的审视和评估，不管从欧盟气候发展的进程，还是从哥本哈根气候会议后欧盟的反应来看，欧盟已经形成了相对前期较为成熟的气候政策。

① 根据《公约》秘书处的界定，伞形集团（Umbrella Group）是1997年《议定书》通过后由非欧盟发达国家组成的气候谈判联盟，该集团没有确定的成员名单，一般认为其由欧盟以外的工业化国家（JUSSCANZ）与部分经济转轨国家和挪威组成，主要成员国包括美国、日本、加拿大、澳大利亚、俄罗斯联邦、乌克兰和挪威等。学术界对“Umbrella Group”的中文译名有两种：①伞型集团；②伞形集团。由于该集团的主要成员国在地理分布上呈现雨伞的形状，因而笔者认为“伞形集团”的译法更为准确和贴切。

· 第二章 ·

欧盟气候政策形成与发展的动因分析

自1986年欧洲议会首次在政治上讨论气候变化问题以来，欧盟及成员国对气候变化做出了极为快速的反应。在20多年的时间里，欧盟从对气候变化问题的漠视转变为国际气候领域的主导者，并且在欧盟内建立起相对完整的气候政策框架，引导着国际社会应对气候变化努力的发展方向。欧盟气候政策的快速发展既有来自欧盟内部的推动力，更有国际环境的外在压力。

第一节　欧盟气候政策形成与发展的内在动力

根据唯物辩证法，任何一个结果的出现都有内外两个方面的原因，其中内因发挥着尤为重要的作用。对欧盟气候政策的形成和发展来说，欧盟及其成员国对气候变化的认知变化和由此产生的战略对于欧盟气候政策的塑造至关重要。在应对气候变化中，源于欧盟内部的诸多因素推动了欧盟气候政策的形成、发展和趋向成熟。

一　追求经济利益

在以民族国家为主要行为体的国际体系下，追求经济利益是各国行动的首要目标。欧盟虽然已部分超越民族国家的范畴，成为国际关系中相对特别的行为体，但是欧洲一体化依然为成员国所主导。因而在建立和发展欧盟气候政策的过程中，实现经济利益仍是欧盟及成员国极为重要的出发点。

1. 实现经济发展模式的转变

欧洲是世界上最早实现工业化的地区之一，随着欧洲人民生活水平的提高和环境污染程度的日益严重，欧共体较早开始关注环境问题。1972 年罗马俱乐部发表《人类增长的极限》报告，第一次敲响了人类社会传统发展模式的警钟。1987 年世界环境与发展委员会正式提出了“可持续发展”的概念。受此影响，欧盟提出了走实现经济发展和环境保护双赢的可持续发展道路，并采取了积极的措施。然而现实利益的考虑使欧盟向可持续发展模式的转型困难重重，欧盟需要新的动力来推动其经济发展模式的转变，应对气候变化正是这样的动力。

首先，应对气候变化将改变欧盟经济对化石能源的依赖和使用方式。能源是人类社会经济发展的重要资源之一，传统的经济发展模式严重依赖化石能源。欧盟经济发展虽然已经大大降低了对煤炭等高碳化石能源燃料的使用，但是石油、天然气等依然是欧盟能源的主要支柱。欧盟也曾出台多个文件来提高能源效率、加大对可再生能源技术研发的投资力度等来改变欧盟经济对化石能源的过度依赖和传统使用方式。但发展可再生能源投资成本大、短期收益小的特点使得欧盟各国不愿对此做出太大的投入，以免影响经济发展。借助应对气候变化，尤其是通过将欧盟气候承诺纳入立法之中，以有约束力的气候政策来促使欧盟成员国加大对可再生能源的投入和开发。

其次，应对气候变化将使欧盟经济更加绿化。后工业时代的欧盟对环境保护的意识日渐提高，在实现经济发展的同时保护人类赖以生存的环境已是欧盟及成员国的共识，但是在实现方式上成员国由于现实利益的考虑而想法各异。借助应对气候变化，不仅能降低温室气体的排放，而且能够实现欧盟向低碳经济的转型，进而在实现环境保护的同时，为欧盟经济发展建立新的增长点。

2. 尽量降低气候变化给欧盟带来的影响

随着气候科学研究的发展，国际科学界和国际政治界对气候变化影响的认识日益清晰。如果说在 20 世纪 90 年代对气候变化仍存在诸多疑问的话，那么到了 21 世纪，各国对气候变化影响的认识已经达成了基本的共识，即气候变化会对不同的地区产生不同的影响，但总体以负面影响为主。

欧盟成员国均为相对富裕的发达国家，具有较强的适应气候变化能力，但在气候变化面前也遭受着越来越大的负面影响和损失。2003年夏天，欧洲地区长达3个月的“热浪”天气，导致35000人死亡，其中法国巴黎遭受的影响最大，死亡人数达到15000人。此外，“热浪”天气也造成欧洲农业、畜牧业和林业损失达到150亿美元。根据相关研究，欧盟成员国将不同程度地受到气候变化的影响，其总体影响是巨大的：南欧和地中海成员国（包括葡萄牙、西班牙、意大利、斯洛文尼亚、保加利亚等）将受到干旱的严重影响，预计2080年降雨量将比1990年减少40%，气温也将比当前增高4℃～5℃；西欧成员国（主要包括荷、比、卢、法、德、爱尔兰、丹麦等）的暴雨和水灾发生将更加频繁，气温将上升2℃～3.5℃；而中东欧新成员国，气温预计也将上升3℃～4℃，农业也将遭受水土流失、土壤养分降低、疾病扩散以及夏季水灾和高温的困扰。[①]气候变化问题已经成为欧盟难以忽视的问题。

此外，欧盟内外各机构进行的研究也表明其应对气候变化的成本较低。根据“欧洲气候变化计划”第一阶段报告的结论，欧盟实现《议定书》下承诺的总成本为37亿欧元/年，相当于2010年GDP的0.06%，对经济的负面影响非常小。[②]与此同时，欧盟委员会也对适应气候变化的成本进行了分析，尽管欧洲环境署（EEA）和经济发展与合作组织（OECD）以及欧盟适应和减缓气候变化研究项目（ADAM Project）在适应气候变化的成本和收益方面估算的结果有所不同，但总体而言，欧盟适应气候变化的收益是巨大的，并且能够大大降低无所作为所带来的损失。[③]

可以说，面对日渐凸显的气候变化问题，气候变化的生态脆弱性是欧盟推行积极气候政策的直接动力，而较低的减缓和适应气候变化成本乃至有所获益进一步提高了欧盟推行积极气候政策的意愿。

---

① European Commission, *EU Action against Climate Change: Adapting to Climate Change* (Luxembourg: Office for Official Publications of the European Communities, 2008), p. 13.

② 薄燕：《“京都进程”的领导者：为什么是欧盟不是美国?》，《国际论坛》2008年第5期，第5页。

③ Commission of the European Communities, *Commission Staff Working Document*, *Accompanying the White Paper "Adapting to Climate Change: Towards a European Framework for Action"*, *Impact Assessment*, SEC (2009) 387, Brussels, 1.4.2009, p. 61.

3. 获得应对气候变化的“先发优势”

根据国外学者的研究，应对气候变化的“先发优势”（First - Mover Advantages）一般具有两种形式：一是将气候变化领域的新技术出口到接受重大减排目标的国家来获取经济收益；二是发展颇具竞争力的新技术，并借此实现引领国际技术研发方向，使不承担减排目标的国家达到间接减排的目的。对欧盟来说，推行积极的气候政策有实现上述双重优势的益处。

自 20 世纪 70 年代以来，包括石油危机在内的多种因素推动了欧盟对新能源技术方面的研发。经过数十年的发展，在化石能源尤其是煤炭的生产上，欧盟已经没有重大的利害关系。不仅如此，欧盟还积累了发展新能源和节能技术的经验，在该领域具有一定的优势。以风力发电为例，根据《国际风电能源发展报告》，欧盟所占份额虽然有所下降，但是在风电市场中仍处于主导地位（见图2 - 1）。2014 年全球风电装机容量预计将增长 29.6%，其中一半将来自欧盟。[①]

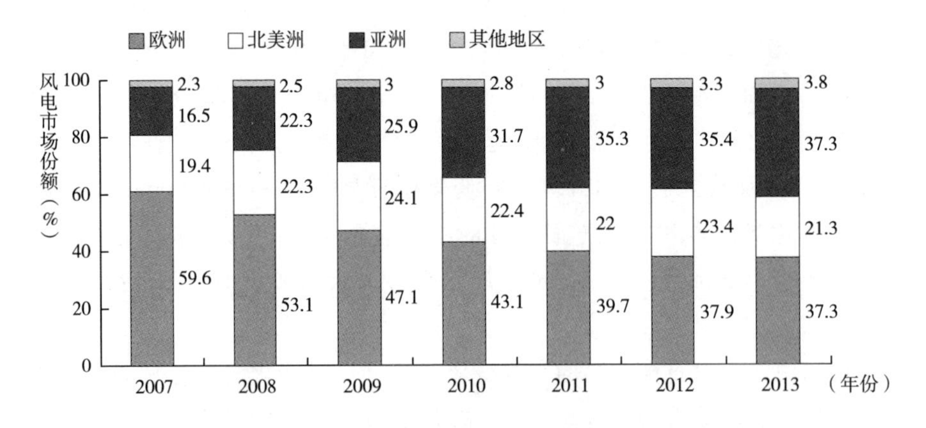

图 2 - 1　世界主要地区在全球风电市场中的份额

资料来源：WWEA，*World Wind Energy Report* 2010（Bonn：World Wind Energy Association，2011）；WWEA，*Key Statistics of World Wind Energy Report* 2013（Bonn：World Wind Energy Association，2014）。

---

① BTM Consult，“International Wind Energy Development，World Market Update 2013”，http：//www. navigantresearch. com/ research/world - market - update - 2013. 最后登录时间：2014 年 5 月 14 日。

因此，当气候变化出现在国际政治舞台上之时，欧盟已经确立了在新能源技术方面的领先地位。积极应对气候变化不仅能够帮助欧盟减少温室气体的排放，实现京都目标，减少环境污染，而且随着越来越多的国家接受减排目标，必将激起对可再生能源技术的巨大需求，欧盟在该领域的领先地位将意味着新的市场机会，也是增加欧洲工业和商业利润的潜在来源。[①]欧盟希望保持在可再生能源技术领域的领先优势，将其拥有的技术出口到承担减排承诺的国家中以换取实实在在的经济利益。

与此同时，欧盟意图通过发展和保持在新能源技术领域的领导地位，引导世界经济的发展方向和促使未承担减排目标的国家间接减排。在全球化时代，国际经济竞争的本质是对国际经济运行规则制定权的争夺，为确保在激烈的竞争中立于不败之地，世界各国大力进行技术研发，以使其成为国际经济规则的制定者。对欧盟来说，积极应对气候变化不仅能够获得上述直接经济利益，而且通过保持在新能源技术领域的领先地位，使国际经济发展采纳欧盟提出的标准，从而使欧盟获得国际经济规则的制定权。此外，气候变化作为全球性公共问题需要国际社会的共同努力，面对部分国家在应对气候变化上的消极立场，欧盟通过引导新能源技术研发和出口，促使不承担减排目标的国家通过使用新的节能技术，减少温室气体的排放，变相实现减排，使应对气候变化收到相对良好的效果，降低气候变化对包括欧盟在内的世界各国的影响，这也是降低欧盟应对气候变化成本的途径之一。

4. 促进欧盟的经济发展和就业

冷战结束后，欧洲一体化的发展进入一个新的时期，确立起欧洲一体化建设的三根支柱，欧盟的经济形势虽因经济货币联盟的建立而有所改观，但是仍存在很大的问题。1992 年，欧盟成员国的经济增长率仅为 1%，而失业率却高达 10%，[②]德国统一后推行的高利率政策更使欧洲货币体系受到很大冲击，欧盟经济发展相对低迷。为此，欧盟及成员国采取了一系列的措施来应对欧盟经济发展的颓势和较高的失业率，其中尤为重要的是

① Jon Hovi et al., "The Persistence of the Kyoto Protocol: Why Other Annex I Countries Move on without the United States", *Global Environmental Politics* 3 (2003): 13.

② 中国国际关系学会主编《国际关系史（1990～1999）》（第 12 卷），世界知识出版社，2006，第 223 页。

2000 年 3 月欧盟首脑特别峰会通过的“里斯本战略”（Lisbon Strategy）。根据该战略，欧盟提出以经济的加速发展推动欧盟的就业增长，在中长期内创造 3000 万个就业机会，争取到 2010 年把欧盟平均就业率从 2000 年的 61% 提高到 70%。然而在种种现实压力面前，特别是 2007 ~ 2008 年的国际金融危机，“里斯本战略”提出的到 2010 年将欧盟建成“世界上最有竞争力与活力的知识经济体”的战略目标未能实现，其两大具体目标，即“研发投入占 GDP 的 3%”和“平均就业率达 70%”亦未能达成。[①] 近年来，欧盟因遭受经济危机打击，失业率一直居高不下（图 2 - 2）。2014 年欧盟数据显示，与危机最为严重的 2009 年第三季度相比，2013 年第三季度欧盟职位空缺和雇工分别提高 25% 和 7%，但 2012 年全年与 2008 年相比，职位空缺和雇工分别下降 19% 和 14%，低学历就业状况最糟，2013 年青年低学历雇工比 2008 年下降 31%。[②]欧盟需要新的动力来实现经济发展和提高就业，而应对气候变化则是实现这一目标的有效途径。

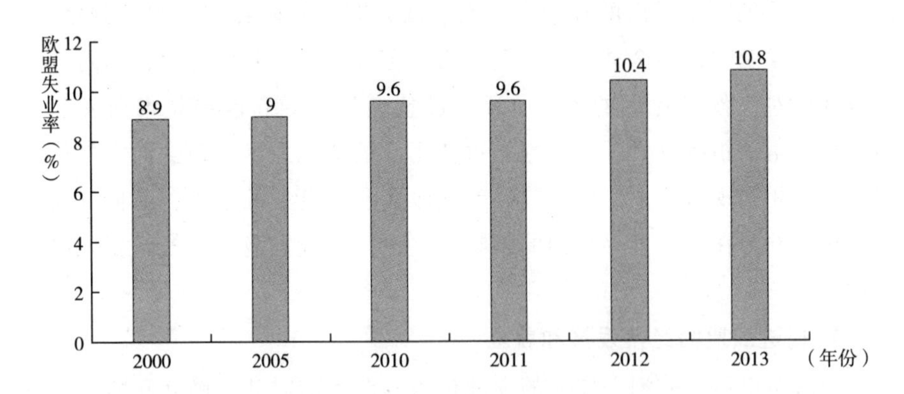

图 2 - 2 近年来欧盟 28 国的失业率

资料来源：European Commission, *EU Energy in Figures*: *Statistical Pocketbook* 2014 (Luxembourg: Publications Office of the European Union, 2014), p. 137。

根据相关研究机构的数据，应对气候变化而进行的绿色投资已经成为

① 姚铃：《从“里斯本战略”到“欧洲 2020 战略”》，《国际贸易》2010 年第 4 期，第 42 ~ 43 页。

② 中华人民共和国驻欧盟使团经商参处：《欧盟发布就业报告：就业改善微弱》，2014 年 6 月 25 日，http://eu.mofcom.gov.cn/article/jmxw/201406/20140600639753.shtml。最后登录时间：2014 年 7 月 10 日。

欧盟经济新的增长点和创造就业的新机会。汇丰银行全球研究中心（HB-SC Gobal Research）的统计显示，全球应对国际金融危机的经济复兴投资为2.2万亿欧元，用于应对气候变化的资金接近3000亿欧元，其中欧盟占420亿欧元。[①]此外，欧盟委员会也宣布将在2007～2013年度提供总预算约为1050亿欧元的地区团结基金（Cohesion Funds）来创造绿色的经济增长。事实上，欧盟推行积极的气候政策不仅不会削弱经济竞争力，相反能让欧盟工商业集团获得技术上的竞争优势，进而缓解而非加剧欧盟的就业压力。世界野生动物基金会（WWF）研究认为，环境友好型产品和服务的全球市场将呈现强有力的增长趋势，预计将从当前的9500亿欧元拓展到20万亿欧元，由此也将促进在可再生能源、能源效率以及替代交通方式领域就业的迅速发展。对欧盟成员国来说，其在上述领域的明显优势将大大提高欧盟各行业的平均就业率。在欧盟的支持下，由欧洲能源经济集团、ECOFYS等机构主持的“可再生能源政策对欧盟经济和就业的影响”研究项目报告认为，可再生能源的发展对于欧盟经济的发展和促进就业发挥了很大的作用（见图2－3）。在欧盟进行的模拟研究结果显示，即便在当前

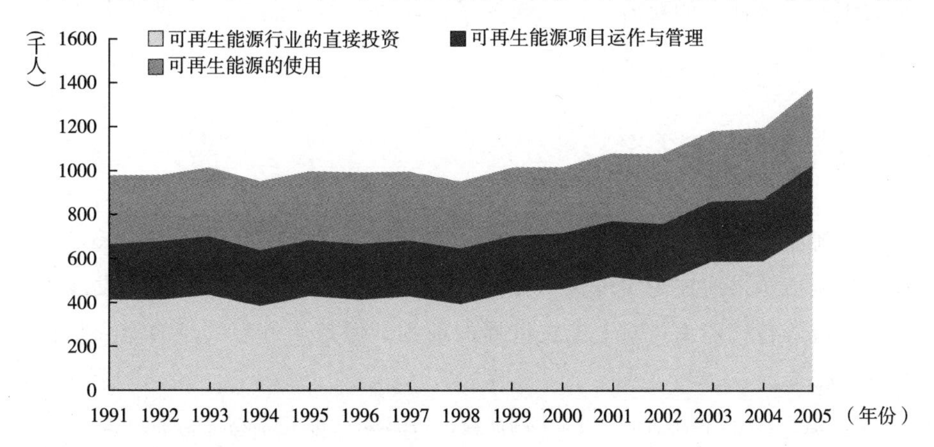

图2－3　1991～2005年间可再生能源行业为欧盟创造的累计就业岗位

资料来源：Mario Ragwitz et al.，*Employ RES*：*The Impact of Renewable Energy Policy on Economic Growth and Employment in the European Union*（Fraunhofer ISI，Ecofys，Energy Economics Group，Inga Konstantinaviciute and Société Européenne d' Économie，2009），p. 53。

---

① Nick Robins et al.，*A Climate for Recovery*：*The Colour of Stimulus Goes Green*（HSBC Global Research，2009），pp. 2－3.

的气候政策下，2010 年发展可再生能源将给欧盟增加 95 万个工作机会，到 2020 年达到 140 万个。倘若欧盟采取更加积极的措施，其创造的工作机会 2010 年将达到 170 万个，2020 年达到 250 万个。[①]欧洲可再生能源委员会也在 2007 年声称，倘若将 2020 年可再生能源在欧盟能源消耗中的比例提高到20%，由此而产生的“绿色”工作机会将超过200 万个。[②]也正是在绿色经济发展和提高就业率的驱动下，2009 年 10 月，欧盟委员会在发布的《战略性能源技术计划》（SET - Plan）中表示，2010 ~2020 年间欧盟将加大对替代能源的投资，其中太阳能技术项目 160 亿欧元、城市智能电网建设 110 亿欧元、风能技术项目 60 亿欧元、核能技术项目 70 亿欧元、生物质和其他废弃物能源技术研究 90 亿欧元、碳捕捉和封存技术研究 130 亿欧元，[③]目前正在酝酿制定 2030 年气候目标和相应的“能源与气候变化”一揽子立法，表现出在应对气候变化上前所未有的积极性。

正如欧盟委员会的磋商文件所言，对气候变化无所作为产生的巨大成本促使欧盟领导人准备采取大量的政治、社会和经济努力来实现欧盟经济的转型，这一转型将成为欧盟经济现代化的重要一步，其将引起对技术的新需求和经济社会的新需要，气候技术创新也将带来新的经济增长和工作机会。[④]

二 缓解能源安全

能源是所有人类活动发展的基础。对欧盟来说，要确保经济的长足发展，保证能源供应成为实现这一目标的首要前提条件。欧盟虽然在发展可再生能源等替代能源技术上走在世界的前列，但是从目前欧盟的能源结构

---

① Meera Ghani - Eneland et al, *Low Carbon Jobs for Europe*: *Current Opportunities and Future Prospects* (Gland: World Wide Fund for Nature, 2009), p. 10.

② EREC, *Renewable Energy Technology Roadmap up to* 2020 (Brussels: European Renewable Energy Council, 2007), p. 12.

③ Commission of the European Communities, *Investing in the Development of Low Carbon Technologies* (*SET - Plan*), COM (2009) 519 Final, Brussels, 7. 10. 2009, pp. 4 - 7.

④ Commission of the European Communities, Communication From the Commission to the European Parliament, the Council, the European Economic and Social Committee and the Committee of the Regions, *20 20 by 2020*: *Europe's Climate Change Opportunity*, COM (2008) 30 Final, Brussels, 23. 1. 2008, p. 2.

和能源消耗来看，保障欧盟的能源供应安全仍面临着巨大的挑战。

1. 欧盟对化石燃料的过度依赖和能源需求的剧增

如前所述，自20世纪70年代石油危机爆发以来，欧盟吸取教训，开始采取多种措施发展替代能源，尽量降低对煤、石油等化石能源的依赖。虽然这些措施取得了一些成效，但是欧盟对能源的巨大需求使得可再生能源等替代能源在欧盟能源总消费中的份额依然较小。2004年欧盟15国的能源结构与1990年相比变化并不十分明显（见图2－4）。

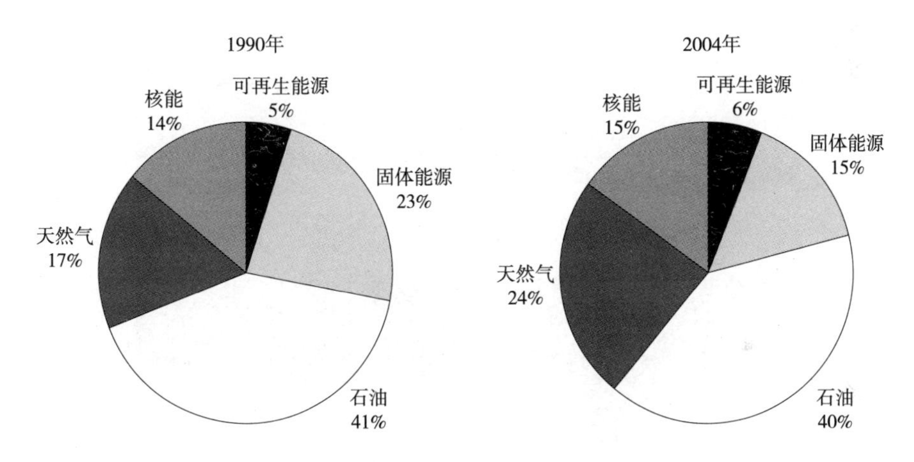

图2－4　欧盟1990年与2004年能源结构比较

资料来源：International Energy Agency, *IEA Energy Policies Review*: *The European Union 2008* (Paris: International Energy Agency and Organization for Economic Cooperation and Development, 2008), p. 21。

根据欧盟统计局（Eurostat）的数据，在1990～2007年间，核能、可再生能源等在欧盟总的能源消费中的份额已经有明显提升，但石油、天然气和煤炭等化石燃料仍是欧盟主要能源来源（见图2－5）。2006年，在欧盟的一次性能源消费中，石油、天然气、固体燃料（主要是煤炭）分别占36.9%、24%和17.8%，核能、可再生能源以及其他替代能源则分别占14%、7.1%和0.2%。[①]此外，根据欧盟委员会气候变化研究工作组的预测，到2030年，石油在欧盟总能源消耗中的份额仍据主导地位，将达到

① European Commission, "EU Energy in Figures 2007/2008", p. 12, http://ec.europa.eu/dgs/energy_transport/figures/pocketbook/doc/2007/2007_energy_en.pdf. 最后登录时间：2014年9月13日。

33.8%，天然气占27.3%，固体能源达到15.5%，可再生能源和核能分别占12.2%和11.1%。[①]因此，获得充足的能源供应就成为实现能源安全的重要议题。与此同时，经济与货币联盟的建成以及欧盟民众生活水平的进一步提高也加大了欧盟对能源的需求。然而对欧盟来说，成员国总体的资源禀赋不高，据统计，欧盟成员国拥有世界石油探明储量的0.6%，天然气储量的2.0%，加上欧盟有限的能源生产能力，因此欧盟对能源的需求不得不依赖进口，这也导致了欧盟在实现能源安全中的另一挑战，对进口能源的严重依赖。

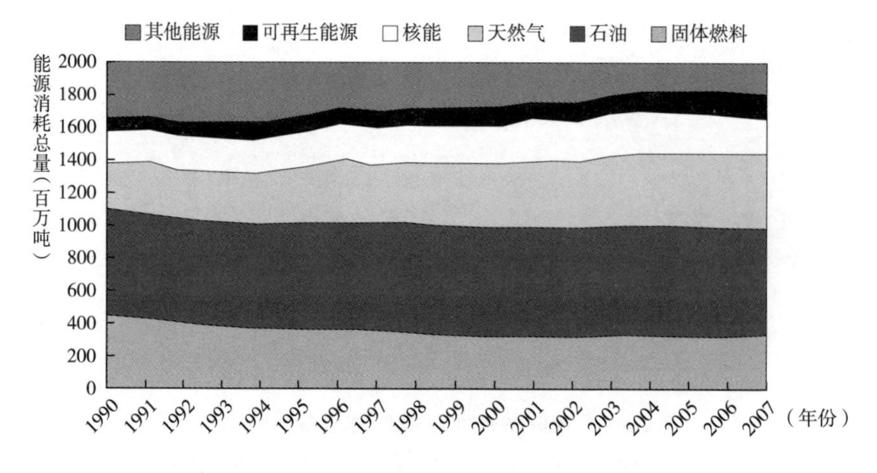

图2-5　1990~2007年欧盟主要能源消费走势

资料来源：European Commission，“EU Energy in Figures 2010”，p.41，http：//ec.europa.eu/energy/publications/doc/statistics/ part_ 2 _ energy_ pocket_ book_ 2010.pdf。最后登录时间：2011年4月2日。

2. 对进口能源的严重依赖

鉴于欧盟内较低的资源禀赋和有限的能源生产能力以及经济发展对能源需求的剧增，欧盟对进口能源的依赖不仅没有因为1973年石油危机以来采取的各种措施而下降，反而有所上升。在欧盟一次性能源消费中大约有一半来自欧盟内部，另外一半源于进口，并且进口能源在欧盟能源消费中

---

① Commission of the European Communities，*Commission Staff Working Document*：*Annex to the Green Paper - A European Strategy for Sustainable*，*Competitive and Secure Energy*，*What Is at Stake* - Background Document，SEC（2006）317/2，2006，p.11.

的份额呈日渐上升的趋势。根据欧洲环境署（EEA）的统计，欧盟进口的天然气、煤炭和原油在欧盟一次性能源消费中所占的比例已由2000年的50.8%增加到2005年的54.2%。[①]在未来的二三十年中，进口能源占欧盟总需求的比例仍将上升，预计会由现在的50%左右提高到70%。[②]依靠进口能源满足经济发展已是欧盟不得不面临的现实之一。

因此对欧盟来说，要确保经济的稳定发展和生活水平的继续提升，首先就是保障进口能源的稳定，实现能源安全。从能源进口的总量看，石油、天然气是欧盟进口的主要化石能源（见图2－6）。石油在欧盟能源总

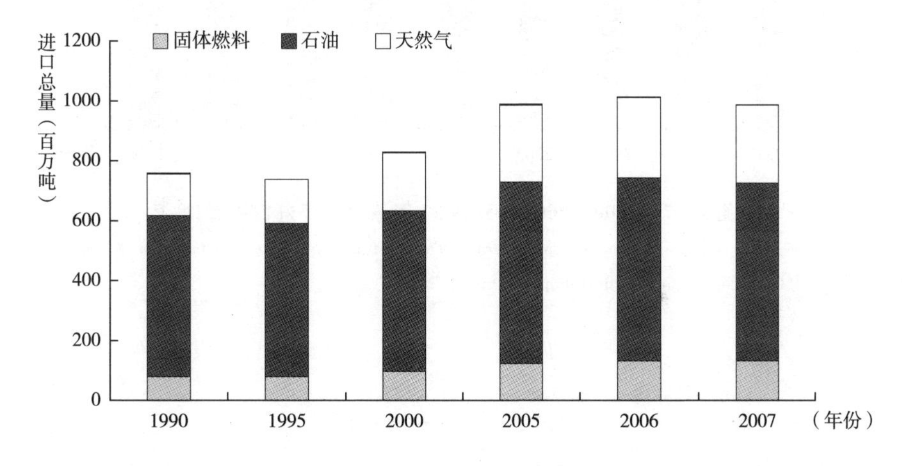

图2－6　欧盟27国进口能源一览

资料来源：European Commission, *EU Energy and Transport in Figures 2010* (Luxembourg: Publications Office of the European Union, 2010), p. 54。

消费中占据的份额最大，也是欧盟交通运输业使用的主要能源，2006年欧盟27国83.6%的石油源于进口，主要来自俄罗斯联邦、中东、挪威和北非（见图2－7）。天然气是欧盟消耗的第二大能源，2006年60.8%依靠进口，并主要来自俄罗斯、挪威和阿尔及利亚（见图2－8）。核能原本是发展潜力巨大的能源，但由于1979年美国三里岛事故和1986年苏联的切尔诺贝利泄漏事件使欧盟对核能的开发还存有很大的怀疑，此次日本福岛核

① European Environmental Agency, *Energy and Environment Report 2008* (Luxembourg: Office for Official Publications of the European Communities, 2008), p. 37.

② Commission of the European Communities, Green Paper: *A European Strategy for Sustainable, Competitive and Secure Energy*, COM (2006) 105 Final, Brussels, 8. 3. 2006, p. 3.

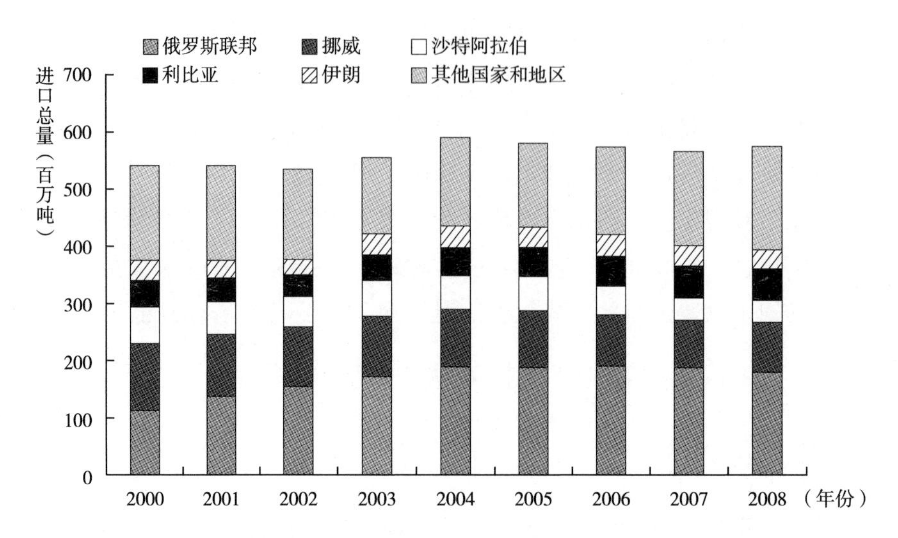

图 2－7　2000～2008 年欧盟 27 国原油主要进口来源地

资料来源：European Commission，*Energy*，*Transport and Environmental Indicators*（Luxembourg：Publications Office of the European Union，2011），p. 40。

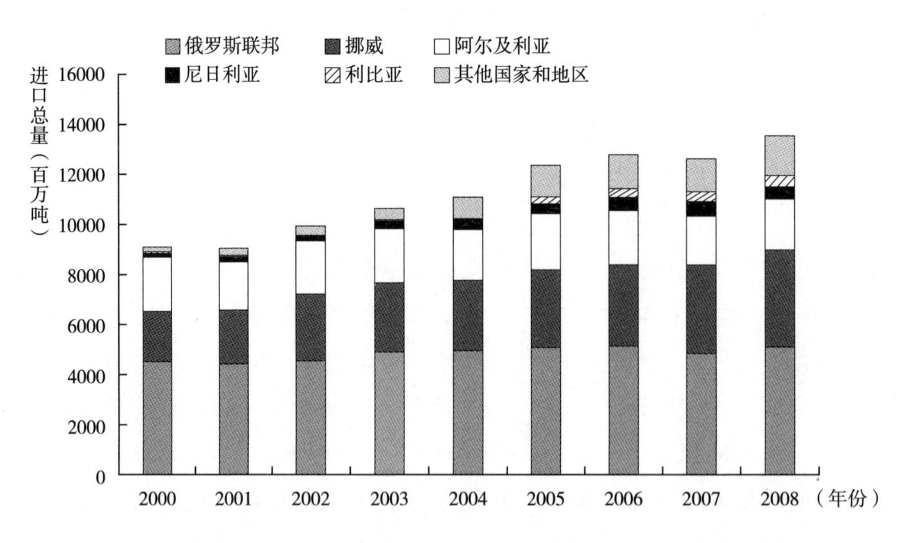

图 2－8　2000～2008 年欧盟 27 国天然气主要进口来源地

资料来源：European Commission，*Energy*，*Transport and Environmental Indicators*（Luxembourg：Publications Office of the European Union，2011），p. 40。

电站危机将使欧盟在发展核能问题上更为谨慎。而可再生能源目前在欧盟和世界能源的消耗中仍占很小的比例。总之，欧盟的能源现状表明，任何一种单一的能源都将难以满足欧盟对能源的巨大需求。一个无可回避的事实是欧盟将不得不严重依赖进口渠道来满足其能源需求。为此，欧盟极力通过展开与俄罗斯、里海以及中东国家的能源外交来实现欧盟能源进口的多元化，但是地缘政治的现状使欧盟的外部能源和能源安全面临很大的挑战和冲击。

首先，俄罗斯对欧能源出口的日益政治化。俄罗斯是欧盟最大的能源出口国，欧盟石油、天然气进口的大部分来自俄罗斯。然而随着俄罗斯经济的复兴，能源出口越来越成为增加其国际影响和提高其国际地位的重要工具，能源出口在欧俄关系中呈现日益政治化的趋势。在 20 世纪 90 年代俄罗斯经济和政治转轨的进程中，俄罗斯对欧盟的能源供应主要是经济合作问题，然而随着俄罗斯的复兴和对西方希望的幻灭，能源越来越成为俄罗斯推行外交的辅助手段。在普京政府时期，欧盟对俄罗斯的能源依赖已经成为后者获取政治和经济收益的筹码，[①]这使欧盟能源安全存在重大隐患。2006 年俄乌天然气价格之争凸显了欧盟对俄能源过度依赖带来的脆弱性问题，使能源安全迅速成为欧盟关注的重要议题之一。事实上，部分欧盟国家已经尝到过多依赖俄罗斯能源造成的恶果。2003 年 1 月，以拉脱维亚政府拒绝将能源设备出售给俄罗斯一家能源公司为导火索，俄罗斯关闭了通往拉脱维亚维茨皮尔斯（Ventspils）出口港的石油供应。2006 年 7 月，俄罗斯又关闭了另一条供给拉脱维亚最大炼油厂——纳法特公司（Mazeikiu Nafta）的石油线，与关闭维茨皮尔斯出口港石油供应的原因如出一辙。因此，欧盟极为担忧未来俄罗斯会将能源作为政治武器，威胁欧盟的能源安全。此外，俄罗斯政府通过收购欧盟成员国政府能源公司和基础设施等方式增加欧盟对俄罗斯能源依赖程度的战略意图更使欧盟对能源安全感到担忧，欧盟需要其他能源途径来缓解过度依赖俄罗斯能源带来的安全风险。

其次，里海尚不确定的法律地位。自 19 世纪以来，围绕着里海的管辖

---

① Zeyno Baran, "EU Energy Security: Time to End Russian Leverage", *The Washington Quarterly* 30 (2007): 132.

问题，俄罗斯与伊朗之间存在一定的分歧，当时双方争执的中心是商业和贸易出海口的问题，并且在20世纪双方签订了一系列的协定来处理对该地区的管理。然而随着近几年来在里海地区发现丰富的石油储备，加上全球对能源的急剧需求，里海问题重新成为伊朗与俄罗斯争执的议题。对欧盟来说，里海的石油储备不仅对实现欧盟的能源多元化战略具有重要的意义，而且该地区还是欧盟能源进口的重要中转站，由哈萨克斯坦、阿塞拜疆、土库曼斯坦等中亚国家输往欧盟的石油和天然气都需经过里海地区。伊朗、俄罗斯等国围绕着里海能源划分所进行的博弈不仅使欧盟从里海地区获取能源进口的战略难以顺利实施，也导致经由里海、俄罗斯输往欧盟的石油和天然气的供应受到一定程度的影响，如何保证过境能源线路的安全和获取该地区的能源是欧盟面临的挑战之一。

再次，中东地区形势不明朗。中东是全球最重要的化石能源产地，是世界上最大的已探明石油和天然气储备库，也是欧盟、美国和亚太地区能源供应的主要来源。鉴于地理上的相近，大多数中东国家与欧盟成员国建立了紧密的合作关系，欧盟也是不少中东国家石油和天然气出口的对象。为保证能源供应，近几年来欧盟极力促使双方的关系，特别是与地中海沿岸、波斯湾周边国家以及石油输出国组织成员国关系的机制化。为此，欧盟与13个北非和东地中海国家启动了欧盟－地中海能源伙伴关系行动计划，①计划到2010年建立自由贸易区，尤其是能源自由市场。尽管如此，中东动荡的地区形势对欧盟能源进口的稳定性产生着消极的影响：①伊拉克局势的不稳定。自2003年美国入侵伊拉克以来，伊拉克局势虽没出现大的变故，但是总体国内局势仍不稳定。欧盟从伊拉克进口的能源虽不占主导地位，但是作为中东地区最主要的产油国之一，其国内变局对中东和国际能源价格影响重大，是欧盟能源供应的不稳定因素之一。②伊朗核问题的困扰。伊朗是欧盟在中东地区主要的能源进口国家之一，2006年欧盟进口石油的6.4%来自伊朗。然而因和平利用核能和发展核武器问题，伊朗和西方国家的关系紧张，欧盟虽极力斡旋，试图尽快解决该问题，但是困

---

① 13个北非和东地中海国家涵盖了欧盟在中东地区的大多数能源合作伙伴，包括阿尔及利亚、塞浦路斯、埃及、以色列、约旦、黎巴嫩、利比亚、马耳他、摩洛哥、巴勒斯坦权力机构、叙利亚、突尼斯和土耳其等，其中塞浦路斯和马耳他已于2004年5月成为欧盟成员国。

难重重，这不仅影响欧盟与伊朗的合作关系，也影响欧盟能源的安全供应。③中东、北非最近的急剧动荡。2011 年以来，以突尼斯“茉莉花革命”为开端，要求改革和民主化的群众抗议和游行在中东、北非引起连锁反应。先是埃及骚乱导致总统穆巴拉克的下台和埃及局势不稳，此后又扩展到利比亚和也门等邻国。在外部势力的影响和干预下，利比亚和也门政府与反对派僵持不下，国内局势不断恶化。与此同时，其他中东、北非国家，如叙利亚、黎巴嫩和约旦等国的局势也不平静。这些国家或是欧盟能源的直接进口国，或是进口国的邻国，从而给欧盟的能源进口带来新的变数。

总之，面对能源需求的持续增加和对进口能源依赖的加深，欧盟通过实施多元化的能源战略已经越来越难以解决备受压力的能源供应问题。因此，欧盟急需新的方式来缓解能源供应不安全带来的压力和风险。在欧盟能源生产能力有限，国际能源供应短期内难以实现多元化的情况下，减少能源消耗、提高能效和发展替代能源成为欧盟的有效选择，而应对气候变化，推行积极的气候政策为实现上述目标提供了条件。通过应对气候变化，加大对气候友好型技术的投资，发展风能、太阳能、地热等可再生能源，欧盟不仅能进一步提高能源效率，减少能源消耗和对进口能源的依赖，实现欧盟的能源安全，而且有利于减少二氧化碳等温室气体的排放，降低环境污染，提高人们的总体健康水平。正是基于此种考虑，欧盟在应对气候变化上立场积极。

三　推动欧洲一体化的发展

欧洲一体化是“二战”后特定历史条件下的产物，它不仅改变了欧洲国家之间的传统关系模式，使欧洲国家之间的战争变得越来越不可能，而且其一体化的发展模式成为世界其他地区推进一体化仿效的样板。冷战结束后，欧洲一体化不仅没有终止反而获得了飞速的发展。可以说，当气候变化问题出现在欧盟政治议程之时，正值欧洲一体化获得突飞猛进发展之日，气候变化问题的跨国性和全球公共属性也使欧盟希望借助一体化进一步推进欧盟机构在环境政策的管辖权和促使欧洲一体化拓展新的政策领域和更多政策领域的超国家治理。[①]因此，欧盟机构（欧盟委员会）从一开始就提出在欧盟层面上应对气候变化，并先后提出欧盟共同气候政策目标、征收欧盟范围内的碳能源混合税、建立欧盟温室气体监测机制和以一个整体参与国际气候谈判等政策建议。然而在经历了20世纪90年代欧洲一体化的快速发展之后，成员国对主权向欧盟机构的过快转移开始感到担心，尤其是一体化开始触及共同外交与安全、司法与内务合作等欧盟成员国比较敏感的政策领域。进入21世纪，欧洲一体化的发展速度明显放慢，甚至完全出现停滞下来的情况。

第一，欧盟制宪进程曲折发展。20世纪90年代末，随着越来越多的中东欧国家申请加入欧盟，为应对扩大对欧盟带来的制度冲击，提高欧盟机构的运作效率和增加欧盟在世界上的影响，欧盟首脑开始酝酿制定一部宪法。2002年3月，欧盟成立了由法国前总统吉斯卡德·德斯坦（Giscard d' Estaing）担任主席的“制宪委员会”，并于2003年7月向欧洲理事会提交了长达240页的《欧盟宪法条约草案》。在此基础上，欧盟成员国经过内部磋商和谈判于2004年10月签署《欧盟宪法条约》并交由成员国批准。然而2005年5月和6月，法国和丹麦先后以全民公决的方式否决该条约，欧盟制宪进程不得不暂时搁置起来。时隔两年之后，在轮值主席国德国的努力下，2007年6月的欧盟首脑峰会经过艰难的内部博弈，最终提出了包含《欧盟宪法条约》主要内容和精神的简化版新条约——《里斯本条约》。然而2008年6月爱尔兰又全民公投否决该条约，欧盟制宪进程再次遭遇重大危机，尽管此后欧盟各国经过多方的努力，最终使《里斯本条约》在2009年12月正式生效，但制宪问题昭示出一个无可回避的事实就是当前欧洲一体化发展缺乏足够的动力。

第二，欧盟机构合法性的下降。如前所述，欧盟成员国原本对冷战后管辖权向欧盟机构的过快转让持怀疑和反对态度，并借助《单一欧洲法令》规定的“辅助性原则”（Subsidiary Principle）来减缓这一趋势。与此同时，欧盟机构的表现也使成员国和欧洲民众对一体化的信心下降，欧盟面临合法性危机。首先，1999年3月欧盟委员会委员集体辞职。集体辞职

---

① Marte Gerhardsen, *Who Governs the Environmental Policy in the EU? A Study of the Process Towards a Common Climate Target* (Oslo: Center for International Climate and Environmental Research, 1998), p. 26.

的直接原因是“独立专家委员会”的调查报告结果显示桑特领导下的欧盟委员会存在舞弊严重、任人唯亲、财务管理不当的现象，而且20名委员中有10人牵涉其中，面对来自欧洲议会及其主要党团的压力，委员会决定主动辞职。该事件不仅导致欧盟在1999年科索沃危机中协调能力低下，而且也使欧盟2000年议程的后期谈判受到一定的影响，更使欧盟机构的可信度和合法性受到很大地削弱。[①]其次，欧盟机构与成员国关系的紧张。欧洲政策研究网络（EPIN）对2004～2009年欧盟委员会进行的研究发现，欧委会虽依旧处于欧盟政策决策的核心位置，但是自2004年以来其政治地位已经受到削弱。欧盟委员会越来越成为实现欧盟中大国利益的工具，甚至有时是以牺牲小国的利益为代价，由此也导致在很多具体的议题上与欧盟成员国的矛盾日渐上升。[②]再次，欧盟在2008年爆发的国际金融危机中缺乏领导和协调作用。由美国次贷危机引发的国际金融危机对欧盟经济予以重大打击，在危机爆发后欧盟机构（尤其是欧盟委员会）没有及时发挥其应有的作用，成员国各自为政，推行“以邻为壑”的应对措施，导致欧盟经济遭受了更大的重创。许多欧盟成员国和国民指责欧盟在应对危机中措施不当，缺乏指导作用。根据欧洲晴雨表（Eurobarometer）在2004年夏天和2008年春天进行的民意测验显示，民众对欧盟委员会的评价总体下降（见图2－9）。

因此，欧盟需要新的动力来推动欧洲一体化的发展和提高其存在的合法性，需要找到能够让欧洲国家和民众与欧盟紧密联系起来的议题，而应对气候变化正是这样的议题之一。首先，应对气候变化属于典型的国际公共合作问题，单凭任何一国的力量都难以解决。对欧盟成员国来说，要成功的参与国际气候合作，提高欧盟的发言权和地位，成员国首先要实现良好的协调与合作，需要确立一致的气候谈判立场，这为欧委会将一体化拓展到气候政策领域提供了条件。其次，欧洲民众对在欧盟层面上采取气候

① 桑特委员会辞职给欧盟委员会信任度和名声的影响可参见：Angelina Topan，“The Resignation of the Santer－Commission：the Impact of ‘Trust’ and ‘Reputation’”，*European Integration online Papers* 6（2002），http：//eiop.or.at/eiop/texte/2002－014a.htm。最后登录时间：2010年9月10日。

② Piotr Maciej Kaczyński et al.，*The European Commission 2004－09：A Politically Weakened Institution? Views from the National Capitals*（Brussels：European Policy Institute Network，May 2009），p. 1.

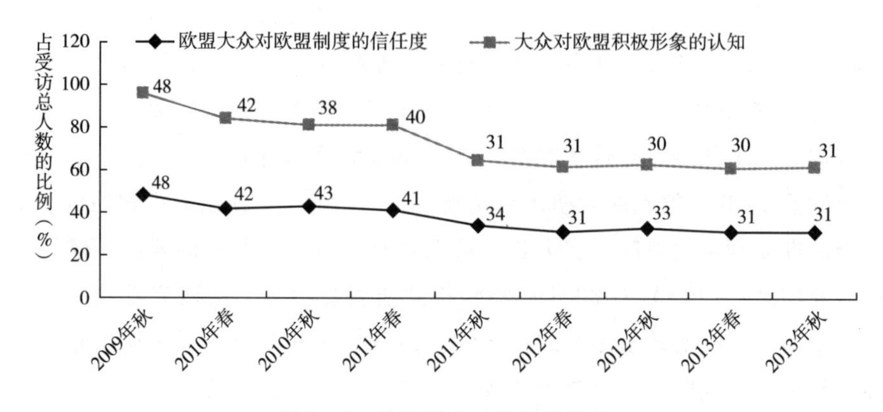

图 2-9　欧洲民众对欧盟的评价

资料来源：Eurobarometer，Standard Eurobarometer 72 - 80（Autumn 2009 - Autumn 2013），available at http：//ec. europa. eu/public_ opinion/archives/eb_ arch_ en. htm. 最后登录时间：2014 年 8 月 5 日。

变化应对措施的支持。长期以来，环境保护在欧盟受到公众的支持关注。气候变化问题出现在欧盟政策议程之初，欧洲公众对气候变化仍存有一定的疑惑，但是随着联合国气候变化政府间委员会（IPCC）分别在 1990 年、1995 年、2001 年和 2007 年发布四份评估报告和 2006 年英国财政部发布《斯特恩报告》以及美国前总统阿尔·戈尔（Al Gore）自编自导的气候变化纪录片——《难以掩盖的真相》在全球的上映，欧盟公众认为气候变化已经成为不容置疑的现实，主张在欧盟层面上采取应对气候变化措施的呼声日益高涨。2008 年欧盟委员会进行的民意调查显示，气候变化是继贫苦问题之外欧洲民众最为关心的议题，超过 50% 的被调查者表示了解气候变化问题，62% 认为全球气候变化是世界面临的最严重的问题，58% 的民众认为欧盟应对气候变化的措施还远远不够，支持在欧盟层面上采取更多的气候政策和措施。[①]再次，气候变化对欧盟来说不仅仅是国际公共问题合作，而且也是影响其内部团结的因素之一。比利时欧洲政策研究中心（CEPS）的研究表明，气候变化将对所有欧盟成员国产生不小的影响，但会因地理位置的不同而有很大的差异，不同成员国受气候变化影响下的程

① Eurobarometer，"Europeans' Attitudes towards Climate Change"，Special Eurobarometer 300，September 2008，http：//ec. europa. eu/public _ opinion/archives/ebs/ebs _ 300 _ full _ en. pdf. 最后登录时间：2010 年 9 月 10 日。

度不同。因此，作为一个整体应对气候变化不仅符合欧盟及成员国的利益，而且也成为事关欧盟团结的重要问题。[①]

所有上述因素都促使欧盟在国际气候谈判中充当主导者和领导者，在欧盟内部积极落实其做出的气候承诺。正如一些欧洲学者所言，推行积极的气候政策和进行环境保护，建立一个“绿色的欧洲”已成为保持欧盟政体合法性的重要方式。[②]欧盟贸易委员彼得·曼德尔森（Peter Mandelson）说得更为直白，在其撰写的小册子——《全球化时代的欧盟》中指出，欧盟是管理全球化的最佳工具，声称气候变化和能源安全是欧盟21世纪的主要目标，其也能够成为欧盟继续存在的理由。[③]

四　欧盟社会各界的积极推动

如本书第一章所言，气候变化出现之初，欧盟和世界其他地区国家的反应没有太大的区别，特别是与美国相比，欧盟对待气候变化的态度还要消极一些。但是随着气候科学研究的发展，欧盟很快就转变了态度和立场，积极在国际应对气候变化的努力中发挥主导作用，主要原因在于欧盟的多层社会结构。与其他单一国家不同，欧盟能够获得联盟层面、国家层面和次国家层面等多层面强有力的推动。

1. 联盟层面

在联盟层面上，欧盟委员会和欧洲议会是气候政策的积极推动者。作为欧洲一体化中欧盟集体利益的代表，欧盟委员会和欧洲议会希望不断提升其在欧洲一体化中的地位和影响，大力推进一体化的发展，并充分利用所有机会来促进这一趋势的发展。因此对于应对气候变化给其带来的机遇，欧盟委员会和欧洲议会自然要大加利用。

---

① Arno Behrens, Anton Georgiev and Maelis Carraro, *Future Impacts of Climate Change across Europe* (Brussels: Centre for European Policy Studies, 2010), p. 15.

② Andrea Lenschow and Carina Sprungk, “The Myth of a Green Europe”, *Journal of Common Market Studies* 48 (2010): 151.

③ Vanden Brande, “EU Normative Power on Climate Change: A Legitimacy Building Strategy?”, p. 10. http://www.uaces.org/pdf/papers/0801/2008_ VandenBrande.pdf. 最后登录时间：2010年5月8日。

（1）欧洲议会

欧洲议会是欧盟环境政策的积极支持者，并主张大力推行欧洲层面的政策措施。然而与成员国议会不同，欧洲议会没有任何的立法权，只能借助欧盟条约赋予的“咨询程序”（Consultation Procedure）获得立法知情权。尽管如此，欧洲议会将关注点集中在环境政策特定领域，采取特别的手段间接影响欧盟环境政策制定，气候政策便是这样的领域之一。欧洲议会影响欧盟气候政策的方式主要有两种。

一是通过欧洲议会决议。这是欧洲议会影响欧盟政策议程最重要也是最直接的方式。尽管欧洲议会决议对欧盟及成员国不具有强制的约束力，但是这些决议的通过将引起欧盟其他机构和成员国对决议涉及问题的重视，特别是欧洲议会议员自 1979 年以来通过直选产生，其决议在一定程度上代表了欧洲民众的心声，这也使欧盟及成员国不得不给予一定的重视，从而赋予了欧洲议会塑造欧盟政策议程的能力。欧洲议会是第一个在政治上讨论气候变化的欧盟机构，正是提交给欧洲议会的“菲兹斯曼司报告”和在该报告基础上欧洲议会通过的决议使得欧盟开始重视气候变化问题。在此之后，欧洲议会的多个决议进一步提升了欧盟委员会等其他欧盟机构和成员国对气候变化的关注力度，一定程度上促使欧盟理事会决定确立欧盟共同气候政策目标。在美国退出《议定书》之后，欧洲议会又通过决议，一方面谴责美国不负责任的行径，另一方面号召在保持《议定书》框架的同时争取让美国重新回到国际气候谈判中来，事实证明欧盟正是采取了这样的基本策略。2005 年 1 月欧洲议会通过决议提出应将全球平均气温上升不超过 2℃转化为工业化国家具体的减排目标。作为对欧洲议会的积极回应，两个月之后该决议的内容被写进欧盟理事会主席声明（Presidency Conclusions）中。[①]

二是发布“自我倡议报告”（Own - initiative Report）。在提升自身地位的过程中，欧洲议会逐渐找到了一种影响欧盟决策的新方法，即欧洲议会常就其关注的某一问题进行研究，提出解决办法，然后将研究结果以报告形式在欧盟机构中传阅。这些政策建议有时会对欧盟最终的政策结果产

① Miranda A. Schreurs and Yves Tiberghien, “Multi - Level Reinforcement: Explaining European Union Leadership in Climate Change Mitigation”, *Global Environmental Politics* 7 (2007): 36.

生很大的影响，甚至可能构成对欧盟委员会独享立法倡议权的挑战。[①]气候变化问题作为重要议题之一，欧洲议会先后发布了一系列的“自我倡议报告”，推进欧盟气候政策的向前发展。[②]

（2）欧盟委员会

欧盟委员会是欧盟气候政策的坚定支持者和推动者。当气候变化进入国际政治和欧盟政策领域之后，欧委会很快就意识到了气候变化的一体化含义，因而从一开始就主张在欧盟层面上采取应对措施，并利用欧盟条约赋予的管辖权限以及在欧盟机构和成员国中的影响推动欧盟共同气候政策的建立和发展。

首先，欧盟委员会独享的立法倡议权不仅导致了欧盟共同气候政策的确立，并且随着形势的发展为其增加了新的内容。1988 年，欧盟委员会发布的“温室效应与欧洲共同体”磋商文件开启了欧盟社会各界对欧盟气候政策的大讨论。在此之后，欧盟委员会利用其在欧盟立法中的独特权利——独享的立法倡议权促使欧盟部长理事会对其所提出的一揽子计划建议进行了讨论，虽然欧盟理事会最终通过的气候政策措施与欧委会最初提出的建议相比大大缩水，但是在欧委会的努力下，欧盟开始酝酿建立共同气候政策，并且把确立在气候领域的主导地位作为欧盟及成员国最终的奋斗目标。基于欧盟委员会提出的政策建议和倡议，欧盟在《公约》的谈判过程中提出了稳定温室气体排放的政治目标。在《议定书》谈判时期，欧委会又提出了欧盟共同减排目标，并提出在欧盟中根据成员国国情而承担不同的排放目标，同时欧委会也是欧盟责任分摊协议能够取得成功的主要推动者。2001 年《马拉喀什协议》签订后，围绕着欧盟气候政策执行，欧委会先后提出了一系列指令和决定的建议，尤其是 2007 年提出的欧盟“能源与气候变化”一揽子立法建议更是奠定了 2012 年后欧盟气候政策的基础。

其次，欧盟委员会以其特有的专业素养塑造了欧盟及成员国对气候变

---

① Scott MacGregor Delong, The Actual Agenda – Setting Abilities of the European Parliament: The Imprint of EP on European Union Environmental Policy (Paper Presented to the Sixth Biennial International Conference of the European Community Studies Association, Pittsburgh, June 1999), p. 6.

② 截至目前，欧洲议会已发布数十份“自我倡议报告”，详情参见欧洲议会官网：http://www.europarl.europa.eu/news/public/default_en.htm。

化的认识，促进和主导了欧盟积极气候政策的产生和发展。气候变化问题进入欧盟及成员国的政治议程之后，欧盟一方面进行政策研究，以提出磋商文件的形式引起欧盟社会各界对应对气候变化的支持，另一方面又依靠娴熟的协调能力促使欧盟共同气候政策的出台。例如在排放贸易问题，欧盟委员会所发挥的引导作用对成员国态度的改变起到了极为关键的作用，使欧盟从国际排放贸易的强烈反对者转变成为全球范围内推行温室气体限额贸易体系的先驱。欧委会作为气候变化认知共同体主导者的作用是欧盟气候政策形成和发展的重要原因。

2. 成员国层面

正如绪论所言，欧盟气候政策是欧洲一体化第一根支柱下环境政策的一个分支，属于欧盟与成员国的共同管辖领域，加上一体化中“辅助性原则”的存在，欧盟成员国的支持对欧盟气候政策的形成和发展尤为重要。欧洲国家率先注意到环境问题，在欧盟内也出现了一批对环境保护给予积极关注的所谓“绿化”国家。因此当气候变化问题出现之后，这些成员国自然就成为支持欧盟推行积极气候政策的中坚力量。从目前来看，在气候变化问题上欧盟成员国明显的分为三个层次：①对气候政策极为积极的德国、丹麦和荷兰。这些国家是欧盟气候政策的忠实支持者，主张在欧盟层面推行颇具雄心的气候政策。②对欧盟气候政策仍存疑虑但仍积极支持的英国、法国、比利时、芬兰、瑞典等，这些国家总体上赞成欧盟推行积极的气候政策，但是在具体政策的制定方面仍存在一定的疑惑。比如，法国由于核能源在其能源中的较高份额要求欧盟在分摊减排努力时给予应有的考虑，英国一直是应对气候变化问题的积极支持者，但对通过实施共同气候政策而向欧盟转让更多的国家主权尤为敏感和怀疑。③经济发展相对落后的“团结国家”（Cohesion Countries）[①] 及中东欧成员国。由于仍需大力提升经济发展和生活水平，因而担心限排和减排将影响其经济发展，在欧盟气候政策上持一定的消极立场，但是仍表现了对欧盟气候政策的一定支持。

以下因素促使了成员国对欧盟气候政策积极支持：首先，在欧盟气候

① 欧盟为促进成员国地区的均衡发展，建立了专门支持欧盟相对落后成员国发展的“团结基金”（Cohesion Fund）。在《马约》谈判过程中，由于葡萄牙、西班牙、希腊和爱尔兰人均 GDP 低于欧盟平均水平的 90% 而允许获得“团结基金”的支持，四国也被称为“团结国家”。

政策形成之前，部分成员国已在其国内采取了一定的气候变化应对措施。1989 年，荷兰在第一个国家环境政策中提出工业化国家的排放稳定目标。截至 1990 年，欧盟成员国中的德国、丹麦和奥地利已经确立了国内温室气体减排目标。因此这些国家希望将其推广到欧盟乃至国际层面。其次，欧盟机构与成员国对欧盟气候政策主导权的争夺。欧盟气候政策属于欧盟与成员国共同管辖的政策领域，这为成员国参与和主导欧盟气候政策决策过程创造了条件。事实上，在欧盟气候谈判中，不同的欧盟成员国在不同时间内发挥了主导性的作用。例如，荷兰作为轮值主席对 1992 年和 1997 年的议定书谈判影响巨大，英国和德国也分别在 2005 年和 2007 年利用轮值主席的身份进一步推进了欧盟气候政策的发展。[①]

3. 次国家层面

欧洲是市民社会发展相对比较发达的地区，欧盟及其成员国政治体制的运作也为次国家行为体影响欧盟的决策提供了条件。鉴于欧洲是世界上最早对环境问题给予关注的地区之一，欧盟社会各界对环境保护大都持较为积极的态度，因而当气候变化的威胁出现后，欧盟内的次国家行为体对推行欧盟气候政策持积极支持的立场。

首先，公众对气候变化的广泛支持。20 世纪中后期的欧洲人民较高的生活水平促使了后物质主义价值观的传播，从而激发了公众对环境保护的更大支持，这种支持通过政治进程就转变成为促使欧盟国家签订环境保护条约的重要推动力。[②]根据欧洲“晴雨表”进行的民意调查，自 20 世纪 90 年代初以来，欧盟公众对环境、气候变化特别是《议定书》的支持力度不断提升，广度不断扩大。支持将气候变化等环境问题作为欧盟政策优先议程并主张在欧盟层面上采取应对措施的受访者比例 1997 年为 85%，1999 年为 83%，2000 年为 86%，2001 年为 87%，2002 年为 88%，由此足见欧盟公众对欧盟气候政策的支持。[③]

---

① Miranda A. Schreurs and Yves Tiberghien, “Multi - Level Reinforcement: Explaining European Union Leadership in Climate Change Mitigation”, *Global Environmental Politics* 7 (2007): 25.

② Daniel Kelemen, “Globalizing European Union Environmental Policy”, *Journal of European Public Policy* 17 (2010): 337.

③ Miranda A. Schreurs and Yves Tiberghien, “Multi - Level Reinforcement: Explaining European Union Leadership in Climate Change Mitigation”, *Global Environmental Politics* 7 (2007): 29.

其次，欧洲绿党的影响。欧洲绿党最早出现于20世纪70年代的英国，经过二十多年的发展，到90年代中期已成为欧盟内具有一定影响的新兴政治力量，该党以生态环境等非传统政治议题作为其组织纲领的核心。截至目前，欧盟成员国内不仅存在政治纲领多样的绿党，而且部分欧洲绿党还通过选举方式进入了成员国的中央政府，实现与传统政党的联合执政。[①]虽然进行的研究表明，欧洲绿党的联合执政更多意味着生态政治原则的进一步妥协而非现实政治的“绿化”，但是传统的主流执政党在绿党的竞争压力面前将不得不对气候变化等环境问题给予更多的重视。对欧洲政治领导人来说，随着绿党在各国选举体系中的日渐成熟，无视欧洲公众对气候变化等环境问题的担心将使其付出重大的国内政治代价。事实也证明环境导向越明显的成员国越有实现欧盟责任分摊协议规定气候目标的意愿和行动，[②]绿党在其中的推动作用不可忽视。

再次，大多工商业利益集团的推动。20世纪90年代初，欧盟在酝酿共同气候政策的过程中，欧洲的工商业集团表现出了对欧盟率先承诺减排目标的反对，并建立起强有力的游说集团规劝欧盟及成员国政府，认为其将严重威胁欧盟工商业的发展。但是面对欧洲公众对环境保护的普遍重视和支持以及可能的欧盟立法，许多欧盟工商业集团转变思想，很快接受了京都气候机制的框架，并率先采取了不少措施。很多公司先后加入可持续能源商业委员会、欧洲风能协会以及国际热电联盟等主张采取气候变化行为的民间组织。1997年，英国石油公司（BP）率先公开宣布采取应对气候变化预防措施的必要性。同年，壳牌集团（Shell Group）开辟第五个核心商业领域——建立壳牌可再生能源国际公司，计划在接下来的五年内投资5亿美元用于可再生能源的开发。[③]在《议定书》谈判过程中，奥地利国家石油公司（OMV）宣布支持欧盟提出的15%的减排目标。荷兰皇家壳牌石油公司在2000～2002年

---

① 欧洲绿党的发展现状可参见郇庆治《欧洲绿党研究》，山东人民出版社，2000；〔德〕费迪南·穆勒－罗密尔和托马斯·波古特克主编《欧洲执政绿党》，郇庆治译，山东大学出版社，2005。

② Christian B. Jensen and Jae – Jae Spoon, “Testing the ‘Party Matters’ Thesis: Explaining Progress towards Kyoto Protocol Targets”, *Political Studies* 59 (2011): 110.

③ Jon Hovi et al., “The Persistence of the Kyoto Protocol: Why Other Annex I Countries Move on without the United States”, *Global Environmental Politics* 3 (2003): 13.

启动了公司内部排放贸易体系，所有这些都为欧盟推行积极的气候政策创造了良好的基础和条件。

最后，环境非政府组织对欧盟气候决策的影响。20 世纪 60 年代以来，在新政治运动和新社会运动的影响下，欧盟内出现了大量积极活动的非政府组织。在气候变化问题上，欧盟内也出现了数量不少的环境非政府组织。在全球层面上有国际气候行为网络（CAN），其是全球最主要和最有影响的气候变化支持网络，拥有 100 多个成员组织。在欧洲层面上有所谓的“绿九”联盟（Green 9 Group），其由国际鸟类保护组织（Birdlife International）、欧洲气候行为网络、欧洲环保署、世界自然基金会欧洲办公室、欧洲地球之友（Friends of Earth Europe）、绿色和平组织（Greenpeace）等组成。这些组织已获得了在欧盟政策决策中的咨询地位，加上该联盟的大多数均从欧盟委员会获得活动资金支持（绿色和平组织除外），因而较少受欧盟成员国的影响，能够更加积极地开展活动和支持在欧盟层面推行积极的气候政策。

可以说，在气候变化的威胁面前，经济利益的考虑，实现能源安全，推动欧洲一体化的发展以及欧盟社会各界的支持是欧盟气候政策形成和发展的内在动因，也是根本动力。

第二节 欧盟气候政策形成和发展的外在动因

如前所言，当全球气候变化进入国际政治议程之后，欧盟最初反应尚不及美国等其他工业化国家积极，然而短短几年内，欧盟对气候问题的认识迅速改观并成为国际气候谈判的最早发起者和气候领域的领导者。归结其原因，除了来自欧盟内部的各种动力外，诸多外部因素在一定程度上也起到了重要的作用。

一 国际气候博弈格局和国际气候机制的影响

根据肯尼斯·华尔兹的结构现实主义理论，国际体系结构是国家行为选择的重要决定因素，在一定意义上甚至是国家行为的直接根源。欧盟气候政策不仅具有内在向度，同时也具有外在向度，加上欧盟气候政策的制定是在特定的国际和国内条件下形成的，因而不可避免地要受到国际气候博弈格局和国际气候机制演变的影响。

1. 国际气候博弈格局

从国际体系结构的发展来看，气候变化进入国际政治领域之际正值世界新旧格局交替的过渡时期。20 世纪 80 年代末 90 年代初，国际上发生了一系列震惊世界的大事：东欧剧变、两德统一、华沙条约组织解体、苏联解体，由此冷战宣告结束。“人们普遍认为，冷战的结束表明国际体系发生了深刻的结构性变化。”[①]对于冷战后的国际体系结构，国内外学者虽有争议，但一般都认为两级体系终结后的世界正向多极化方向发展，目前的国际体系结构呈现出“一超多强”的特点。可以说，多极化是冷战后世界发展的客观趋势，但多极化格局的形成是一个漫长、曲折、复杂的过程，其间会充满单极与多极、称霸与反霸的激烈斗争，这种斗争将会成为 21 世纪相当时期内国际斗争的焦点。[②]由此也决定了后冷战时代国家行为和政策选择的国际体系环境，任何影响国家间力量分配的议题都将成为国家间权力博弈的新舞台，气候变化则是这样的议题之一。

环境问题由于本身的复杂性和跨国性，已经成为国际事务的重要议题，成为涉及人类发展、和平和安全的“高级政治”，环境问题的国际化和普遍化不再是一个环境与科学议题，而成为了一个涉及国际伦理与道义、国际制度与规范、国际合作与纷争的国际政治问题。[③]气候变化作为环境问题之一，不仅具有所有环境问题的一般性特点，而且还表现出一定的特殊性，即气候变化问题除了表现出复杂性和跨国性之外，其还拥有涉及面广和不容拖延的紧迫性特点。根据 IPCC 的评估报告，造成气候变化的

① 〔美〕詹姆斯·多尔蒂、小罗伯特·普法尔茨格拉夫：《争论中的国际关系理论》（第五版），世界知识出版社，2003，第 135 页。

② 中国国际关系学会主编《国际关系史（1990～1999）》（第 12 卷），世界知识出版社，2006，第 4 页。

③ 李慧明：《欧盟在国际气候谈判中的政策立场分析》，《世界经济与政治》2010 年第 2 期，第 59 页。

CO_2等温室气体排放涉及工业、制造业与建筑业、电力与供热等多个经济领域（见图2－10），应对气候变化意味着减少温室气体排放，而减排势必要求世界各国对其能源结构进行战略性调整，改变经济发展的模式，鉴于当前各国对化石能源的依赖，其结果必定在一定时期内或多或少地影响各国的经济发展和人民生活水平的提高。所以，气候变化问题已经成为影响各国政府制定经济社会发展战略最重要的因素之一，直接影响到各国发展道路的选择。

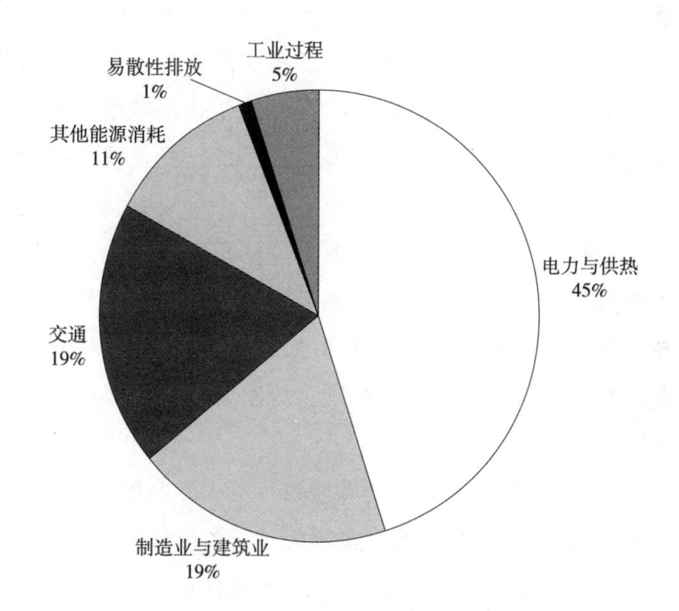

图2－10 2007年全球不同行业温室气体排放份额（以 CO_2 当量计）

资料来源：Climate Analysis Indicators Tool（CAIT）Version 8.0，World Resources Institute，2011，available at http：//cait. wri. org/cait. php? page = sectors，最后登录时间：2011年4月10日。

在国际气候谈判中，气候变化问题已不再是仅有科学和经济内涵的环境问题，它已成为各国围绕着应对气候变化国际规则的制定，争夺发展空间、争取经济利益的政治博弈。事实上国际气候谈判已经呈现群雄纷争、三足鼎立的局面。从国别（国家集团）来看，欧盟、美国和中国无论从人口、经济实力、能源消费还是温室气体排放总量均处主导地位，是国际气候博弈中的三强,[①]这也在某种程度上反映了当前国际体系结构的特点。可以说，围绕着应对气候变化进行的国际气候谈判，已经成为世界主要大国（集团）之间的利益博弈，气候变化已成为大国博弈的新舞台。

对欧盟及成员国来说，在冷战后“一超多强”的国际体系下，气候变化为欧盟在当前国际格局中谋求更大的国际政治经济规则发言权提供了契机。

首先，欧盟拥有发展低碳经济的优势。如前所述，欧盟是最早对环境保护给予重视的地区，自 20 世纪 80 年代就提出了可持续发展的概念，并据此采取政策引导欧盟经济向可持续发展模式的转型。因此，当气候变化问题国际政治化之时，欧盟已经确立了在气候变化领域的某些优势。在气候变化的挑战面前，欧盟积极倡导发展低碳经济，并且视低碳经济为新的工业革命。自《议定书》签署以来，欧盟一直主导着减排的前进步伐，对联盟内工业产品制定了严格的节能和温室气体排放指标，大大影响了全球工业产品的竞争格局，使欧盟获得了新经济竞争的初步优势，引导新兴低碳经济、环保产业的发展。显而易见的是，欧盟希望借助应对气候变化和倡导低碳发展将欧盟标准变为世界标准，使欧盟成为国际政治经济规则的制定者和主导者。

其次，国际气候格局的特点也为欧盟发挥更大影响创造了条件。国际气候政治是集团政治，呈现出以欧盟、美国为首的伞形集团以及“七十七国集团加中国”三足鼎立的基本特点。从三大气候集团的力量对比来看，欧盟处于美国和“七十七国集团加中国”之间，为了最大限度地发挥欧盟的影响，建立一个更为可信、稳定、灵活和具有包容性的全球治理框架，充当发达国家和发展中国家的纽带，要求欧盟须同美国的气候政策和立场拉开差距，确立相对积极的气候政策，获得发展中国家和美国的认可，推动国际应对气候变化努力的不断进展，从而提升欧盟在其中的发言权和影响。

---

① 2007 年，欧盟、美国和中国人口的全球份额分别为 7.47%、4.55% 和 19.91%；以购买力平价计的 GDP 分别占全球总量的 22.43%、20.71% 和 10.7%；能源消费分别为 15.08%、20.1% 和 16.8%；在不计入土地使用、土地使用变化和林业（LULUCF）的情况下，二氧化碳排放的全球份额则分别为 13.76%、19.73% 和 22.7%。具体见 Climate Analysis Indicators Tool（CAIT）Version 8.0, World Resources Institute, 2011, available at http://cait.wri.org/cait.php?page=compcoun，最后登录时间：2011 年 4 月 10 日。

2. 国际气候机制

尽管欧盟对国际气候机制的参与源于其借助气候变化要实现的战略利益，然而欧盟与国际气候机制的互动不是单向的，在欧盟对国际气候机制做出有利于其利益的塑造同时，国际气候机制也在改变着欧盟的认知和行为，国际气候机制也成为欧盟积极参与国际气候合作和在国际气候领域发挥主导作用的结构性因素之一。

首先，在欧盟气候政策酝酿探索阶段，国际气候机制推动着欧盟对气候变化问题日益重视并采取行动。欧盟对气候变化问题的重视是随着国际气候形势的发展而变化的。如果说1979年的第一次世界气候大会的召开没有引起欧盟注意的话，那么1985年之后一系列国际气候会议的召开，特别是1985年维拉赫会议、1988年多伦多会议、1989年海牙会议、1990年的日内瓦会议以及1988年联合国气候变化政府间委员会的建立，大大推动了欧盟对气候变化问题的日趋重视。国际气候形势的发展也促使1990年6月的欧洲理事会都柏林峰会决定建立欧盟温室气体限排目标，正如会后的公告所言，“欧盟及成员国在鼓励和参与应对全球环境问题的国际行为中拥有特别的责任，他们提供领导能力的潜力是巨大的”。[①]怀着发挥国际气候领域领导地位的雄心，欧盟开始接受“发达国家应该进行国内减排”的国际气候机制规则。为确保在第二次世界气候大会和1992年联合国环境与发展大会上的领导地位，欧盟及成员国积极磋商确定其温室气体的减排目标，签署了《公约》，出台了实现目标的措施，使欧盟气候政策具备了基本的要素和雏形。

其次，在欧盟气候政策的确立阶段，国际气候机制是促使欧盟在国际谈判中采取积极立场和联盟内确立新的气候政策措施的重要推动力。《公约》批准生效之后，各缔约方围绕着《公约》的贯彻展开了《议定书》的谈判，并使其在2005年最终生效。在这一过程中，逐渐成形的京都气候机制对欧盟气候政策的塑造发挥着非常关键的作用，表现在以下方面。

（1）国际气候谈判促生了欧盟气候政策领域中跨国、跨机构联盟的出

---

① European Council, “Dublin Summit”, *Bulletin of the European Communities* 6 (1990): 25, 转引自 Oriol Costa, “Is Climate Change Changing the EU? the Second Image Reversed in Climate Politics”, *Cambridge Review of International Affairs* 21 (2008): 534。

现。1995 年欧盟为适应参与《议定书》谈判的需要，成立了国际环境议题/气候变化工作组（WPIEI/CC）来协助完成部长理事会的工作，该工作组的职责不仅包括在国际气候谈判前形成欧盟立场，而且准备理事会有关气候政策部分的会议决议。该小组对欧盟气候政策的影响意义重大。与欧盟内其他常设的工作组一样,①长期对欧盟应对气候变化政策的研究和文本起草使该工作组的成员形成了高度的责任感，并积极与欧盟其他机构，如欧委会环境总司、欧洲议会等合作推动欧盟气候政策的发展。

（2）京都气候机制催生欧盟采取颇具雄心的气候政策措施。第一，为保持欧盟在京都气候谈判中的优势地位，在 1997 年京都会议前欧盟通过首份内部责任分摊协议，并在此基础上提出了其他缔约方无法企及的 2010 年减排目标。第二，受《议定书》谈判进程的影响，欧盟应对气候变化政策的进程明显加快。在《议定书》谈判前途未卜和未给各国规定特定义务的境况下，欧盟已经逐渐接受了京都气候机制蕴涵的内在规范，并采取了积极的政策措施。一些欧洲学者对欧盟在《议定书》出台前后采取的气候行为比较研究后发现，欧盟在《议定书》出台之后采取的气候变化努力明显加快（见图 2 - 11）。可以说，欧盟气候政策的发展明显受到了国际气候机制的影响。

（3）国际气候机制也是欧盟对排放贸易立场从强烈反对到积极支持的重要因素。在《公约》第三次缔约方会议前，欧盟对美国提出的排放贸易明确表示反对，强烈要求严格限制排放贸易在实现减排目标中的使用。然而自 1998 年起欧盟态度发生转变，特别是当 2001 年美国宣布退出《议定书》之后，欧盟则完全改变了在排放贸易上的反对立场，进而积极实施欧盟排放贸易体系。归结其原因，国际气候机制促使了欧盟对排放贸易的认知，欧盟逐渐接受“市场机制可以在减排中发挥关键作用”的观点，进而促使欧盟成为国际排放贸易的先行者。

再次，在欧盟气候政策的深入发展阶段，构建后京都气候机制的谈

① 杰弗里·路易斯对处于欧盟日常决策核心的各种常设代表工作组（COREPER）进行的研究发现，欧盟某一政策的机制化使处于该领域的机构工作人员将保持该政策的发展视为其利益所在，并为此影响欧盟的决策。详细分析参见，Jeffrey Lewis，“The Janus Face of Brussels：Socialization and Everyday Decision Making in the European Union”，*International Organization* 59（2005）：937 - 971。

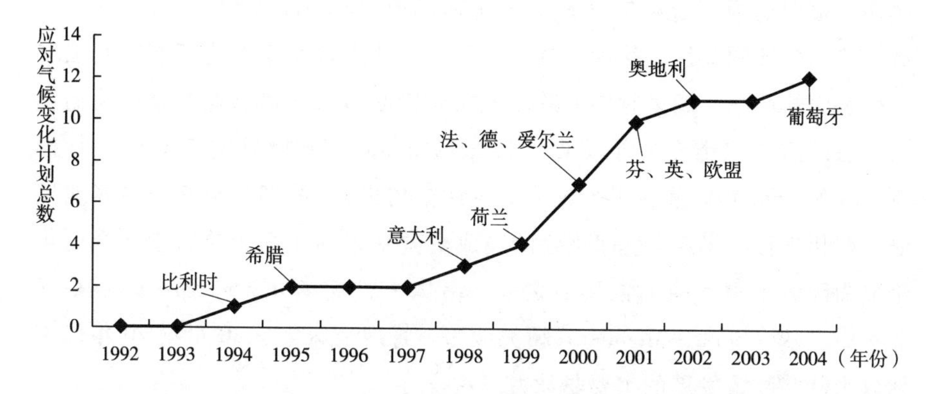

图 2-11　欧盟及成员国首个应对气候变化计划出台时间一览

资料来源：Paul G. Harris ed.，*Europe and Global Climate Change*：*Politics*，*Foreign Policy and Regional Cooperation*（Cheltenham：Edward Elgar Publishing Limited，2007），p. 259。

判促使欧盟继续采取强有力的气候政策。在后京都时代，欧盟更是把确立其在国际气候领域的领导地位，引领国际社会应对气候变化的努力发展方向作为主要目标，这也为国际气候机制进一步影响欧盟的气候决策提供了条件。在后京都气候谈判的影响下，2007 年 3 月的欧洲理事会最终通过欧盟委员会提出的政策建议，确定了欧盟 2020 年气候目标。为此，欧洲理事会还要求欧盟委员会就实现上述目标提出建议，其结果就是 2008 年底通过，并在 2009 年 3 月成为欧盟“能源与气候变化”的一揽子立法。2009 年哥本哈根气候会议后，遭受挫折的欧盟积极调整政策，意在重新确立在气候领域的主导地位，为此欧盟正在考虑将 2020 年的减排承诺提高到 30%。所有这一切的背后，国际气候机制的影响不可小觑。

二　应对全球化带来的国际压力和挑战

20 世纪 80 年代末以来迅速发展的全球化浪潮成为国际政治经济的主要特征，大大加速了货物、服务、资本、人员和信息等的跨国流动。虽然美国、欧盟是全球化进程的主导者，但是全球化并非对其有百利而无一害。对欧盟国家来说，在全球化给其带来收益的同时，对全球化发展的担忧也越来越大。在许多欧盟成员国，全球化更多地被认为是一种威胁而非机遇。根据英国《金融时报》和哈里斯民调（Harris Poll）进行的问卷调查，绝大多数的英国、法国、意大利、西班牙人表示全球化正在对其国家产生负面的影响，越来越多的欧洲民众支持欧盟采取措施应对全球化的发展。法国前总统雅克·希拉克（Jacques Chirac）就呼吁对全球化进行控制，他在1996年国际劳工会议上的讲话中指出，“我们必须学会更好地控制全球化进程”。[①]鉴于全球化给欧盟成员国带来的负面影响，管理全球化也成为欧盟不得不应对的挑战之一。韦德·雅克毕（Wade Jacoby）和苏菲·梅尼尔（Sophie Meunier）研究认为，管理全球化是20世纪70年代中期以来欧盟政策发展的主要驱动力。[②]

对欧盟的环境政策来说，全球化的飞速发展也使其面临两大挑战：①全球化促进了世界贸易的自由化，使欧盟成员国不得不参与到“冲刺到底”（race－to－the－bottom）的全球经济竞争之中，欧盟可能不得不降低其产品和服务的环境标准以保持国际竞争力。②诸如世界贸易组织等国际机构推进的国际经济自由化也使欧盟保持较高的环境标准将付出额外的经济成本和代价。倘若欧盟坚持环境标准则极易给他国和世界贸易组织留下推行贸易非关税壁垒的印象，从而可能遭受来自他国的贸易报复。面对欧盟环境政策遇到的挑战，欧盟及成员国的决策者认为全球化是问题的根源之一，因而采取了多种措施来管理全球化。[③]在环境政策领域，其表现为通过对多边环境条约的支持、欧盟的规范和利用市场力量等将欧盟环境标准扩展到全球。

作为环境问题的领域之一，气候变化问题的出现为欧盟管理全球化提供了新的途径。如前所述，气候变化问题不仅具有其他环境问题的一般属

---

① International Labor Organization, *The Economy Must be Made to Serve People: President Jacques Chirac Addresses at the International Labour Conference*, 11 June 1996, http://www.ilo.org/global/About_the_ILO/Media_and_public_information/Press_releases/lang-en/WCMS_008059/index.htm. 最后登录时间：2010年10月20日。

② Wade Jacoby and Sophie Meunier, “Europe and the Management of Globalization”, *Journal of European Public Policy* 17 (2010): 299.

③ 欧盟管理全球化的途径主要有五种：（1）扩大欧盟管辖的政策范围；（2）扩展欧盟的管制规则，即让世界其他地区逐步接受欧盟的方式和标准；（3）充分利用现有国际机构；（4）加强欧盟在其他地区的影响；（5）重新分配全球化带来的成本；详细分析见 Wade Jacoby and Sophie Meunier, “Europe and the Management of Globalization”, *Journal of European Public Policy* 17 (2010): 304－311。

性，同时也具有其特殊性和涉及面广而复杂的特点，倘若欧盟能够在气候领域将其标准拓展到全球，无疑将使欧盟对世界政治经济和他国产生多方面的影响，提高欧盟管理全球化的能力，增加通过全球化获得的收益和减少在全球化进程中遭受的损失。与此同时，欧盟在气候变化领域拥有其他国家所不具有的优势，自20世纪70年代第一次石油危机以来，欧盟已大大提高了能源的利用效率，提升了可再生能源等替代能源在欧盟能源消费中的比例，特别是欧盟国家对环境友好型技术研发的大规模投资等使欧盟处于应对气候变化中相对有利地位。鉴于美国未签署《议定书》和发展中国家暂不承担量化减排义务，欧盟承诺减排将使欧盟经济的国际竞争力受到影响，这也促使欧盟希望将欧盟的标准拓展到全球。此外，欧盟民众对气候变化等环境问题的关注，欧洲绿党和欧盟内的环境非政府组织对欧盟决策过程的影响都使欧盟难以选择降低环境标准来保持其国际竞争力。因此欧盟及成员国的选择只有一个，即将欧盟标准转变成为世界标准来应对其他国家的竞争挑战。

正是在应对全球化的冲击和拓展欧盟标准的驱动下，欧盟从参与《公约》谈判开始就表示要发挥在气候领域的领导地位，引导国际社会应对气候变化努力的发展方向，使欧盟标准成为世界标准。

在早期的气候谈判中，欧盟一方面提出了其他国家难以企及的温室气体排放目标，另一方面又建议其他国家也做出可比性的承诺和采取相应的措施。例如，在1992年的联合国环境与发展大会召开前，欧盟委员会建议征收欧盟范围内的碳能源混合税，在国际气候谈判中欧委会也敦促其他工业化国家征收类似的能源税，当这一提议遭到其他工业化国家拒绝之后，欧盟委员会方予放弃。

到了《议定书》谈判时期，欧盟更是以盟内气候政策的积极实施来巩固其在气候领域的领导地位，并借此将欧盟的思想和观念贯彻到京都气候机制的构建中。美国和欧盟之间围绕着排放贸易等规则的使用方式产生的分歧，与其说是围绕着应对气候变化的实际效应——“环境完整性”（Environmental Integrity）进行的斗争，不如说是构建国际气候机制规则中“美国创造”还是“欧洲创造”之间的竞争。一些观察家甚至认为，欧盟希望借助气候谈判给美国等国内能源税征收水平较低的国家施压，迫使其放弃在能源领域的比较竞争优势，从而为欧盟创造一个相对公平的国际竞争平台。[①]因此，美国退出《议定书》对欧盟来说并不是灾难性的，相反似乎给欧盟提供了确立领导地位的新机会。[②]美国的退出不仅没有促使《议定书》的死亡，反而激起了欧盟成员国、欧盟委员会和欧洲议会对《议定书》的更大支持，其目的就在于使欧盟能够主导国际应对气候变化的决策进程和将欧盟在处理环境问题时采取的“预防性原则”（The Precautionary Principle）运用到应对气候变化问题之中。[③]尽管欧盟最终没能劝服美国重归京都进程，但是欧盟对日、俄、澳、加的妥协和让步使拥有178个缔约方的《议定书》最终生效，欧盟在其中发挥的领导作用，特别是促使俄罗斯批准《议定书》上扮演的角色，可以说是欧盟成功管理全球化的典型案例。[④]此外，借助《议定书》的灵活机制之一——清洁发展机制（CDM），欧盟也使发展中国家参与到了应对气候变化的努力中来，为扩展欧盟规则创造了条件。

在后京都气候时代，围绕着2012年后国际气候机制的构建，欧盟更是企图通过巩固其在国际气候领域的领导权进一步加大对国际气候机制的塑造力度，拓展欧盟标准。一方面，欧盟在谈判中做出颇具雄心的减排承诺，在联盟内通过了“气候变化与能源”一揽子立法，另一方面，欧盟又呼吁和要求其他国家仿效欧盟，采取具有可比性的应对气候变化行为。欧盟推行的积极气候政策在短期内不可避免将给其带来负面的影响，就连欧盟委员会主席巴罗佐也承认，欧盟的减排承诺和气候变化计划将会提高欧盟的生产成本，破坏欧盟工业的竞争力。因此欧盟委员会建议对没有接受类似减排承诺国家出口到欧盟的产品征收碳关税，虽然目前尚处于征收碳关税的讨论阶段，但是一个不可改变的趋势是：欧盟在确立了其在气候领域的主导地位之后，将更多地依靠其拥有的市场力量促使他国追随欧盟，做出实质性的减排承诺，逐步地将欧盟标准向外

---

① Bruce Yandle and Stuart Buck, “Bootleggers, Baptists, and the Global Warming Battle”, *Harvard Environmental Law Review* 26 (2002): 197.

② Jon Hovi et al., “The Persistence of the Kyoto Protocol: Why Other Annex I Countries Move on without the United States”, *Global Environmental Politics* 3 (2003): 19.

③ Sibylle Scheipers and Daniela Sicurelli, “Normative Power Europe: A Credible Utopia?” *Journal of Common Market Studies* 45 (2007): 446-447.

④ Daniel Kelemen, “Globalizing European Union Environmental Policy”, *Journal of European Public Policy* 17 (2010): 344.

扩展。[①]

总之，欧盟通过推行积极的气候政策，维持在国际气候领域的领导权，逐步将欧盟的标准转变为世界的标准。在国际气候领域，我们所熟知的许多气候术语和标准大都来自欧盟，例如1990年排放基年、2℃警戒线等，其也成为欧盟话语权的来源，欧盟正是以这些话语强化了欧盟以产业和技术优势为核心的先发优势，在国际气候谈判中发挥着不可忽视的主要作用。[②]欧盟在气候领域拓展其标准也被视为欧盟管理全球化成功的领域之一，进而进一步促进欧盟将这一趋势保持下去，推行更为积极的气候政策。

三　扩展解决国际问题的“欧洲模式”

在国际关系的发展史上，欧洲曾经处于世界的中心和主导地位，然而两次世界大战使欧洲在世界上的地位和影响大大削弱，特别是几百年来欧洲国家之间的互相厮杀和战争也大大激发了欧洲人对和平的渴望。基于此，第二次世界大战后的西欧国家以签订《欧洲煤钢共同体条约》，建立欧洲煤钢共同体为开端，开启了“二战”后国际关系发展史上的新创举——欧洲一体化进程。从欧洲煤钢联营、欧洲经济共同体和欧洲原子能共同体、欧洲共同体到欧盟，从罗马条约、布鲁塞尔条约到马斯特里赫特条约，欧盟成员国在多边对话、谈判和协商的过程中逐渐形成了通过条约的形式解决冲突的惯例，确定了以机制化解决欧洲安全问题的基本模式，也因此开启了欧洲的和平时代，并持续至今。[③]在欧洲一体化的进程中，多边对话、谈判和协商方式在解决欧洲民族国家间问题上的成功使欧盟相信这一模式也可以用于欧洲以外国际问题的解决。

与此同时，欧洲传统哲学思想的影响也使欧洲领导人强调理性和规制的治理思想。作为西方哲学发展的源头，欧洲不仅诞生了以弗朗斯西·培根、托马斯·霍布斯、大卫·休谟、约翰·洛克为代表的“经验主义”，

---

① Daniel Kelemen, “Globalizing European Union Environmental Policy”, *Journal of European Public Policy* 17 (2010): 345.

② 王伟男：《国际气候话语权之争初探》，《国际问题研究》2010年第4期，第22页。

③ 林霖：《欧盟外交中的多边主义理念》，《国际资料信息》2009年第2期，第8页。

以赖布尼茨、斯宾诺莎、笛卡儿等为代表的“理性主义”，而且拥有将上述思想进行结合和创新的伊曼纽尔·康德，这些思想家强调道德、公平和理性的哲学思想，强调对规则的制定和遵守，对欧盟领导人产生了不小的影响，使其在处理国家关系中重视平等、规则的重要性。欧洲一体化的经验与欧洲传统哲学的结合使欧盟在解决国际问题中逐步形成了独特的“欧洲模式”，即强调多边对话、谈判和协商，重视国际法和国际组织的作用。在很大意义上，欧盟解决国际问题的“欧洲模式”，其实质就是强调通过国家间的合作，以“多边主义”方式解决国际问题。

此外，拓展“欧洲模式”对欧盟还有着其他的含义。如前所述，在后冷战时代，国际关系格局呈现出“一超多强”的基本态势，表现出复合型结构的特点，既不是单纯的多极化，也不是单纯的单极化，而是一个多极化和单极化这两种矛盾的趋势同时并存的过程，这种矛盾的趋势还会存在一个时期，也就是说国际格局出现了一种双重结构。一方面，多极化的趋势在发展；另一方面，美国试图推行单极世界的意图也时有表现。[①]欧盟作为推行多边主义，谋求世界多极化的主要力量之一，推广“欧洲模式”也有抵制美国“单边主义”的战略用意。

基于此，在国际关系中欧盟倡导“多边主义”，大力推广欧盟解决国际问题的方式。2003 年 12 月，欧盟首次发布名为《更加美好世界中的欧洲安全》文件，提出建立以多边主义为基础的国际秩序的必要性与支持多国合作框架和多边原则对于管理相互依赖世界的重要性。[②]一年以后，欧盟委员会与英国外交政策中心联合发布报告，提出“有效的多边主义”（Effective Multilateralism），建议加强现有国际组织的法制化进程，利用法律规则的规范作用，巩固民主与法制和对基本自由的尊重。[③] 2007 年 5 月，欧盟出台《欧盟的有效多边主义——与谁交往?》文件，提出了“功能多边主义”设想，欲根据欧洲经济一体化带动政治一体化发展的经验，促进国

---

① 李义虎：《中国在国际格局中的地位和选择》，《国际政治研究》2001 年第 3 期，第 21 页。

② European Commission, *European Security Strategy*: *A Secure Europe in a Better World*, December 2003, p. 9. http://www.consilium.europa.eu/uedocs/cmsUpload/78367.pdf. 最后登录时间：2010 年 8 月 10 日。

③ Espen Barth Eide, ed., *Global Europe*, *Report* 1, “*Effective Multilateralism*: *Europe*, *Regional Security and a Revitalised UN*” (London: The Foreign Policy Center, 2004), p. 3.

际组织和地区组织推进经济合作，发挥功能性作用，以经济合作促进政治信任与合作，促进各地区的组织建设，确保世界经济平衡发展，共同应对人类面临的环境威胁，通过多边协商建立国际新秩序。[①]到了 2008 年，欧盟更是明确提出将印度、巴西、中国作为其“有效多边主义”的对象和伙伴。《里斯本条约》生效以来，欧盟更是将有效多边主义作为其对外关系的基本原则。可以说，扩展以多边主义为核心的“欧洲模式”成为欧盟对外战略各个领域的首要目标。

气候变化问题的属性和特征也决定了其必然成为欧盟扩大以“欧洲模式”解决国际问题的手段和工具。气候变化问题属于典型的全球公共问题，它的解决离不开国际合作，这与欧盟所提出的解决国际问题的理念不谋而合。欧盟一直强调多边主义和国际法是全球治理的基石，认为气候变化问题只有在各国的共同合作下才能得以解决，独断专行和单边主义只会对问题的解决起反面作用。对欧盟来说，《议定书》全面贯彻了其信奉的国际合作理念——有效多边主义，也与其提出的可持续发展主张相吻合。与此同时，支持《议定书》也为欧盟展示不同于美国单边主义的政策提供了机会，因而应对气候变化为欧盟向国际社会推销其思想和理念提供了绝好的机会。[②]《议定书》的成功也使欧盟相信，在解决国际问题中欧盟完全有可能走出一条不同于美国的多边主义道路，使世界各国逐步接受欧盟处理国际问题的方式。可以说，实施积极气候政策已经成为欧盟推行其多边主义的重要手段。

综上所述，欧盟及成员国在多重利益的驱动下，在欧盟的外部压力和面临的挑战面前，最终决定选择积极应对气候变化，推行强有力的欧盟共同气候政策。可以肯定，在当前和今后一段时间内，这些因素仍将是欧盟气候政策的主要原动力。

---

① 申义怀：《浅析欧盟对外“多边主义”战略》，《现代国际关系》2008 年第 5 期，第 40 页。

② Louise Van Schaik and Karel Van Hecke, *Skating on Thin Ice: Europe's Internal Climate Policy and Its Position in the World* (Brussels: EGMONT - Royal Institute for International Relations, 2008), p. 5.

· 第三章 ·

欧盟气候政策的主要成就

从1986年欧洲议会首次讨论并通过第一个气候变化决议开始，短短的二十多年的时间内，欧盟已经迅速成为国际气候领域的领导者和规则制定者之一，在欧盟内部和国际气候合作中先后做出了一系列颇具雄心的气候承诺，并积极采取相应的举措将其付诸实施。

第一节 欧盟内部气候政策的主要领域和成就

气候变化是典型的全球性公共问题，需要世界各国的共同努力加以应对，在气候变化的挑战面前，欧盟自开始就以一个整体参与其中，欧盟及成员国均是《公约》及其《议定书》的缔约方，共同承担应对气候变化的责任和义务，尤其是《议定书》允许欧盟作为一个整体（As a Bubble）实现其承诺减排目标。欧洲一体化的不断深化也使欧盟有条件和有能力在联盟层面制定和实施相关的气候政策和措施来履行其承诺。从目前来看，欧盟气候政策的领域主要包括排放贸易体系、提高能源效率、发展可再生能源以及适应能力建设等。

一 欧盟排放贸易体系

正如本书第一章所言，在《议定书》的谈判过程中，欧盟承担了高于其他缔约方的京都减排目标（8%）。为兑现这一目标，欧盟启动了第一阶段的“欧洲气候变化计划”（ECCP Ⅰ），提出了诸多实现上述目标的政策措施，其中之一便是实施欧盟范围的排放权贸易，以实现最低成本的减排。2003 年和 2004 年欧盟理事会先后通过 2003/87/EC 号排放贸易指令以及欧盟排放贸易体系与京都气候机制下联合履约（JI）和清洁发展机制（CDM）关系的 2004/101/EC 号联系指令，正式确立起欧盟排放贸易体系的基本框架。欧盟排放贸易是环境领域第一个大规模的区域性排放贸易体系，涵盖欧盟 27 国内 12000 多个工业设施，将欧盟近一半的 CO_2 排放纳入其中，由此被称为“新的环境政策实验场”和“环境治理中根本性的系统变革”。①

根据相关立法的规定，欧盟排放贸易体系第一阶段为期三年（2005～2007 年），该阶段为试运行阶段，自第二阶段（2008 年起）将进入正式运作阶段，为保持其与欧盟实现京都减排目标的一致性，该阶段与《议定书》第一履约期（2008～2012 年）时间上保持一致，也将结束于 2012 年。目前，欧盟排放贸易体系已经结束试运行阶段，进入正式运行阶段。在这一过程中，欧盟及成员国及时总结经验和教训，对欧盟排放权贸易体系进行修正和完善，而且规划了该领域的中期减排目标。概括起来，欧盟在排放贸易体系领域主要取得了以下成就。

1. 欧盟排放贸易规则的优化

在应对气候变化过程中，运用排放贸易等市场手段实现最低成本减排创意的提出者不是欧盟而是美国，相反在《议定书》的谈判中，欧盟是排放贸易的最大质疑者，强烈要求对包括排放贸易在内的京都灵活机制的使用上限做出严格限制。当美国退出《议定书》后，欧盟转而支持排放贸易等市场手段实现减排以及在酝酿欧盟排放贸易体系之时，对该体系的了解甚少，关于排放贸易的知识大多来自两大智囊机构——英国国际环境法与发展基金会（FIELD）和美国清洁空气政策研究中心（CCAP）。在对排放贸易知识短暂的熟悉之后，欧盟就迅速开始了欧盟排放贸易体系的实施阶段。根据著名挪威学者尤根·维特斯泰德（Jørgen Wettestad）的研究，2003 年欧盟快速通过排放贸易指令主要出于

① Joseph Kruger and William A. Pizer, *The EU Emissions Trading Directive: Opportunities and Potential Pitfalls* (Washington D. C.: Resources for the Future, 2004), p. 1; Christian Egenhofer et al., *Greenhouse Gas Emissions Trading in Europe: Conditions for Environmental Credibility and Economic Efficiency* (Brussels: Center for European Policy Studies, 2002), p. 6.

政治考虑而非经济考虑。①因而在欧盟排放贸易实施的第一阶段，欧盟对成员国的要求做出了不少妥协和让步，虽然最终欧盟排放贸易体系坚持了欧委会提出的强制参与特性，但是采用了成员国偏好的分散型管理结构，由欧盟成员国根据国情制定国家排放权分配计划（NAPs）。在对本国各工业实体具体排放状况缺乏了解的前提下，成员国制定的国家排放权分配计划都过于慷慨。除个别国家外，其分配给相关实体的排放权都高于其实际的排放（见图3－1），这使欧盟通过温室气体的限额贸易以最低成本实现减排的目标难以实现，尤其是到2007年欧盟首次公布2005年欧盟排放贸易体系下各实体的实际排放之时，排放许可分配过量导致使欧盟碳价狂跌，从曾高达26.71欧元/吨跌至近乎为零（见图3－2），极大地打击了参与各方对欧盟排放贸易体系的信心。然而，作为对排放贸易了解不多的欧盟来说，实验阶段的欧盟排放贸易的失败并不意外。正如布鲁塞尔欧洲政策中心（EPC）能源和环境问题高级顾问尤根·汉宁森（Jørgen Hennningsen）所言，“2005～2007年欧盟排放贸易体系是有条件的失败，失败是因为其未能实现任何减排，有条件是因为自开始欧盟及成员国有意将其作为一个学习和积累经验的阶段。”②

为此，欧委会对第二阶段欧盟排放贸易（2008～2012年）的管理规则做了一定的修改和提高。虽然欧盟排放贸易的执行没有改变原有的自下而上的分散管理结构，仍然由成员国决定参与排放贸易的相关实体的排放许可，制定国家排放分配计划（NAP Ⅱ），但是明显加强了欧委会对成员国国家排放分配计划的监督作用。欧委会对成员国提交的分配计划有权进行修改，以避免成员国给本国的产业实体分配过于慷慨的排放许可。根据2007年10月欧盟对27个成员国国家排放分配计划的评估结果，除丹麦、法国、斯洛文尼亚和英国等计划受到支持外，其他国家的排放分配计划均因排放许可分配过量而被修改，与各国建议的排放许可相比，欧盟共削减

---

① 具体参见：Jørgen Wettestad，“The Making of the 2003 EU Emissions Trading Directive：An Ultra－Quick Process Due to Entrepreneurial Proficiency?” *Global Environmental Politics* 5 (2005)：1－23。

② Jørgen Hennningsen, *EU Energy and Climate Policy－Two Years on* (Brussels：European Policy Center，2008)，p. 16.

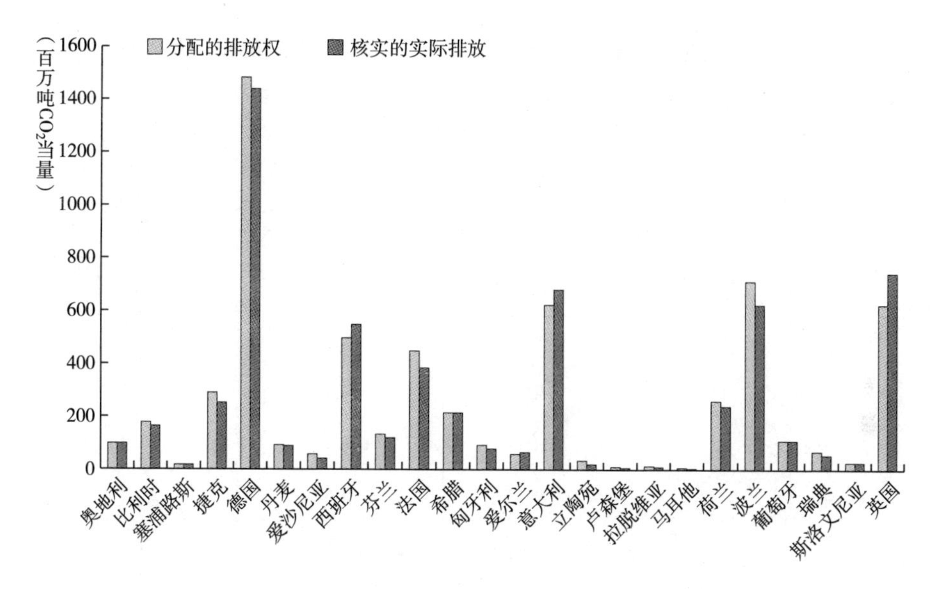

图 3－1　2005～2007 年 EU ETS 分配的排放权与实际排放量比较

资料来源：Barry Anderson and Corrado Di Maria，“Abatement and Allocation in the Pilot Phase of the EU ETS”，*Environmental Resources Economics* 48（2011）：85。

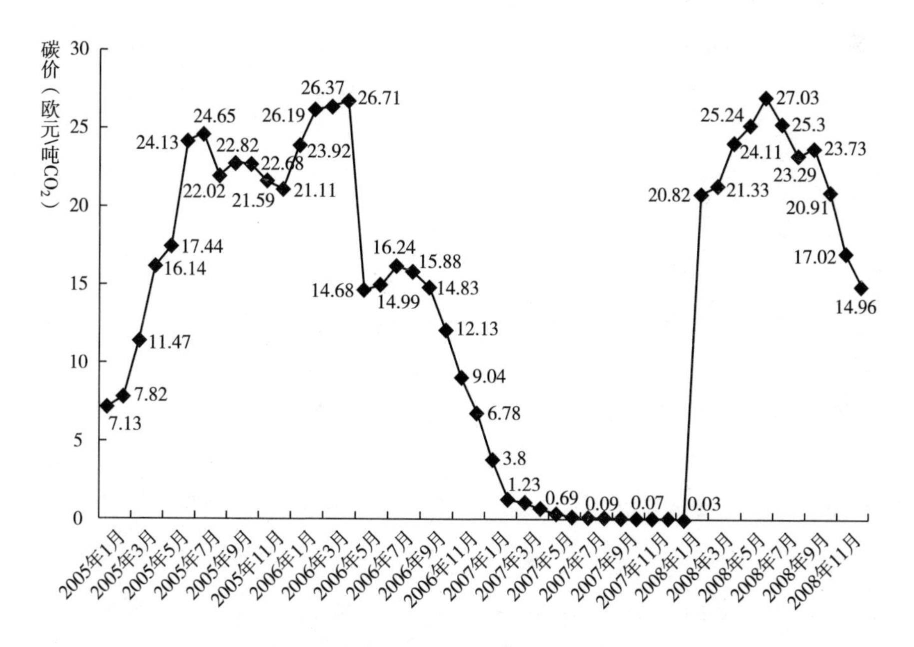

图 3－2　欧盟排放贸易体系下碳价走势

资料来源：A. Denny Ellerman et al.，*Pricing Carbon*：*the European Union Emission Trading Scheme*（Cambridge：Cambridge University Press，2010），pp. 340－341。

掉约2亿4141万吨二氧化碳排放（见表3－1），从而保证了排放权在欧盟排放贸易体系中的稀缺性和欧盟排放贸易体系的减排效应。

表3－1　2008～2012年欧盟成员国建议排放配额与最终实际配额一览

单位：百万吨，%

国　家	成员国建议的排放限额	获得欧盟理事会通过的排放限额	欧委会削减的排放	削减排放的份额
奥地利	32.8	30.7	2.1	6.4
比利时	63.3	58.5	4.8	7.6
保加利亚	67.6	42.3	25.3	37.4
塞浦路斯	7.12	5.48	1.64	23
捷克	101.9	86.8	15.1	14.8
丹麦	24.5	24.5	0	0
爱沙尼亚	24.38	12.72	11.66	47.8
芬兰	39.6	37.6	2.0	5.2
法国	132.8	132.8	0	0
德国	482	453.1	28.9	6
希腊	75.5	69.1	6.4	8.5
匈牙利	30.7	26.9	3.8	12.4
爱尔兰	22.6	22.3	0.3	1.4
意大利	209	195.8	13.2	6.3
拉脱维亚	7.7	3.43	4.4	55.5
立陶宛	16.6	8.8	7.8	47
卢森堡	3.95	2.5	1.45	37
马耳他	2.96	2.1	0.86	29
荷兰	90.4	85.8	4.6	5.1
波兰	284.6	208.5	76.1	26.7
葡萄牙	35.9	34.8	1.1	3.1

续表

国　家	成员国建议的排放限额	获得欧盟理事会通过的排放限额	欧委会削减的排放	削减排放的份额
罗马尼亚	95.7	75.9	19.8	21.7
斯洛伐克	41.3	30.9	10.4	25.2
斯洛文尼亚	8.3	8.3	0	0
西班牙	152.7	152.3	0.4	0.3
瑞典	25.2	22.8	2.4	9.5
英国	246.2	246.2	0	0
欧盟	2325.34	2080.93	244.41	11.5

资料来源：European Commission，*Emissions Trading*：*EU - wide Cap for* 2008 - 2012 *Set at* 2.08 *Billion Allowances after Assessment of National Plans for Bulgaria*，IP/07/1614，26 October 2007，p. 3. http：//europa. eu/rapid/pressReleasesAction. do? reference = IP/07/1614。最后登录时间：2010年11月20日。

2. 欧盟排放贸易体系的合法性和支持度不断提高

欧盟排放贸易体系的合法性问题是该体系设计和运行过程中颇具争议的议题之一，其关系到欧盟内各参与方对欧盟排放贸易的立场。虽然欧盟排放贸易体系作为强制性的管制机制，利益相关方将不得不遵守其规则，但是该体系的运作更需要多层面积极和主动的支持与配合。尤其是随着该体系涵盖范围的扩大，保持其合法性就尤为必要。在欧盟排放贸易中，作为最主要的参与实体——欧盟的工业公司在排放贸易体系中没有任何决策权，当欧盟排放贸易指令在2003年以有效多数获得通过之时，欧盟有15个成员国参与其中，而现今欧盟拥有27个成员国，甚至有人指责欧盟的排放贸易体系缺乏道德考虑，欧盟碳市场的公平性和运作也存在问题。①因此，从欧盟酝酿欧盟排放贸易体系到其试验阶段、正式运作（2008～2012年）以及在为2012年后欧盟排放贸易体系进行规划的欧盟“能源与气候变化”一揽子立法谈判过程中，该体系的合法性日益受到重视。

在排放贸易体系的启动阶段，为确保欧盟社会各界对该体系的支持，

① 参见Ian Bailey and Sam Maresh，“Scales and Networks of Neo - liberal Climate Governance：The Regulatory and Territorial Logics of European Union Emissions Trading”，*Transactions of the Institute of British Geographers* 34（2009）：445 - 461。

欧委会在 2000 年发布绿皮书征求欧盟内相关利益方对欧盟排放贸易设计和运作的意见，启动了关于欧盟排放贸易的两大磋商进程：一是邀请利益攸关方（Stakeholders）对绿皮书进行评论；二是在欧洲气候变化计划下的“灵活机制”工作组中详细商讨欧盟排放贸易的设计。最终在经过艰难的谈判和政治妥协之后，欧盟排放贸易体系开始进入试验运行阶段，虽然成员国一致通过欧盟排放贸易指令，但是仍有不少国家对该体系的合法性持怀疑态度，这是因为：首先，作为欧盟的主要大国——德国和英国对排放贸易缺乏热情，两国对欧盟排放贸易的保留部分原因是欧盟特定多数表决制的压力；其次，2003 年以后加入欧盟的 12 个中东欧国家需要参与到欧盟排放贸易体系中，却很难影响欧盟已经确立的排放贸易规则；最后，最终达成的欧盟排放贸易体系设计与欧委会专家提出的建议有很大的不同。[①]所有这些都使试验阶段的欧盟排放贸易体系的合法性受到质疑。

欧盟排放贸易的试运行结束后，欧盟及成员国对排放贸易体系运作的规则进行了修改，以使其更加符合现实和更好地运作。为此，在经过多个渠道的磋商和对试验阶段欧盟排放贸易体系的评估之后，欧委会于 2008 年 1 月提出了修改欧盟排放贸易指令的建议。新的排放贸易指令主要体现出三大变化：首先，2003 年以后加入欧盟的 12 个中东欧成员国完全参与到排放贸易指令修改的倡议和决策进程中；其次，与“欧洲气候变化计划”第一阶段（ECCP Ⅰ）相比，该计划的第二阶段（2005 ~ 2007 年）中，对排放贸易修改的磋商进程中非国家行为体的参与则显得更加广泛和具有代表性；最后，排放贸易未涵盖但可能受其影响的行为体也参与到了排放指令修改的磋商进程中。由此也促生了欧盟社会各界对排放贸易的更大支持。一系列的事实也表明了这一点，表现在：一是欧盟 27 个成员国一致同意通过了欧委会的排放贸易指令修改建议；二是欧盟内的绿色组织和电力部门也明确表示支持新的欧盟排放贸易指令；三是欧洲议会也对排放贸易的大部分修改建议持支持态度。可以说，欧盟社会各界对排放贸易支持的提升也表明了其对该体系合法性的认可，合法性的提升也增加了排放贸易获得在欧盟部长理事会通过的几率，这也是其作为欧盟“能源与气候变

---

① Jon Birger Skjærseth, “EU Emissions Trading: Legitimacy and Stringency”, *Environmental Policy and Governance* 20 (2010): 301.

化”一揽子立法建议的组成部分能够迅速获得通过并成为欧盟立法的重要原因之一。

二 节能和能效政策

长期以来，节能和提高能效一直被认为是成本最低和潜力巨大的温室气体减排方式之一。在气候变化问题出现在国际政治的议程之前，欧盟就对节能和提高能源能效给予了重视，并希望借助这一方式减少能源消耗，缓解欧盟对进口能源不断增长的需求和提高欧盟能源安全。随着气候变化进入欧盟政治议程，节能和提高能效也成为欧盟减少温室气体排放和实现承诺减排目标的有效途径。如本书第一章第二节所言，欧盟从能源安全考虑出发，于 1987 年发起了能源效率特别行动计划（SAVE Program），但是 1993 年该计划最终为欧盟部长理事会接纳之时，其内容大打折扣。尽管如此，欧委会成功地使欧盟理事会同意开展第二阶段的 SAVE 计划，保持了欧盟在提高能效领域的一席之地。随着欧盟决定在应对气候变化领域发挥领导作用和接受京都减排目标，提高能源效率也成为欧盟气候政策目标的主要手段之一。自 2002 年以来，欧盟先后通过一系列节能和提高能效的立法：2002 年通过规定建筑能耗标准的 2002/91/EC 号指令；2004 年通过促进热电联产的 2004/8/EC 号指令；2005 年欧盟出台指令对包括家用电器、工业设备在内的多种产品的生态设计做出了要求；2006 年 10 月欧盟公布《提高能效行动计划》，全面综合地阐述了欧盟在节能和提高能效上的未来规划和措施，是欧盟首份系统的节能和能效政策文件；2008 年年底通过的欧盟“能源与气候变化”一揽子立法也对欧盟 2020 年的能效目标进行了强调；2010 年 11 月发布的《欧盟 2020 能源战略》（Energy 2020）则规划了未来十年欧盟能源发展的优先领域和应采取的政策措施，而其中实现能源高效的欧洲是欧盟的首要目标。可以说，经过数十年的发展，欧盟已确立起相对完整的节能和能效政策框架。

首先，欧盟建立了关于建筑物能耗的基本标准，促进了欧盟建筑节能。2002 年 12 月 16 日，欧盟理事会通过首份规定建筑物能耗的 2002/91/EC 号指令，不仅对联盟范围的建筑物类型和能耗计算方法进行了界定，而且要求成员国自 2006 年 1 月起采取必要措施，确保依据该指令提供的能耗计算方法，确定其最低能耗标准。在确定最低能耗标准之时，该指令将欧盟内建筑分为新建筑、老建筑以及其他等三种类型，分别规定了不同的最低能耗计算方法，并结合建筑技术的发展对最低能耗标准进行适当的调整。例如，对于欧盟的新建筑，如果有效建筑面积超过1000平方米，成员国应确保其在施工前充分考虑未来安装分散式可再生能源供给系统、热电联产、区域供热或者制冷以及热泵等替代系统的技术、环境和经济可行性。[①]而对于老建筑，该指令则规定了其进行翻新时的能效要求。2006年出台的《提高能效行动计划》是对上述指令的继续，它要求在2002/91/EC号指令于2009年到期之后扩充指令的涵盖范围，将有效建筑面积小于1000平方米的小型建筑及其附属物包括其中。对于新建筑，欧委会通过与成员国、建筑商对话与磋商的方式制定了"消极房屋"(Passive Houses)[②]计划，以在2015年前将其在更大的范围内进行推广和应用。[③]2010年11月发布的《欧盟2020能源战略》将建筑物能耗作为提高能耗的最大潜在领域之一。

其次，制定欧盟电器产品能效标准和推广欧盟生态标志。1992年，欧盟发布家用电器能效标准与能耗标志的92/75/EEC号指令，一方面强制家用电器生产商和零售商为顾客和消费者提供其产品（如电视机、电冰箱、洗衣机和空调等）的能耗标志，另一方面提出非强制性的"生态标志"(Eco－label)，以此鼓励个人和公共机构在同等条件下购买更加节能的产品，提升注重节能和环保的生产商在市场竞争中的优势，进而降低此类产品的能耗。[④]2006年的《提高能效行动计划》则对执行强制性能耗标志的产品再次进行了调整，不仅扩大了强制性能耗标志的适用范围，提高了能效标准，而且要求在2008年底以前对其中14类优先关注的

---

① Publications Office of the European Communities, "Directive 2002/91/EC of the European Parliament and the Council of 16 December 2002 on the Energy Performance of Buildings", *Official Journal of the European Communities* 46 (2003): 68.

② 消极房屋是指借助绝缘效果好的墙壁和高效的节能设备，充分发挥室内电器散热和人体热量，减少传统空调设备（暖气片），从而降低建筑物的能耗。

③ Commission of the European Communities, *Action Plan for Energy Efficiency: Realising the Potential*, COM (2006) 545 Final, Brussels, 19.10.2006.

④ 更加详细的分析可参见李婷《欧盟生态标签制度评析及启示》，《海南大学学报》（人文社会科学版）2008年第5期，第507～511页。

产品[①]设置最低能效标准，不符合该标准的产品不得进入市场。除此之外，欧盟还在2008年通过决议，对欧盟及成员国公共机构采购设备的能效标准做了要求，以促进高能效产品的扩展和政府公共资金的有效使用。

再次，对耗能型产品提出最低生态设计要求。2005年，欧盟发布耗能产品生态设计要求的2005/32/EC号指令，对欧盟多种高耗能产品提出了最低生态标准。根据该指令，欧盟意欲实现以下目标：确保符合共同体生态标准的产品在内部市场的自由流通；通过为耗能产品设置生态设计标准，促进可持续发展，提升环境保护的层次和增强能源供应的稳定性。[②]该指令所涵盖的产品范围非常广，几乎包含了所有投放到市场上的耗能产品，产品消耗的能源也几乎包含所有能源形式：电能、固体燃料、液体燃料和气体燃料等。欧委会明确指出，该指令的目的就在于从产品的设计阶段就考虑其环境效应。因此有人也把欧盟生态设计理念的重点概括为：禁止使用有害物质；减少能源消耗。[③]

最后，欧盟也在其他部门和领域出台指令来推进节能和能源效率的提高，以实现其2020年目标。从目前来看，主要有：①2004年通过促进热电联产（Cogeneration）的2004/8/EC号指令。该指令对有效热电联产进行了统一的界定，确立了热电联产来源的电力生产计划的基本框架，并设定了源于热电联产的电力2010年达到18%的总目标。②2006年通过关于最终能效和能源服务的2006/32/EC号指令，要求欧盟成员国在未来的9年里（到2016年）实现9%的非强制性节能目标。③加强提高能源效率信息的传播和进行能效教育。作为其重要一步，欧盟环境政策研究所（IEEP）2009年建设完成首个介绍欧盟提高能效工具和指导原则的在线图书馆，其内容主要集中在四个方面：工业部门的能效、当地的能源管理（包括地区、市政、本地三个层面）、可再生能源的应用和交通部门的能源使用。

---

① 欧盟优先关注的14类产品是：计算机、复印机、电视、锅炉、热水器、备用设备、充电器、办公和街道照明设备、电动机、商用和家用制冷设备、空调、洗衣机等。

② Publications Office of the European Union, "Directive 2005/32/EC of the European Parliament and the Council of 6 July 2005 Establishing a Framework for the Setting of Eco - design Requirements for Energy - using Products and Amending Council Directive 92/42/EEC and Directives 96/57/EC and 2000/55/EC of the European Parliament and of the Council", *Official Journal of the European Union* 48 (2005): 33.

③ 李永群：《欧盟：生态设计，大势所趋》，《人民日报》2007年8月16日。

通过对上述领域知识的传播，提高欧盟范围内公众节能和提高能效的意识。④国际合作。欧盟也通过与其他国家，特别是邻国及俄罗斯、巴西、中国和八国集团的对话和交流来促进最佳能效规范的应用。2008 年欧盟理事会决定在欧盟范围内实施欧盟 - 美国“能源之星”计划[①]的新法规便是其中的典型例子。该法规要求欧盟范围内的公共采购的能效标准不能低于“能源之星”计划所规定的要求。

三　可再生能源领域

发展可再生能源是欧盟气候和能源政策极为重要的组成部分，通过提高风能、太阳能和生物能源等可再生能源在欧盟能源消耗中的比例，降低对传统的化石燃料如石油、天然气和煤炭等的使用，是欧盟提高能源安全、应对气候变化和实现温室气体减排目标的主要手段之一。自 20 世纪 70 年代以来，欧盟及成员国对发展可再生能源的重视程度不断提高，特别是在承担京都减排目标后，欧盟逐渐形成了相对明晰的可再生能源政策，在发展可再生能源方面取得了一定的成就。

1. 欧盟可再生能源：立法与实施

在 20 世纪七八十年代，发展可再生能源开始受到主要发达国家的重视，但重心在于对可再生能源的研究和技术开发。在可再生能源的研发中，处于领导地位的不是欧盟而是美国，即便是在 20 世纪 70 年代末，美国对可再生能源的投资有所下降，欧盟对可再生能源的研发费用也仅与美国相当。在欧盟内，成员国对可再生能源研发投入差别很大：德国是欧盟研发投资的最大贡献国，荷兰、西班牙、瑞典和英国也提供了不小的资金

---

① “能源之星”（Energy Star）是一项由美国环保署（EPA）主导、主要针对电子产品的节能计划。它不具有强迫性，自发配合此计划的厂商可以在其合格产品上贴上“能源之星”标签。1992 年启动时，主要针对的是火电厂，但电脑等电子产品也加入进来，之后又延伸到电机、办公室设备、照明、家电等，后来还扩展到建筑业。与欧盟的“生态标志”一样，“能源之星”的标准和范围一直处于升级和扩展之中。目前全球已有多个国家和地区参与该计划，除美国外还有加拿大、日本、中国台湾地区、澳大利亚、新西兰和欧盟等。自 2001 年起，每年召开一次国际“能源之星”计划会议。参见王伟男《欧盟应对气候变化的基本经验及其对中国的借鉴意义》，博士学位论文，上海社会科学院，2009，第 69 页。

支持。从总体来看，约有 1/3 用于太阳能，1/4 分别用于风能和生化能源，与美日等国将主要投入用于研发太阳能相比，欧盟的研发则显得比较分散，但这一趋势在 20 世纪 90 年代有所改变。

进入 20 世纪 90 年代，气候变化问题的政治化和欧盟主要成员国的推动使欧盟可再生能源政策的重心从研发逐步转向政策的实施。1997 年欧委会发布能源政策白皮书——《欧盟可再生能源的未来》，这是欧盟能源政策发展史上的一个分水岭，标志着欧盟已确立了目标明晰的可再生能源政策。白皮书首次为欧盟规定了未来可再生能源的发展目标：到 2010 年，可再生能源在欧盟能源总消费中的份额应比 1997 年翻一番，即由 1997 年的 6% 提高到 2010 年的 12%。[①]白皮书更是详述了欧盟发展可再生能源面临的各种挑战和障碍，指明了未来可再生能源政策的要素。此后欧盟委员会依据白皮书中提出的问题，于 2000 年向欧盟部长理事会提交了进行可再生能源立法的建议。1999 年，欧盟委员会启动 1999 ~ 2003 年可再生能源起飞宣传活动（Campaign for Take - off，CTO），意在推动白皮书中提出的战略。

2001 年，欧盟通过并发布首个可再生能源立法——发展绿色电力的 2001/77/EC 号指令，从三个方面对欧盟的电力生产做出了要求。首先，指令规定了成员国 2010 年可再生能源的电力生产目标，并要求去除各种阻碍发展可再生能源的电网管理和行政程序；其次，创设“绿色电力生产来源证书”制度（Green Electricity Certificate），建立绿色消费者市场，允许成员国间进行可再生能源交易，以最低成本实现可再生能源目标；最后，建立协调成员国可再生能源国家支持计划的统一框架，提高发展可再生能源市场的潜力，节省成本，同时保障可再生能源政策稳定和投资者的信心。[②]两年以后，即 2003 年春天，欧盟又通过关于生化能源的 2003/30/EC 号指令，规定了发展生物能源的潜在性目标（Indicative Targets），即生物能源

---

① European Commission, *Energy for the Future: Renewable Sources of Energy, White Paper for a Community Strategy and Action Plan*, COM (97) 599, Brussels, 1997.

② Publications Office of the European Communities, “Directive 2001/77/EC of the European Parliament and the Council of 27 September 2001 on the Promotion of Electricity Produced from Renewable Energy Sources in the Internal Energy Market”, *Official Journal of the European Communities* 44 (2001): 33 - 40.

在柴油和汽油消耗中的比例2005年达到2%，2010年达到5.75%。[①]此外，该指令也为欧盟成员国调整对汽车能源的征税体系以支持生物能源的发展提供了机会。

可以说，1997年欧盟能源白皮书和上述两大立法指令是当前欧盟发展可再生能源最主要的政策依据。随着形势的发展，欧盟又着手制定了发展可再生能源的中期目标。2006年欧委会发布的“可再生能源路线图”提出，到2020年实现可再生能源在欧盟能源总消费中的比例达到20%的目标是颇具雄心的，却是能够实现的。[②] 2007年3月欧洲理事会通过决议，确认了欧盟委员会提出的2020年可再生能源目标。在此之后，欧盟经过近一年的内部磋商，于2008年1月发布了欧盟“能源与气候变化”一揽子立法，经过成员国激烈的谈判后最终于2008年年底的欧盟理事会上获得通过，并经欧洲议会批准后于2009年4月成为欧盟立法。作为欧盟“能源与气候变化”一揽子立法的一部分，新通过的2009/28/EC号可再生能源指令以及关于发展绿色电力的2001/77/EC号指令和发展生物能源的2003/30/EC号指令，确立了更加完整的欧盟可再生能源法规框架，为可再生能源的进一步发展提供了新的动力和支撑。

2. 欧盟确立起有约束力的可再生能源目标

为了给欧盟国际气候领导地位提供坚实的盟内基础，欧盟在联盟内提出了颇具雄心的气候变化目标，其中之一便是欧盟的可再生能源目标。如上所言，欧盟在1997年首次提出明确的可再生能源目标，并在2001年和2003年先后通过了构成当前欧盟发展可再生能源框架的两大指令。2005年《议定书》正式生效后，欧盟又做出了更大的承诺，提出2020年可再生能源在欧盟能源总消耗中的比例达到20%。面对其他国家对欧盟在气候问题上言辞多于行动的指责，2009/28/EC号指令对发展可再生能源规定了强制约束力的目标和具体的执行方案。

---

① Publications Office of the European Union，“Directive 2003/30/EC of the European Parliament and the Council of May 2003 on the Promotion of the Use of Bio - fuels or Other Renewable Energy for Transport”，*Official Journal of the European Union* 46（2003）：42 - 46.

② European Commission，Communication from the Commission to the Council and the European Parliament，*Renewable Energy Roadmap*，*Renewable Energies in the 21st Century：Building a More Sustainable Future*，COM（2006）848，Brussels，2006.

首先，欧盟新的可再生能源指令不仅规定了欧盟的总体目标，而且对成员国应承担的可再生能源国家目标做出了明确规定。1997 年欧盟能源白皮书提出的 2010 年可再生能源目标仅具有暗示性，对成员国不具有约束力，以至于可再生能源在欧盟 27 国能源消耗中比例仅从 1997 年的 7.2% 提高到 2006 年的 9.2%（见图 3－3），与白皮书规定的 2010 年达到 12% 的目标相去甚远。[①]为此，欧盟改变了以往的做法，指出 2020 年可再生能源不再是潜在性的，相反对成员国具有法律约束力，并通过欧盟理事会和欧洲议会的批准成为欧盟正式立法，使可再生能源目标的实现具有强制性和法律上的保障，这不能不说是欧盟可再生能源政策发展的一大进步。

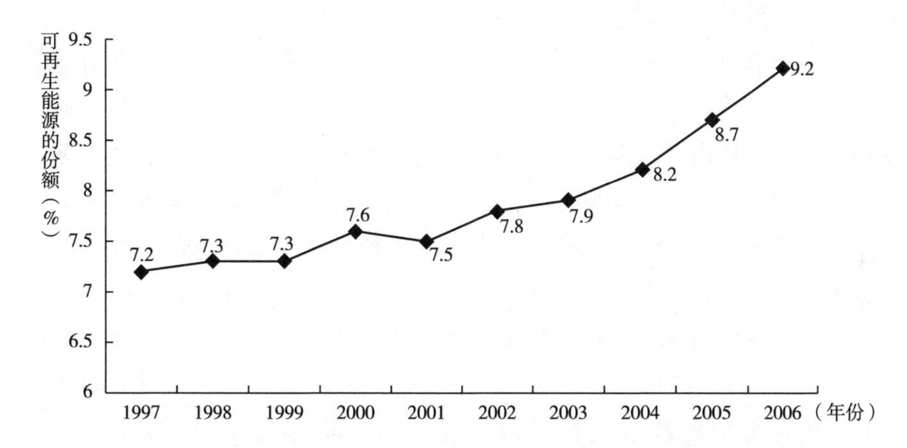

图 3－3 可再生能源在欧盟 27 国能源总消费中的份额（以最终能源消费计）

资料来源：Sebastian and Marc Pallemaerts，eds.，*The New Climate Policies of the European Union：Internal Legislation and Climate Diplomacy*（Brussels：VUB Press，2010），p. 119。

其次，欧盟为实现可再生能源目标做出了具体的规定。除了上述欧盟可再生能源目标从暗示性改为强制性之外，为了促进可再生能源目标的实现，2009/28/EC 号可再生能源指令对欧盟现存可再生能源政策机制进行了改革：①在可再生能源的计算方法上，由原来以一次性能源消费（Primary Energy Consumption）改为以最终能源消费（Final Energy Consumption）为衡量基准，无形中提高了实现可再生能源目标的严格性。②在国家目标的

① Tom Howes，“The EU's New Renewable Energy Directive（2009/28/EC）”，in Sebastian Oberthur and Marc Pallemaerts，eds.，*The New Climate Policies of the European Union：Internal Legislation and Climate Diplomacy*（Brussels：VUB Press，2010），p. 118.

分配上，改变以往完全依据国情和减排潜力进行目标分配的方法，转而规定所有成员国首先均承担 5.5% 的目标，剩余目标则根据成员国国内生产总值（GDP）进行有区别的分摊。③为确保成员国能够真正落实其目标，2009/28/EC 号可再生能源指令还制定了成员国实现 2020 年目标的路线图，提出了潜在性年度目标（见表 3－2），并且要求成员国为此制订国家行动计划（National Action Plans，NAPs），阐明实现年度目标的途径和措施，并且不迟于 2010 年 6 月 30 日提交首个国家行动计划。尽管欧盟不会对未采取适当措施（Appropriate Measures）或者未实现目标的成员国进行财政处罚，但是会启动共同体的相关违规程序，敦促和监督成员国采取适当的政策和逐步完成其目标。①

最后，欧盟还为实现可再生能源目标出台了一系列新举措。在后京都气候时代，虽然欧盟在发展可再生能源方面已经采取了一定的措施，但是欧盟官方统计局的数据显示，欧盟可再生能源进展依然缓慢，实现目标尚有不少障碍和困难。在 2009/28/EC 号可再生能源指令中，欧盟提出了三方面的措施来推进其目标的实现。①推出多种形式的合作机制。鉴于成员国地域差别和可再生能源禀赋的差异，欧盟允许成员国间进行可再生能源交易达到以最低成本实现可再生能源目标的目的。为此，欧盟提出了可再生能源数据转让（Statistical Transfers）、成员国联合项目开发（Joint Project）、可再生能源联合支持计划（Joint Support Scheme）、第三国参与（Third－Country Participation）②等相对灵活的目标实现途径。②推出诸多行政措施，减少发展可再生能源的障碍。在发展可再生能源的过程中，行政和管制失误以及信息缺乏公开性是扭曲能源市场的重要原因之一。在

① Jacques de Jong and Louise van Schaik，“EU Renewable Energy Policies：What can be Done Nationally，What Should Be Done Supranationally?”（Clingendael Seminar Overview Paper for the Seminar on EU Renewable Energy Policies，Held on 22nd &23rd of October 2009 in The Hague），p. 3.

② “第三国参与”是 2009/28/EC 号可再生能源指令第 9、10 款设立的实现欧盟可再生能源目标的一个辅助手段，它允许欧盟成员国与非欧盟成员国的第三国通过联合项目开发、资金支持等方式使后者生产的可再生能源出口到欧盟，实现欧盟可再生能源目标的实现。欧盟对第三国有明确的界定，主要指欧洲经济区成员国、《欧洲能源宪章》的签约国和东南欧国家协会的成员国。这些国家主要有：阿尔巴尼亚、波黑、克罗地亚、马其顿、黑山、波斯尼亚和联合国科索沃临时管理使团等。此外，格鲁吉亚、摩尔多瓦、挪威、土耳其和乌克兰获得了“第三国”的观察员地位。

表 3－2　欧盟“能源与气候变化”一揽子立法为成员国设定的年度可再生能源目标

单位：%（以最终能源消费计）

	2000	2001	2002	2003	2004	2005	2006	2007	2008	2009	2010	2011	2012	2013	2014	2015	2016	2017	2018	2019	2020
瑞典	37.4	37.2	36.5	37.3	38.2	39.8	41.4	41.4	41.5	41.6	41.6	41.6	41.6	42.6	42.6	43.9	43.9	45.8	45.8	47.4	49.0
拉脱维亚	35.5	34.8	34.4	33.6	34.8	32.6	31.4	31.9	32.6	33.3	33.9	34.1	34.1	34.8	34.8	35.9	35.9	37.4	37.4	38.7	40.0
芬兰	29.0	28.0	28.5	28.0	29.2	28.5	28.9	29.2	29.6	30.0	30.3	30.4	30.4	31.4	31.4	32.8	32.8	34.7	34.7	36.3	38.0
奥地利	25.6	25.4	24.7	23.8	22.8	23.3	25.2	25.2	25.3	25.4	25.4	25.4	25.4	26.5	26.5	28.1	28.1	30.3	30.3	32.1	34.0
葡萄牙	19.6	19.2	19.4	19.5	18.3	20.5	21.5	21.7	22.0	22.3	22.5	22.6	22.6	23.7	23.7	25.2	25.2	27.3	27.3	29.2	31.0
丹麦	11.7	12.3	13.4	14.9	16.1	17.0	17.1	17.6	18.2	18.9	19.5	19.6	19.6	20.9	20.9	22.9	22.9	25.5	25.5	27.7	30.0
爱沙尼亚	16.0	15.3	14.9	14.9	19.0	18.0	16.6	17.2	17.9	18.6	19.3	19.4	19.4	20.1	20.1	21.2	21.2	22.6	22.6	23.8	25.0
斯洛文尼亚	16.4	16.2	16.7	16.4	16.2	16.0	15.6	16.0	16.6	17.1	17.7	17.8	17.8	18.7	18.7	20.1	20.1	21.9	21.9	23.4	24.0
罗马尼亚	16.9	14.0	14.8	16.3	16.3	17.8	17.1	17.5	18.0	18.5	18.9	19.0	19.0	19.7	19.7	20.6	20.6	21.8	21.8	22.9	23.0
法国	10.6	10.4	10.3	10.3	10.1	10.3	10.5	11.0	11.6	12.1	12.7	12.8	12.8	14.1	14.1	16.0	16.0	18.6	18.6	20.8	23.0
立陶宛	16.7	16.5	16.8	16.9	15.4	15.0	14.6	15.0	15.5	16.0	16.5	16.6	16.6	17.4	17.4	18.6	18.6	20.2	20.2	21.6	23.0
西班牙	8.3	8.2	8.3	8.6	8.5	8.7	8.7	9.2	9.7	10.3	10.8	11.0	11.0	12.1	12.1	13.8	13.8	16.0	16.0	18.0	20.0
德国	4.0	4.2	4.8	4.6	4.7	5.8	7.8	7.9	8.0	8.1	8.2	8.2	8.2	9.5	9.5	11.3	11.3	13.7	13.7	15.9	18.0
希腊	7.4	7.3	7.2	6.8	6.8	6.9	7.2	7.6	8.1	8.5	9.0	9.1	9.1	10.2	10.2	11.9	11.9	14.1	14.1	16.1	18.0

续表

	2000	2001	2002	2003	2004	2005	2006	2007	2008	2009	2010	2011	2012	2013	2014	2015	2016	2017	2018	2019	2020
意大利	4.8	4.9	5.5	4.7	5.0	5.2	6.3	6.6	6.9	7.2	7.5	7.6	7.6	8.7	8.7	10.5	10.5	12.9	12.9	14.9	17.0
保加利亚	8.2	8.1	9.0	8.8	9.4	9.4	9.0	9.3	9.8	10.2	10.6	10.7	10.7	11.4	11.4	12.4	12.4	13.7	13.7	14.8	16.0
爱尔兰	2.2	2.3	2.3	2.4	2.7	3.1	3.0	3.5	4.2	4.9	5.5	5.7	5.7	7.0	7.0	8.9	8.9	11.5	11.5	13.7	16.0
波兰	6.5	6.9	7.2	7.1	7.1	7.2	7.5	7.8	8.1	8.4	8.7	8.8	8.8	9.5	9.5	10.7	10.7	12.3	12.3	13.6	15.0
英国	0.9	0.9	1.0	1.1	1.2	1.3	1.5	2.0	2.6	3.3	3.9	4.0	4.0	5.4	5.4	7.5	7.5	10.2	10.2	12.6	15.0
荷兰	1.6	1.6	1.6	1.8	2.0	2.4	2.7	3.1	3.6	4.1	4.6	4.7	4.7	5.9	5.9	7.6	7.6	9.9	9.9	12.0	14.0
斯洛伐克	3.2	5.7	5.1	5.8	6.3	6.7	6.8	7.1	7.4	7.8	8.1	8.2	8.2	8.9	8.9	10.0	10.0	11.4	11.4	12.7	14.0
比利时	1.2	1.3	1.4	1.6	1.8	2.2	2.7	3.0	3.4	3.9	4.3	4.4	4.4	5.4	5.4	7.1	7.1	9.2	9.2	11.1	13.0
塞浦路斯	2.6	2.5	2.5	2.4	2.6	2.9	2.7	3.1	3.7	4.3	4.8	4.9	4.9	5.9	5.9	7.4	7.4	9.5	9.5	11.2	13.0
捷克	2.4	2.7	2.9	4.3	5.9	6.1	6.4	6.6	6.9	7.2	7.4	7.5	7.5	8.2	8.2	9.2	9.2	10.6	10.6	11.8	13.0
匈牙利	2.8	2.6	4.8	4.7	4.4	4.3	5.1	5.3	5.5	5.8	6.0	6.0	6.0	6.9	6.9	8.2	8.2	10.0	10.0	11.5	13.0
卢森堡	0.9	0.8	0.7	0.8	0.9	0.9	1.0	1.4	1.9	2.3	2.8	2.9	2.9	3.9	3.9	5.4	5.4	7.5	7.5	9.2	11.0
马耳他	0.0	0.0	0.0	0.0	0.0	0.0	0.0	0.4	0.9	1.4	1.9	2.0	2.0	3.0	3.0	4.5	4.5	6.5	6.5	8.3	10.0
欧盟 27 国	7.6	7.6	7.9	7.9	8.1	8.5	9.2	9.5	9.9	10.3	10.7	10.8	10.8	12.0	12.0	13.7	13.7	16.0	16.0	18.0	20.0

资料来源：Sebastian Oberthur and Marc Pallemaerts, eds. , *The New Climate Policies of the European Union: Internal Legislation and Climate Diplomacy* (Brussels: VUB Press, 2010), p. 131。

2009/28/EC号可再生能源指令中，欧盟出台多个行政手段来解决这一问题，其中主要包括可再生能源领域的成员国立法协调、统一技术标准、促进可再生能源的能效改革以及增加消费者的可再生能源知识等。[①] ③发展绿色消费者市场和进行电网改革。为提高可再生能源在欧盟能源消费中的比例，2001年的发展绿色电力指令曾提出建立绿色电力来源证书制度和改革可再生能源对国家电网的准入，但是在实施中存在诸多不足，2009/28/EC号可再生能源指令对发展绿色电力的标准和电网改革做出了新的详细规定。总之，借助新的可再生能源指令的规定，欧盟实现可再生能源目标有了更大的保障。

3. 生物能源的界定和使用

生物能源（Biomass）是欧盟可再生能源的重要组成部分，其不仅用于电力生产，而且交通运输行业、供热、制冷等高能耗行业也展开了对生物能源的研究、开发和推广。2003年欧盟曾经出台发展生物能源的2003/30/EC号指令，并于2005年12月提出了一项有关生物能源的立法建议，即"生物能源行动计划"，以实现以下目标：建立生物能源市场激励机制，去除生物能源发展的阻碍，最大限度地发挥其潜能，拓展生物能源在供热、电力生产和交通运输业中的应用。该行动计划还为欧盟规定了具体的生物能源发展目标：欧盟25国供热、电力生产和交通运输业中生物能源使用量应从2003年的6900万吨标准油提高到2010年的1.85亿吨标准油。[②]

然而自2003/30/EC号指令通过以来，对生物能源作用的讨论和认识不断变化，从最初认为是遏制交通运输行业温室气体排放的灵丹妙药，到认为是减少柴油等石油产品使用的有益替代能源，再到现在认为其是一种对气候、环境、农业、生物多样性和社会有着负面影响的能源。近来，生物能源更是受到许多人的质疑。目前争议主要集中在两个方面：首先，虽然生物在生长过程中从大气中吸收了CO_2，但其燃烧利用却是向大气中排放CO_2的过程，而且由于它在生长过程中也吸收了土壤里的CO_2，所以它

① Tom Howes, "The EU's New Renewable Energy Directive (2009/28/EC)", in Sebastian Oberthur and Marc Pallemaerts, eds., *The New Climate Policies of the European Union: Internal Legislation and Climate Diplomacy* (Brussels: VUB Press, 2010), pp. 136-137.

② Commission of European Communities, Communication from the Commission, *Biomass Action Plan*, COM (2005) 628 Final, Brussels, 7.12.2005, p.5.

在使用过程中排放的 CO_2 可能比生长过程中吸收的 CO_2 还要多。其次，也是令生物能源支持者尴尬的是，由于许多农田甚至森林（特别是在巴西、非洲和东南亚地区）被用来种植能源作物，一方面导致粮食作物种植面积减少，世界粮食市场价格升高，加剧非洲等贫困地区的饥饿，另一方面也导致毁林现象泛滥，生物圈内碳汇流失，最终增强了温室效应。[①]

生物能源也是欧盟发展可再生能源过程中颇具争议的议题之一。因此当欧盟委员会在 2007 年“能源与气候变化”一揽子立法建议中鼓励将生物燃料作为增加可再生能源的途径之一时，在欧盟内外再次激起了对生物能源的大讨论。2007 年 9 月，经济发展与合作组织（OECD）指出使用生物燃料具有多种环境和社会风险；世界银行（WB）和联合国世界粮食计划署（WFP）对鼓励使用生物燃料也持批评立场。2008 年 1 月，欧委会的科学研究机构——联合研究中心（JRC）泄漏的内部流通文件也批评生物燃料的不可持续性和社会成本。此外，包括乐施会（Oxfam）和地球之友（Friends of the Earth）在内的 17 个非政府组织联名致信欧委会能源委员安德里·斯彼堡戈斯（Andris Piebalgs），要求欧盟要么对生物燃料的生产施加更为严格的标准，要么就放弃给交通部门生物燃料使用设置强制性目标。[②]大多数成员国对生物能源的立场也发生动摇。例如，2008 年 6 月，法国政府一改在生化能源上的积极立场，反对欧委会在可再生能源指令建议中为欧盟交通部门生物燃料的使用规定任何强制目标，认为在未确定其环境和社会效应前这样做是错误的，欧盟各国能源部长对设置生物能源目标也持保留态度。

面对来自欧盟内外对生物能源的质疑，欧盟的行为开始变得日益谨慎起来。2008 年欧盟决定对其生物能源政策进行中期评估，特别研究了生化能源生产与世界粮价上涨的关系，表示将根据评估结果进行适当的调整，其结果体现在 2009/28/EC 号可再生能源指令中。根据该指令，成员国和欧盟议会最终决定，在交通运输领域发展替代化石能源的可再生能源是至关重要的，并同意为交通运输领域规定 10% 的最低生化能源目标，但是更

---

① 王伟男：《欧盟应对气候变化的基本经验及其对中国的借鉴意义》，上海社会科学院博士学位论文，2009，第 65 页。

② David Howarth, “Greening the Internal Market in a Difficult Economic Climate”, *Journal of Common Market Studies* 47 (2009): 147 - 148.

加奖励使用源于可再生能源的电力和通过二次转化形式进行生物能源的生产。[①]同时，指令也要求欧盟成员国密切监管生物能源消费的影响，对发展生物能源规定了严格的“可持续性”标准（Sustainability Criteria）。[②]通过欧委会与成员国以及欧洲议会之间的妥协，最终欧盟解决了各方在发展生物能源上存在的争议和分歧。更为重要的是，通过为交通部门生物能源使用规定最低目标使欧盟可再生能源政策又向前推进一步。

四　适应能力建设

根据《公约》的相关规定，适应和减缓是应对气候变化的两个方面。然而截至目前，发达国家将主要努力放在减缓气候变化上，而极少对适应气候变化问题给予关注，即便是在国际气候合作中谈及适应问题，其也被认为是发展中国家才面临的问题和挑战。在世界的许多地区，特别是欧洲，适应气候变化是各国政治领导人闭口不谈的议题，哪怕是对其简单的讨论都被认为可能对未来减缓政策的发展造成破坏。因此，只有当越来越多的气候科学研究证明气候变化的某些负面影响不可避免时，适应气候变化问题才获得了公共政策决策者的注意。2001 年 IPCC 第三份评估报告推动了世界各国对适应气候变化问题认识的改观。进入 21 世纪，适应气候变化逐步成为工业化国家的政策领域之一，并在提交给《公约》秘书处的国家信息通报中有所体现，但是各国政府对适应问题的紧迫程度和重视性存在很大的差异。在欧洲，已经确立较高减排目标的欧盟成员国（尤其是德国）尚未建立适应气候政策框架，而欧盟内在温室气体减排上相对消极的成员国，例如西班牙等国则采取了一定的适应措施。在 21 世纪之前，源于

① Publications Office of the European Union, “Directive 2009/28/EC of the European Parliament and the Council of 23 April 2009 on the Promotion of the Use of Energy from Renewable Sources and Amending and Subsequently Repealing Directives 2001/77/EC and 2003/30/EC”, *Official Journal of the European Union* 52 (2009): 28, 41.

② “可持续性标准”的四点内容为：①与化石能源相比，生物能源的整个生产过程的 CO_2 减排比例应满足一定的指标。运营中的生物能源生产厂自 2013 年起至少为 35%，自 2017 年起，运营中的生物燃料生产厂至少为 50%，新建生化燃料生产厂至少为 60%。②不管是进口的还是欧盟内的生物能源的生产均须是可持续性发展。③生物能源的生产不应来自用于生产粮食的原材料，以避免对世界粮价产生重大影响。④为确保生物资源的使用效率，生化能源的生产必须达到欧盟常规的能效标准。

欧盟社会对适应气候变化问题的禁忌，加上欧委会也没有发展适应政策的政治意愿，欧盟尚严重缺乏联盟层面甚至是成员国层面的适应气候变化政策协调。[①]

进入21世纪之后，一系列突发事件改变了欧盟及成员国对待适应气候变化问题的立场和政策。2002年中欧地区的水灾明显让欧盟感受到了气候变化带来的影响，2003年发生的热浪也让欧盟的西欧成员国遭受了巨大损失，尤其是法国巴黎在热浪中造成大量的人员死亡让欧盟及成员国认识到了在气候变化面前的脆弱性和欧盟适应气候变化的必要性和急迫性。2006年英国财政部发布的《斯特恩报告——气候变化的经济学》指出适应气候变化将大大降低应对气候变化的成本。以海平面上升为例，欧盟采取适应行为的收益远远大于其无所作为招致的损失（见图3-4）。2007年IPCC发布第四份评估报告也指出，全球平均气温在过去的一个世纪里升高了0.74℃，欧洲地区的升温则达到1℃左右，明显高于世界的平均水平。2002年8月召开的应对水灾峰会上，轮值主席国丹麦和欧盟委员会首次表示不能让损失高达150亿欧元的中欧国家独自应对水灾。两周之后，欧盟建议创设新的欧洲应急机制来筹措援助资金。也正是在成员国和欧洲议会的支持下，欧盟建立团结基金（Solidarity Fund）并于2004年正式开始运作。根据相关规定，该基金作为自然灾害应急手段将为欧盟受灾国提供紧急的资金援助。[②] 2004年下半年和2005年下半年荷兰和英国担任轮值主席国期间，欧盟构建共同适应气候政策的速度明显加快。2005年欧盟发布的“赢得应对全球气候变化战斗的胜利”磋商文件提及适应气候变化的必要性，强调指出仅有个别成员国在适应政策上有所行动。2005年10月启动的第二阶段“欧洲气候变化计划”（ECCP Ⅱ）在特设气候变化和适应工作小组下开始讨论这一问题。此外，2007年欧盟通过的2007/60/EC号应对水灾指令建立了欧盟层面的水灾风险评估和管理框架体系，以降低其对

---

① Tim Rayner and Andrew Jordan, “Adapting to a Changing Climate: An Emerging European Union Policy”, in Andrew Jordan and Dave Huitema et al., eds., *Climate Change Policy in the European Union: Confronting the Dilemmas of Adaptation and Mitigation?* (Cambridge: Cambridge University Press, 2010), p. 148.

② 欧盟为该基金的使用规定了两大标准：①基金援助的自然灾害包括水灾和火灾，但不包括旱灾；②该基金仅援助受灾损失超过30亿欧元（以2002年价格计）或者其国民收入总值0.6%的欧盟成员国。

共同体内健康、环境、文化遗产和经济活动的负面影响。

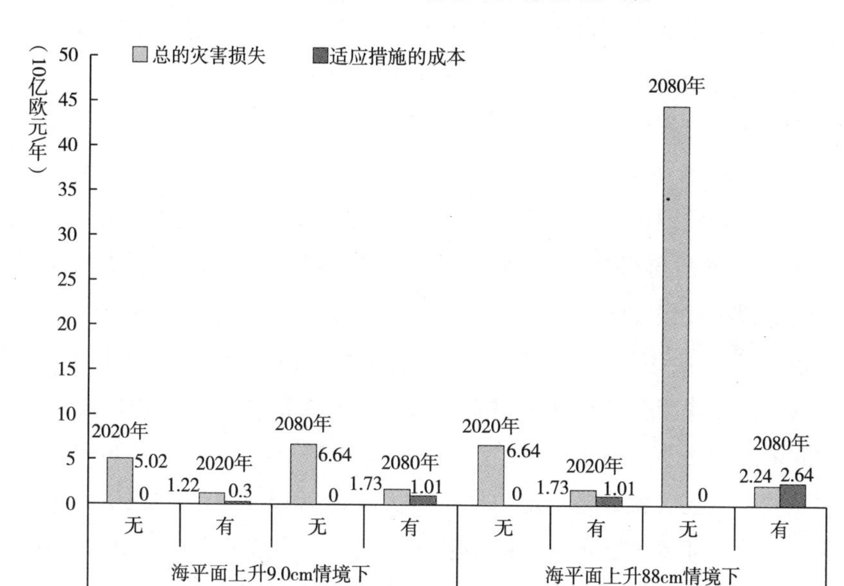

图 3－4　欧盟在适应气候变化上“有为”与“无为”造成的损失比较

说明：根据 2001 年 IPCC 的第三份评估报告，未来海平面的上升范围介于 9. 0cm ~ 88cm。

资料来源：Juan－Carlos Ciscar，ed.，*Climate Change Impacts in Europe*：*Final Report of the PESETA Research Project*（Luxembourg：Publication Office of the European Union，2009），p. 56。

可以说，欧盟国家在气候变化面前遭受的损失和由此带来的震撼推动欧盟及成员国加强了对适应气候变化问题的重视，催生了欧盟适应气候政策的逐步形成。在后京都气候时代，成员国和欧洲议会的支持以及欧洲市民社会的呼吁促使欧委会通过其附属科学研究机构——联合研究中心（JRC）和对其他官方和非官方研究机构提供资金支持的方式，大力推进了对适应气候变化的研究。①经过近两年的准备之后，2007 年 6 月欧盟委员会发布适应气候变化绿皮书——《适应气候变化：欧盟的行动选择》，绿皮书在分析建立欧盟层面适应政策原因和面临挑战的基础上，提出了欧盟未来适应气候变化行为的四根支柱，即：①欧盟内的早期行动，包括将适应

① 欧盟在第六轮框架研究计划支持下的气候研究项目主要有：①《欧盟适应和减缓气候战略计划》（ADAM Project）；②《欧洲空间计划：适应气候事件》（ESPACE Project）；③《气候变化背景下的西北欧生物多样性适应》（BRANCH Project）。此外，欧盟对也欧洲环境署（EEA）和经济发展合作组织（OECD）下的适应研究进行了资助。

融入现存和即将出台的立法、政策和资金援助计划中以及建立新的适应政策措施；②将适应问题与欧盟对外关系联系起来；③借助综合气候研究拓宽适应知识基础以降低适应气候变化中的不确定性；④使欧洲社会、商业集团和公共部门积极参与到构建全面且协调的欧盟适应战略中。[①]可以说，绿皮书的出版推动了欧盟社会各界对适应问题的关注，促使包括欧盟机构、成员国和欧洲市民社会参与到欧盟适应气候变化白皮书的准备中去，但也使白皮书的出台过程更加复杂，内部谈判更加耗时。2009 年 4 月 1 日，欧盟适应气候变化白皮书——《适应气候变化：欧盟的行为框架》最终发布。与 2007 年的绿皮书相比，白皮书并未提出任何激进的适应气候变化倡议，而是决定分阶段逐步建立欧盟适应政策的框架。根据白皮书的内容，欧盟适应气候政策的发展将分为两个阶段，第一阶段为2009～2012 年，是欧盟适应气候战略制定的准备阶段；自 2013 年起，欧盟适应政策进入第二阶段，即着手制定全面的欧盟适应气候变化战略。白皮书对 2007 年绿皮书中未来适应气候变化的四大支柱进行修改和细化之后，将其作为欧盟适应政策第一阶段的主要目标。此外，为确保能在 2013 年顺利启动欧盟全面适应战略的建设，欧盟也决定对其部门政策进行评估和通过新建立适应知识普及机制（Clearing House Mechanism）来推进适应知识和良好规范的交流。经过近四年的摸索和准备，2013 年 4 月，欧盟委员会发布《欧盟适应气候变化战略》磋商文件，欧盟适应政策开始全面实施。根据该战略文件，欧盟全面适应气候变化战略意在实现三大关键目标，即①推进成员国采取适应气候变化行动；②提升适应气候变化政策决策水平；③通过欧盟集体行动，提高欧盟内易受气候变化影响行业的适应能力。此外，部分成员国也配合欧盟适应气候变化战略的需要，已经出台或者正在起草国家适应战略。[②]

---

① Commission of European Communities, *Green Paper from the Commission to the Council, the European Parliament, the European Economic and Social Committee of the Regions, Adapting to Climate Change in Europe – Options for EU Action*, COM (2007) 354 Final, Brussels, 29. 6. 2007, pp. 14 – 26.

② 截至 2013 年 5 月，欧盟 16 个欧盟成员国发布了适应气候变化国家战略；其他 12 个成员国也在积极准备制定适应气候变化国家战略；具体参见：European Environment Agency, *Adaptation in Europe: Addressing Risks and Opportunities from Climate Change in the Context of Socio – economic Developments* (Luxembourg: Publications Office of the European Union, 2013)。

尽管欧盟已就适应气候变化出台了一些政策，但总体来看，当前欧盟适应政策尚处于初期阶段，距离完整而全面的适应政策的建立仍有不小的差距，国外学者（特别是欧盟学者）也持相对保守的态度，认为欧盟发展适应气候战略的相关决定反映了欧盟在发展适应政策上的内部纷争和欧委会在适应政策上的无能为力。

第二节　欧盟在国际气候合作中的贡献和作用

气候变化属于典型的全球性公共问题，非一国能力所能解决，因而应对气候变化需要世界各国的合作和共同努力。如前所述，欧盟作为多边国际合作和国际法的推崇者和坚定支持者，更是认为应对气候变化是推进其国际秩序理念的重要手段和途径。因而自气候变化问题国际政治化之后，欧盟就参与到了多种形式的国际气候合作中，不仅在《公约》及其《议定书》框架下积极参与构建国际气候机制，而且也在其他多边组织和论坛以及对外双边关系中谋求合作应对气候变化问题。

一　欧盟在《公约》框架下国际气候谈判中的立场和作用

20 世纪 80 年代末，气候变化进入国际政治领域并受到世界各国的普遍关注。1990 年 12 月，第 45 届联合国大会通过第 45/212 号决议，成立由联合国成员国组成的“气候变化框架公约政府间谈判委员会”（INCs），立即启动起草公约的谈判，以最终达成一个气候框架公约来应对全球气候变化，由此国际气候谈判正式开始。时至今日，国际气候谈判先后经历了四个阶段的发展，即《公约》谈判和批准时期（1990 ~ 1994 年）、《议定书》谈判和批准时期（1995 ~ 2005 年）、后京都气候谈判时期（2005 ~ 2011 年），以及 2020 年后国际气候机制谈判时期（2011 年以来）。《公约》及其《议定书》框架下的国际气候谈判是国际社会应对气候变化的主要渠道，欧盟自 20 世纪 90 年代其启动之初就参与其中，并以欧盟颇具雄心的承诺和立场影响着国际气候谈判的进行和国际气候机制的塑造。欧盟在国际气候谈判中的立场和作用也随国际气候谈判进程的发展而演变。

1. 欧盟在国际气候谈判中立场的演变

虽然欧盟一开始并未对气候变化给予重视，但是很快认识到应对气候变化对欧盟的战略意义，积极调整其对气候变化问题的立场和政策，进而提出要在国际气候领域发挥领导作用，引导国际应对气候变化努力的发展方向。鉴于国际气候谈判进程的演进、欧盟内外形势的变化以及气候科学研究的进展，欧盟的气候谈判立场在不同时期也有一定的差异。

（1）《公约》谈判与批准时期（1990～1994 年）

20 世纪 80 年代末气候科学研究进展促使气候变化问题从科学领域进入政治领域，也促使了诸多气候行动倡议的出现。1988 年在联合国环境署（UNEP）和世界气象组织（WMO）的支持下，联合国气候变化政府间专门委员会（IPCC）得以建立，其目的在于进一步对气候变化进行研究以形成关于气候变化的科学共识，降低气候变化科学的不确定性。此后一系列关于气候变化的国际会议更是激起了世界对气候变化的注意，也正是在这样的背景下，联合国通过决议启动了《公约》下的国际气候谈判进程。

面对国际气候谈判形势的发展，欧盟委员会和成员国逐步确立了在应对气候变化上的立场。1990 年 6 月，气候变化问题首次出现在欧洲理事会的议程之上，根据会后发布的主席决议，欧盟领导人敦促各国就限制温室气体排放的目标和战略达成一致。在此情况下，1990 年 10 月第二次世界气候大会召开前夕，欧盟能源和环境部长联合理事会决定，“在其他非欧盟国家做出类似承诺的前提下，欧盟将采取措施将其 2000 年的温室气体排放总量稳定在 1990 年的水平上，但未就实现上述稳定目标应采取的措施做出详细的说明”。带着这样的温室气体目标，欧盟参与到了国际气候谈判中。

在这一阶段，国际气候谈判主要围绕《公约》的谈判展开，谈判焦点主要集中在两个关键性的问题上，即《公约》是否应该规定具体的减排目标和时间表以及发展中国家如何参与其中。对于前者，欧盟认为没有具体减排目标的《公约》是过于软弱和不可接受的。[①]因此，欧盟在谈判中提出

① P. Lewis, “U. S. Accused of Endangering Environment Talk”, *International Herald Tribune*, 25 March 1992.

《公约》应为各国规定具体的温室气体限排目标和时间表，并极力促使所有工业化国家接受相同的温室限排目标，将2000年温室气体排放总量稳定在1990年的水平上。然而其他经济发展与合作组织国家对欧盟的主张反应冷淡，尤其是美国强烈反对《公约》规定具体减排目标。在举行的历次《公约》谈判会议上，欧盟关于规定具体限排目标的提议均遭到美国的抵制，美国总统乔治·布什曾以此为借口拒绝参加1992年在里约热内卢召开的联合国环境和发展大会。鉴于美国第一温室气体排放大国的地位和确保美国的参与，欧盟最终做出了让步。对于后者，欧盟、美国等发达国家试图不加区别地让发展中国家承担限排责任和义务，但是在“G77加中国”的联合抵制下，气候谈判会议最终决定不给发展中国家增加新的责任和义务。1992年5月在美国纽约举行的第十一次“气候变化框架公约政府间谈判委员会”会议（也是最后一次会议）通过的《公约》仅从法律上确立了国际气候治理的最终目标和一系列基本原则。欧盟及成员国也分别在1992年和1993年签署和批准了《公约》。

（2）《议定书》谈判和批准时期（1995～2005年）

1994年，《公约》在经过各缔约方的批准后最终生效，然而《公约》的框架性特点和对缔约方气候变化责任的模糊规定使得如何落实《公约》精神成为此后国际气候谈判需要解决的议题。最终，1995年《公约》第一次缔约方大会决定起草一项新的议定书，即《京都议定书》，由此国际气候谈判进入京都时代。

①欧盟对《议定书》谈判的立场和政策

如前所述，在《公约》缔约方第一次大会之后，“柏林授权特设小组”就达成新的议定书展开谈判。为了延续在气候变化问题上的领导地位和确立在议定书谈判中的影响，欧盟采取了积极的谈判立场。首先，作为发挥欧盟在谈判中作用的重要一步，1996年6月欧盟环境部长理事会确立了应对气候变化的长期目标，即全球平均气温的上升与工业革命前相比不超过2℃，这一目标也成为欧盟参与国际气候谈判的指导原则。其次，欧盟坚持所有工业化国家应做出有约束力的国际减排承诺。在一些欧洲国家代表的支持下，德国建议工业化国家2005年的温室气体排放与1990年相比降低10%，到2010年降低15%～20%。欧委会在德国建议的基础上，就工业化国家应做出的减排承诺进行了内部磋商，并于1997年3月提出了欧盟的共同建议。具体来说，到 2010 年，工业化国家三种主要的温室气体（CO_2，CH_4，N_2O）应减少 15%。1997 年 6 月，欧盟又对其建议进行了补充，提出到 2005 年减排 7.5% 的中期过渡目标。与其他工业化国家提出的 2010 年稳定目标相比，欧盟的立场要显得有抱负的多。同时，为了提高欧盟在《议定书》谈判中立场的可信性，1997 年 3 月欧盟理事会同意为成员国设定临时的温室气体限排目标，规定了欧委会可以采取的各种共同协调政策与措施清单。根据会后通过的理事会决议，成员国的临时限排目标差异颇大（见图 3－5）。作为整体，欧盟预计将减排 9.2%，与欧盟在《议定书》谈判中建议的减排 15% 的目标仍有相当差距。

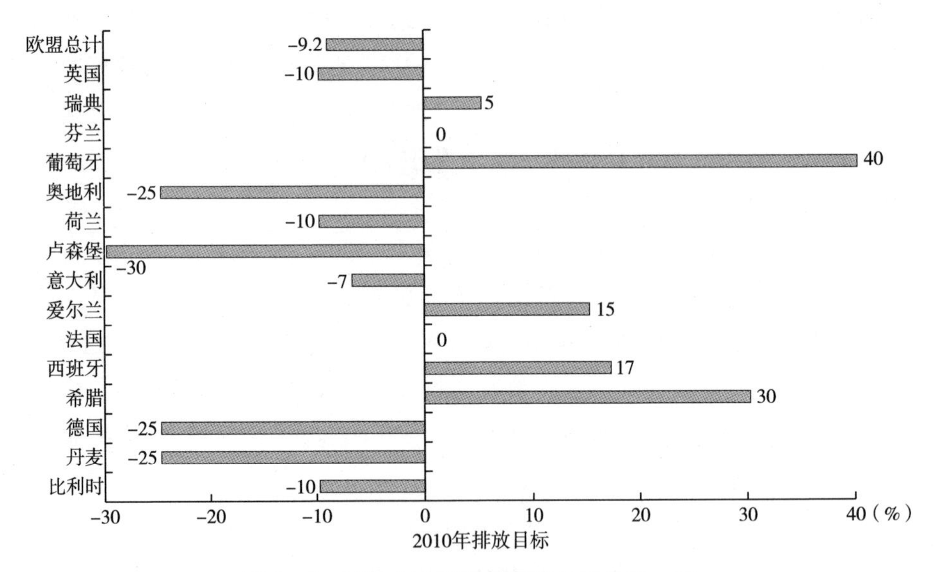

图 3－5　1997 年 3 月欧盟责任分摊协议一览

资料来源：Council of European Union（Environment），*Community Strategy on Climate Change－Council Conclusions*，http：//www.consilium.europa.eu/uedocs/cms_ data/docs/pressdata/en/envir/011a0009.htm。最后登录时间：2010 年 10 月 10 日。

1997 年达成的《议定书》首次规定了工业化国家在 2008～2012 年间六种主要的温室气体减排目标，欧盟作为一个整体承诺减排 8%，是所有工业化国家中最高的。与此同时，《议定书》也创立了许多市场机制来帮助缔约方实现其减排目标，包括国际排放贸易（ET）、清洁发展机制（CDM）和联合履约（JI）。《议定书》也包含了森林和其他碳汇实现的减排量如何计算的条款。然而正是《议定书》包含的复杂条款决定《议定书》仍是一项未完成的事业,[①] 因为在上述条款得到进一步明确之前要做到对《议定书》的合理执行将非常困难。

因此，自 1998 年起《公约》缔约方展开了《议定书》具体执行细节的谈判。根据 1998 年第四次公约缔约方大会通过的《布宜诺斯艾利斯行动计划》规定，2000 年（第六次《公约》缔约方大会召开的年份）将是达成《议定书》具体实施细则的最后期限。然而欧盟与以美国为首的伞形集团在吸收汇上的分歧使 2000 年在海牙举行的《公约》第六次缔约方大会无果而终，在半年后举行的第六次缔约方大会续会上各方经过妥协达成《波恩政治协定》，从而为最终达成议定书的实施细则扫除了政治上的障碍。2001 年 10 月第七次缔约方会议在摩洛哥马拉喀什举行，虽然欧盟大力呼吁各缔约方应优先采取国内实质性减排和限制对森林以及其他汇在实现减排目标中的使用以确保《议定书》的环境完整性（Environmental Integrity），但面对美国退出《议定书》后的国际气候谈判形势，欧盟进行了一系列积极的努力，各方最终就《议定书》实施的具体细节达成《马拉喀什协议》（Marrakesh Accords）。为此，欧盟不得不在谈判中做出一些重大让步，其中包括：1）同意所有附件一国家承担不同的减排目标（欧盟原本坚持各方承担相同的减排目标）；2）接受将六种主要的温室气体作为整体纳入减排目标中；3）接受京都灵活机制；4）同意采取不同的排放基年；5）放弃规定年度排放目标的立场，接受为期 5 年的京都目标。[②]《马拉喀什协议》的通过为《议定书》的实施铺平了道路。

②《议定书》批准过程中欧盟气候外交的发展

根据《议定书》第 25 条的规定，不少于 55 个《公约》缔约方，包括其合计的二氧化碳排放量至少占附件一所列缔约方 1990 年二氧化碳排放总量的 55% 的附件一所列缔约方已交存其批准、接受、核准或者加入的文书后的第九十天起生效。[③]根据相关排放数据，美国 1990 年的排放总量约占

---

① Hermann E. Ott, "The Kyoto Protocol: Unfinished Business", *Environment* 40 (1998): 16 - 20.

② Andrew Jordan and Dave Huitema et al. eds., *Climate Change Policy in the European Union: Confronting the Dilemmas of Adaptation and Mitigation*? (Cambridge: Cambridge University Press, 2010), p. 65.

③ UNFCCC, Kyoto Protocol to the United Nations Framework Convention on Climate Change, UN. Document No. FCCC/CP/1997/7/Add. 1, December 1997, p. 26.

所有附件一国家排放总量的 36.1%，在美国宣布退出《议定书》之后，取得大多数工业化国家的支持和批准就成为《议定书》生效的基本条件。为了推动缔约方尽快批准《议定书》，欧盟展开了积极的外交努力。

首先，在约翰内斯堡世界可持续发展大会召开前夕，欧盟理事会通过批准《议定书》的 2002/358/EC 号决议。该决议不仅宣布欧盟正式批准《议定书》，而且还将欧盟为实现京都气候目标而达成的责任分摊协议纳入欧盟立法，期望以欧盟的实际行动激起其他缔约方对批准《议定书》的重视。2002 年 5 月 31 日，欧盟及成员国正式向《公约》秘书处提交批准文件，并按照《议定书》第四款的要求向国际社会宣布了欧盟内部的责任分摊，以便使《议定书》能够在 2002 年 9 月召开的世界可持续发展大会期间正式生效。

其次，展开对俄罗斯的气候外交。在欧盟的推动下，大多数的工业化国家均表示将尽力在 2002 年年底以前批准《议定书》，唯独俄罗斯立场模糊。根据美国世界资源研究所（WRI）的排放数据，俄罗斯 1990 年温室气体排放总量约占《公约》附件一国家的 17.4%。鉴于俄罗斯在全球排放中所占的巨大份额，即便其他所有工业化国家均通过《议定书》，俄罗斯的拒签也将使《议定书》难以达到法定的生效条件，俄罗斯也成为决定《议定书》前途和命运的国家。就在欧盟批准《议定书》前几周，俄罗斯总统普京宣布俄罗斯将会批准《议定书》，但至少不是在 2002 年底以前，最早也要到 2003 年 1 月。从《议定书》给俄罗斯规定的京都目标和其当时的温室气体排放状况看，俄罗斯不仅不需要减排，而且还由此持有大量可以出售的“热空气”，只是在美国拒签《议定书》之后，俄罗斯出售“热空气”的经济收益大大降低。但是与其他缔约方相比，俄罗斯仍能获得更多的经济好处，由此表明非气候政策领域的国际激励因素才是决定俄罗斯立场的原因。[①]为了促使《议定书》的尽早批准，欧盟与俄罗斯展开了积极的外交磋商，终于在 2004 年 5 月欧俄莫斯科峰会上达成妥协，欧盟以对俄罗斯申请加入世界贸易组织的支持换取了后者在《议定书》批准上的立场转变。根据俄总统普京在会后新闻发布会上的声明，俄罗斯支持京都进程，

---

① Laura A. Henry and Lisa McIntosh Sundstrom, “Russia and the Kyoto Protocol: Seeking an Alignment of Interests and Image”, *Global Environmental Politics* 7 (2007): 57.

并将加速推进对《议定书》的批准。[①]此后，俄罗斯在经历了激烈的内部政策讨论之后，最终于2004年11月18日批准《议定书》，从而使其在2005年2月16日正式生效。俄罗斯批准《议定书》也被认为是欧盟气候外交的一次重大胜利。[②]

（3）后京都气候谈判时期（2005～2011年）

根据《议定书》第3条第9款的规定，缔约方对《议定书》2012年后承诺的谈判至少应在第一个履约期结束之前七年开始，即在2005年开始。由此，2005年底在加拿大蒙特利尔举行的《公约》第十一次缔约方大会上决定启动《议定书》第二履约期的谈判，并建立《议定书》下附件一进一步承诺特设工作组（AWG－KP），由此国际气候谈判进入后京都时代。与此同时，为了将未签署《议定书》的美国以及排放量迅速增长的发展中国家纳入谈判中，蒙特利尔气候大会也要求各缔约方在《公约》框架下就长期气候合作展开为期两年的对话。2007年12月印度尼西亚巴厘岛气候大会不仅决定将《公约》框架下的长期气候对话升级，建立《公约》框架下长期气候合作特设工作组（AWG LCA），而且通过规划后京都气候谈判的"巴厘岛路线图"（Bali Action Plan），即再经过两年的谈判，以实现在2009年底的联合国哥本哈根气候会议上就后京都气候机制做出最终安排。至此，后京都气候谈判在两个工作组内以"双轨制"的方式进行。

为继续保持其在国际气候领域的领导地位和影响，欧盟在经过与成员国的磋商之后，以磋商文件、理事会决议以及向《公约》秘书处提交文件等方式，表明了欧盟在构建后京都气候谈判中的立场和政策。2005年2月，欧盟委员会发布"赢得应对气候变化斗争胜利"磋商文件，提出了欧盟后京都气候战略的基本要素和需要优先关注的议题。2007年1月，欧盟发布"全球升温不超过2°C——欧盟2020年的政策目标"文件，该文件与2005年的磋商文件密切相关，提出要取得应对气候变化的胜利，全球平均气温的上升与工业革命前相比不应超过2°C。2007年3月，欧盟理事会通

---

① Vladimir Kotov, "The EU－Russia Ratification Deal: The Risks and Advantages of an Informal Agreement", *International Review for Environmental Strategies* 5 (2004): 158.

② Martijn L. P. Groenleer and Louise G. Van Schaik, "United We Stand? The European Union's International Actorness in the Cases of the International Criminal Court and the Kyoto Protocol", *Journal of Common Market Studies* 45 (2007): 984－988.

过决议，接受欧委会提出的建议，确立了欧盟 2020 年的政策目标。2009 年 1 月，欧盟又出台“哥本哈根综合协议”磋商文件，极为详尽地阐明了欧盟对哥本哈根会议的期望和欧盟对构建后京都机制的立场和政策。此后，欧委会又分别在 2009 年 9 月和 2010 年 3 月发布“国际气候融资：欧盟的哥本哈根蓝图”和“后哥本哈根时代的国际气候政策”等两大磋商文件，对其立场进行了补充。概括起来，欧盟的后京都气候谈判立场主要包括以下方面。

①发达国家的减排承诺

欧盟认为要实现《公约》提出的目标，全球平均气温的上升与工业革命前相比不应该超过 2°C，并据此提出了对发达国家减排承诺的立场。在发达国家总体减排量上，欧盟建议发达国家应该率先减排，作为一个整体到 2020 年将其温室气体排放量在 1990 年的基础上减少 30%，进而实现全球排放总量在 2020 年达到峰值，到 2050 年减少为 1990 年的 50%。[①] 在发达国家减排责任的分摊上，由于美国等处于《议定书》的框架之外，欧盟坚持各方的承诺要具有可比性，并提出了衡量可比性的四个要素：人均国内生产总值、单位 GDP 的温室气体排放强度、1990～2005 年间温室气体的排放趋势、1990～2005 年间的人口变化趋势。在承诺的性质上，欧盟坚持各国的承诺要具有强制性和法律约束力，执行过程做到可衡量、可报告和可核实（MRV）。在此基础上，欧盟提出了其中长期的减排目标，即 2020 年温室气体排放总量比 1990 年减少 20%，如果其他发达国家进行同等规模的减排并且经济较发达的发展中国家在其责任和能力范围内做出适当的贡献，那么欧盟愿意继续努力并在一个雄心勃勃且全面的国际协议框架内签订减排 30% 的目标。[②]

②发展中国家的适当减排行为

欧盟认为发展中国家的温室气体排放正在迅速增加，倘若其不参与

---

① UNFCCC, Information and Data Related to Paragraph 17 (a) (i) and (ii) of Document FCCC/KP/AWG/2006/4 and to the Scale of Emission Reductions by Annex I Parties, and Views on the Organization of an In-session Workshop on These Issues, Submissions from Parties, FCCC/KP/AWG/2008/MISC. 4, p. 12.

② Commission of the European Communities, *Towards a Comprehensive Climate Change Agreement in Copenhagen*, COM (2009) 39 final, Brussels, 28. 1. 2009, p. 4.

全球减排，将有可能抵消发达国家所做出的减排努力，导致碳泄漏（Carbon Leakage）。因此，发展中国家应采取适当国家减排行为（NA-MAs），并作为一个整体到2020年将其温室气体排放量的增长与基准排放（Business as Usual）相比减少15%～30%。这种适当国家减排行为也应包括降低源于森林砍伐所导致的排放量（REDD），即到2020年，森林砍伐总面积与目前相比减少50%，到2050年应该完全停止。与此同时，欧盟提出发展中国家，特别是经济较发达的发展中国家应制定雄心勃勃的低碳发展战略和计划或者进行“有意义的减排行动”，规划其未来温室气体的排放情景和减排努力。[①]关于发展中国家的适当减排行为，欧盟认为应分为三类：第一类是自动实施的行为，即发展中国家不需要他国支持，依靠自有资金就可以进行的；第二类是通过清洁发展机制（CDM）进行的减排行为；第三类才是需要发达国家资金和技术支持的减排行为。关于发展中国家适当减排行为性质，欧盟认为应该具有法律约束性，应该设立一个国际登记处对此类减排行为进行登记。该登记处使用透明且强大的测量、报告和核查方法列明发展中国家已经采取的行动并说明其减排成效。联合国气候大会对发展中国家整体的减排努力进行审查，并据此做出要求发展中国家加强减排努力以及要求发达国家加大其支持力度的相关决定。

③发达国家资金和技术支持的力度

资金支持是欧盟理事会的讨论中颇具争议的议题，因此欧盟在此议题上的谈判立场尚未完全确定。从目前看，在资金的来源上，欧盟认为应来自三个方面：发展中国家的自有资金（包括公私部门）、国际碳市场和国际公共资金（来自发达国家公共部门）。[②]与此同时，欧盟强调私人资金应发挥主导作用，公共资金发挥辅助作用。对于发展中国家所需资金的分摊，欧盟认为所有国家（除了最不发达国家外）都应该做出平等的贡献，

---

① Council of the European Communities, *Contribution of the Council (Environment) to the Spring European Council (19 and 20 March 2009): Further Development of the EU Position on a Comprehensive Post-2012 Climate Agreement - Council Conclusions*, Brussels, 3 March 2009, p. 7.

② Commission of the European Communities, *Stepping up International Climate Finance: A European Blueprint for the Copenhagen Deal*, COM (2009) 475/3, Brussels, 10 September 2009, p. 4.

但发达国家应率先做出贡献。公共财政的贡献度应具有可比性，并以污染者付费原则与每个国家的经济能力为基本衡量标准，各国的总体贡献额度最终应通过谈判方式来确定。[①]在 2020 年前，由于发展中国家大部分减排行为的成本较低，资金应该主要来自其国内企业和家庭，国际资金支持只针对超出各个发展中国家自身支付能力的部分。对于资金支持的具体数量，欧盟表示将承担起应有的责任，欧盟委员会进行的研究认为欧盟应该承担的资金贡献大约为发展中国家所需资金的10% ~30%，并据此粗略估算了欧盟需要承担的资金数量，欧盟表示其最终的资金贡献量将依据国际气候谈判的进展情况做出适当的决定。目前，欧盟仅承诺在 2010 ~2012 年间为发展中国家提供总额 72 亿欧元的“快速启动基金”。

对发展中国家的技术支持，欧盟提出到 2012 年对环境友好型技术研发的投资应该翻一番，到 2020 年再翻一番。对于一些关键性的低碳技术，各国应联合研发，开发大规模的技术展示和部署项目。对于技术转让中的知识产权问题，欧盟坚持建立强有力的知识产权保护体系，认为只有体系完整、执行严格的知识产权体系才能促进私有资金在发展中国家的技术投资和研发，进而加快环境友好型技术向发展中国家的扩散和转让。与此同时，各国应该探索加强知识产权保护的方法，增加对技术革新的激励措施。[②]

④发达国家资金和技术支持的管理结构

对于资金的管理，欧盟认为应遵循透明性、责任性、一致性、辅助性和可预测性等基本原则。具体来说，在管理机构的设置上，欧盟不主张设立新的机构，而应通过改革现有机构来发挥管理作用，即经过改革后的全球环境基金（GEF）应是未来资金管理中的执行机构，同时在世界银行下设立气候投资基金，使世行成为未来资金管理中的信托机构。[③]在资金的使用上，为确保资金在减缓和适应气候变化中的均衡使用，各发展中国家应

---

① Council of the European Union, *Council Conclusions on International Financing for Climate Action*, 2948th Economic and Financial Affairs, Luxembourg, 9 June 2009, p. 2.

② WRI, *Summary of UNFCCC Submissions* (Washington D. C.: World Resource Institute, 2009), p. 42.

③ UNFCCC, Submission from France on Behalf of the European Community and Its Member States on 21 November 2008, UN. Document No. FCCC/AWGLCA/2008/MISC. 5/Add. 2 (Part II), p. 123.

通过提供年度排放清单和国家信息通报等方式，便于《公约》秘书处核查资金使用中的缺陷和不足。

对于技术支持的管理结构，欧盟表示应尽量利用现有的结构和机制，但也不排除建立新的管理机构的可能性。欧盟委员会在与其他欧盟机构的磋商中建议设立一个协调机制对发展中国家适当减排行为和相关的发达国家支持进行评估。为促进技术的研发和国际技术合作，欧盟还提议建立由政府、私人部门、民间团体和其他相关专家组成的咨询小组。对于利用现有机构，欧盟再次强调对全球环境基金进行改革，同时加强技术需求评估小组（TNAs）对发展中国家技术需求的评估，进而决定给发展中国家提供适当的技术支持。

（4）2020 年后国际气候机制谈判时期（2011 年以来）

2011 年 11 月 28 日 ~12 月 11 日，《联合国气候变化框架公约》（以下简称《公约》）第 17 次缔约方大会在南非德班举行。作为会议的主要成果之一，《公约》缔约方大会决定建立德班加强气候行为平台特设小组（ADP），启动 2020 年后国际气候机制谈判（又称德班平台谈判）进程。德班平台的启动开创了一个不同于过去的国际气候谈判新时代，不仅该平台下的谈判议题和谈判方都更具有全面性，而且基础四国等发展中国家、美国等发达国家纳入同一框架下，使谈判从双轨制转向单轨制。①欧盟在经历了哥本哈根大会上的“大失败”后，调整国际气候谈判战略，极力塑造和引领德班平台谈判。经过近三年的谈判，欧盟在构建 2020 年后国际气候机制上立场逐渐显现，并体现在四个方面。

①2020 年后国际气候条约的法律地位

在国际气候谈判中，国际气候条约的法律地位一直是各方最为关注，也是争议最大的议题之一，德班平台谈判也不例外。根据 2011 年德班气候大会第 1/CP. 17 号决定，德班平台谈判的结果是“一项《公约》下对所有缔约方适用的议定书、另一法律文书或某种有法律约束力的议定结果”，这为 2020 年后国际气候条约的法律地位留下了太大的灵活性，不少学者认

① 在 2005 ~2011 年间国际气候谈判实行双轨制（AWG - KP 和 AWG - LCA），德班平台启动后（2012 年度），国际气候谈判实质上是三轨制（AWG - KP、AWG - LCA 和 ADP），但是随着 2012 年底多哈气候大会决定结束 AWG - KP 和 AWG - LCA 两大工作组，2013 年起的国际气候谈判实行单轨制，在 ADP 下进行。

为未来条约法律性质的模糊性增加了谈判的复杂性和难度。①

欧盟指出德班平台的建立是联合国渠道下国际气候谈判进展的体现，是在《公约》框架下朝着达成一个单一、公平、全面有法律约束力且适用于所有缔约方的国际气候协定迈出的决定性步骤。因此欧盟明确表示，“《公约》下新的议定书是2020年国际气候条约最为高效的法律形式”，②并且采取《公约》第17条使其获得通过，所有国家在2020年后均做出相应的承诺。不仅如此，欧盟还认为，德班平台谈判只是一个未来国际气候安排的一部分，后者应该包括京都第二履约期、提升应对气候变化雄心以及结束《公约》下AWG－KP和AWG－LCA的工作。

②德班平台谈判的指导原则

德班平台谈判的启动首次将在应对气候变化中承担不同责任与义务的缔约方纳入同一个国际气候条约的法律框架下，实现了参与应对气候变化成员国的广泛性，也使国际气候谈判从双轨制（三轨制）最终转向单轨制。但是对于这个全新的谈判框架应以什么样的原则为指导，各气候谈判集团之间和内部的态度和立场不一。欧盟强调坚持《公约》的原则是构建2020年后具有包容性和公平性气候机制的基础，主张各缔约方承担的责任和能力应有所区分，但同时又要求随着时间的发展对各方的责任进行调整，提出通过在2020年后的国际气候协定中增加动态承诺的方式使其能够适应未来变化的国际政治经济现实。③

③德班平台谈判的内容与主要议题

2011年底建立德班平台决定的做出是各方高度平衡和妥协的结果，因

① Lavanya Rajamani, “The Durban Plarform for Enhanced Action and the Future of the Climate Regime”, *International and Comparative Law Quarterly* 61 (2012): 501－518; Remi Moncel, “Unconstructive Ambiguity in the Durban Climate Deal of COP17/CMP7”, *Sustainable Development Law & Policy* 12 (2012): 6－8.

② “Denmark and the European Commission on behalf of the European Union and Its Member States”, in UNFCCC, Views on a Workplan for the Ad hoc Working Group on the Durban Platform for Enhanced Action, Submissions from Parties, UN. Document No. FCCC/ADP/2012/MISC. 3, 30 April 2012, p. 19.

③ Council of The European Union, “Conclusions on the Preparations for the 18th Session of COP 18 to the UNFCCC and the 8th Session of the Meeting of the Parties to the Kyoto Protocol (CMP 8)”, 3194th Environment Council Meeting, Luxembourg, 25 October 2012, p. 2. http://www.consilium.europa.eu/uedocs/cms_data/docs/pressdata/en/envir/133227.pdf. 最后登录时间：2013年4月18日。

而《德班协议》对未来成立的德班平台应该谈什么，怎么谈，与既有谈判渠道的关系均未做出明确的说明，这也成为德班平台谈判分歧最大的议题之一。对于德班平台谈判的内容与主要议题，欧盟提出德班平台谈判应围绕四大议题展开并达成结果，即减缓气候变化、适应气候变化、应对气候变化的执行方式以及气候行为和支持的透明度。在这其中，减缓气候变化毫无疑问是德班平台特设小组的核心工作。① 而在德班平台谈判与既有谈判渠道的关系上，欧盟坚持2020年后国际气候协议应以《公约》及其《议定书》为基础，同时借助于正在进行的谈判工作与进程以及既存的机制，希望邀请其他附属机构（SBI，SBSTA）向德班平台特设工作组定期报告谈判进展，并将AWG－LCA和AWG－KP下的未解决的议题纳入合适的谈判渠道中，或者ADP、或者SBSTA、SBI中。②

④提升2020年前应对气候变化努力的途径与方法

建立德班平台的终极目标是在2015年前谈判达成关于2020年后国际气候安排，但是面对发达国家减排承诺不足，为了填补2020年前的全球减排缺口（Emisison Gap），各缔约方一致同意，德班平台下的工作分为两大部分，其中一部分就是提高2020年各缔约方（特别是发达国家）的应对气候变化努力，为此要求各缔约方提出增强应对气候变化雄心的途径与方法。欧盟依据最新的联合国报告指出，全球升温不超过2℃的目标仍是可以实现的，但是这要求2020年前全球排放应达到峰值，并从两个方面提出了增强气候变化雄心的途径与方法：一是在《公约》及其《议定书》框架下，要求做出减排承诺的缔约方提高其承诺目标水平，对尚未做出承诺的缔约方敦促其制定承诺减排目标，同时通过《公约》下常设附属机构（即SBI和SBSTA）让所有缔约方清楚知道减排的缺口。二是在《公约》框架外以国际合作倡议（ICIs）推进减排，包括改革化石能源补贴机制、利用

---

① "Denmark and the European Commission on behalf of the European Union and Its Member States", in UNFCCC, Views on a Workplan for the Ad hoc Working Group on the Durban Platform for Enhanced Action, Submissions from Parties, UN. Document No. FCCC/ADP/2012/MISC. 3, 30 April, 2012, pp. 22－24.

② "Submission by Ireland and the European Commission on Behalf of the European Union and Its Member States: 2015 Agreement", Dublin, 1 March, 2013, p. 3. http://unfccc.int/files/documentation/submissions_from_parties/adp/application/pdf/adp_eu_workstream_1_20130301.pdf. 最后登录时间：2013年3月15日。

国际航空组织和国际海事组织等机构等。[①]

2. 欧盟在《公约》下国际气候谈判中的地位和作用

从以上的分析可以看出，欧盟是《公约》及其《议定书》框架下国际气候谈判中的主要参与方和国际气候机制的主要设计者和构建者。与此同时，欧盟也是世界第一大出口国，拥有世界上最大的市场，最慷慨的对外援助捐赠和最多的对外投资。从温室气体的排放来看，在不计入土地使用、土地使用变化和林业（LULUCF）的情况下，2008 年欧盟 27 国温室气体排放总量达到 49.4 亿吨二氧化碳当量，仅次于美国和中国，居世界第三位。[②] 所有这些都决定了欧盟在国际气候谈判中必将享有举足轻重的地位和影响。

（1）欧盟是国际气候领域的先行者，为国际社会应对气候变化树立了榜样。

20 世纪 80 年代末，欧盟在经历了短暂的冷漠之后，便迅速调整了对气候变化的立场，着手对气候变化问题进行研究，并先后出台了多个报告和内部磋商文件。1990 年 10 月欧盟能源部长和环境部长联合理事会确立了稳定温室气体排放的政治目标，成为世界上首个提出温室气体限控目标的实体。欧盟正是带着这样的政治目标，积极参与到国际社会起草气候框架公约的国际谈判中，并将确立温室气体稳定目标作为其参与国际气候谈判的主要目标之一。虽然由于美国等发达国家的反对，欧盟的努力最终失败，《公约》仅规定了国际气候合作的基本原则和框架，但是欧盟依然着手制定实现温室气体稳定目标的战略和措施。欧盟能源效率特别行动计划（SAVE）和可再生能源特别行动（ALTERNER）的启动以及温室气体监测机制的建立成为这一时期欧盟应对气候变化的主要成就，由此也初步确立了欧盟在国际气候领域的领先地位和对其他国家的示范作用。

---

① "Submission by Ireland and the European Commission on Behalf of the European Union and Its Member States: Pre - 2020 Mitigation Ambition", Dublin, 1 March 2013, pp. 2 - 5. http://unfccc.int/files/documentation/submissions_from_parties/adp/application/pdf/adp_eu_workstream_2_20130301_.pdf. 最后登录时间：2013 年 4 月 19 日。

② EEA, *Annual European Union Greenhouse Gas Inventory* 1990 - 2008 *and Inventory Report* 2010 (Luxembourg: Office for Official Publications of the European Communities, 2010), p. 10.

进入《议定书》谈判时期，欧盟更是将巩固在国际气候领域的领导地位视为首要的战略目标。在谈判中，欧盟提出了颇具雄心的全球减排目标，坚持所有工业化国家均应承担有法律约束力的减排义务，并最终实现全球气候上升与工业革命前相比不超过2°C。为此，欧盟提出了工业化国家温室气体的减排目标，即2010年工业化国家三种主要的温室气体（CO_2，CH_4，N_2O）排放应减少15%，同时欧盟坚决反对无限制地使用京都灵活机制实现各国的减排目标，主张给灵活机制的使用设置明确的上限，以确保《议定书》的环境完整性。为了展示欧盟应对气候变化的雄心，1997年《公约》缔约方第三次大会（京都会议）召开之前，欧盟通过首份减排责任内部分摊协议，为欧盟实现2010年减排15%的目标奠定基础。虽然欧盟在最终的《议定书》谈判中仅承担了8%的减排目标，但依然是所有工业化国家中最高的。[①]不仅如此，欧盟也加快了实现京都目标措施的制定和执行。京都会议之后，欧盟成员国间重新谈判达成1998年责任分摊协议以落实其京都目标。2000年，欧盟启动第一阶段的“欧洲气候变化计划”（2000～2001年）研究实现京都目标的成本和途径。2001年，欧委会提出在欧盟范围内建立排放贸易的指令建议并于2003年10月在欧盟理事会获得通过，建立起2005年开始运行的欧盟排放贸易体系（EU ETS）。这些措施不仅使欧盟在温室气体减排方面走在世界的前列，更重要的是加强了欧盟国际气候领导权的盟内基础，为欧盟主导国际气候谈判进程提供了有力的条件。

在后京都气候时代，欧盟更是以颇具雄心的立场和承诺塑造着后京都气候机制的构建。在国际气候谈判中，欧盟出台多个文件从后京都气候条约的法律地位、发达国家减排、发展中国家适当减排行为、发达国家对发展中国家的资金支持以及资金和技术支持的管理结构等方面阐明其明确的立场。更为重要的，为发挥在国际应对气候变化中的领导地位和示范性作用，在关乎后京都气候机制的关键要素上，欧盟都做出了相对详尽的说

① 《议定书》附件B规定了工业化国家和转型经济体在京都第一履约期的排放目标：欧盟-8%，美国-7%，日本-6%，加拿大-6%，俄罗斯联邦0%，澳大利亚增排8%。具体参见UNFCCC, Kyoto Protocol to the United Nations Framework Convention on Climate Change, Annex B，http://unfccc.int/resource/docs/convkp/kpeng.html。最后登录时间：2010年11月20日。

明。2007 年欧洲理事会通过决议，确定了 2020 年欧盟气候政策目标，即到 2020 年欧盟的温室气体排放总量与 1990 年相比减少 20%，欧盟的能源效率提高 20% 以及可再生能源在欧盟一次性能源消费中的比例达到 20%，又被称为“20－20－20”目标。[①]在此之后，欧盟委员会围绕着上述目标实现提出了一系列的政策和措施建议，其结果就是 2008 年 12 月在欧盟理事会通过欧盟“能源与气候变化”一揽子立法。欧盟还就后京都气候谈判中争议较大的资金支持议题表明了立场，欧盟不仅在 2009 年底哥本哈根气候会议上承诺未来三年将向发展中国家提供 72 亿欧元的“快速启动基金”，而且定期向《公约》秘书处提交欧盟在资金支持上的进展情况。在 2010 年 11 月 29 日～12 月 10 日坎昆气候大会期间，欧盟公布了 2010 年度“快速启动基金”的筹集状况，这也是最早公布快速启动基金实施进展的《公约》缔约方。[②]

总之，在应对气候变化的过程中，尽管欧盟气候政策遭受着不少国家和学者的批评，其国际气候领导地位在 2009 年底哥本哈根气候大会上受到很大的冲击，但是欧盟毫无疑问仍是应对气候变化中的先锋和其他国家效仿的榜样。

（2）欧盟推动了国际气候规范和规则的扩展

在应对气候变化中，欧盟不仅以气候领域的先行者对全球气候治理做出了直接的贡献，而且也以较为间接的方式塑造着国际气候机制的发展演进，如本书第二章第二节所言，作为积极应对气候变化的原因之一，借应对气候变化实现欧盟规则的向外拓展是欧盟管理全球化的方式之一，欧盟也试图将更多有利于自身的规则融入国际气候机制的构建中。

基于此，欧盟以极为主动的气候行为来推动其提出的气候规则在国际气候领域的拓展。20 世纪 90 年代初，当其他国家仍在为气候变化科学研

---

① Commission of the European Communities, Communication from the Commission to the Council and the European Parliament, *An Energy Policy for Europe*, COM（2007）1 Final, Brussels, 10. 1. 2007, p. 5.

② 详见 Council of the European Union, *EU Fast Start Finance Report for Cancun*, 15889/1/10 REV1, 6 December 2010, http://ec. europa. eu/clima/documentation/finance/docs/faststart_en. pdf，最后登录时间：2011 年 1 月 10 日。

究的不确定性争执不下，对减少温室气体持保留态度之时，欧盟率先提出了稳定温室气体的排放目标，并将1990年作为《公约》参照的排放基年。虽然美国、澳大利亚和加拿大先后提出将2000年、2005年作为新的排放基年，但是1990年无疑仍是国际社会最为认同的排放基年和衡量各国减排承诺可比性最重要的基准。进入《议定书》谈判时期，欧盟先是强烈反对京都灵活机制之一——排放贸易的无限制使用，在美国宣布退出《议定书》之后，欧盟转而成为排放贸易的积极支持者，并在欧盟内启动了世界上首个温室气体限额贸易体系——欧盟排放贸易体系，将排放贸易从理论转变为实践，欧盟排放贸易也成为其他地区性乃至全球性温室气体限额贸易体系发展的主要经验来源。在构建后京都气候机制的过程中，欧盟也不断提出新的规则和理念，一方面实现了欧盟主导国际气候进程的目的，另一方面也推动了国际气候规则的传播。例如在后京都气候谈判中，欧盟根据IPCC第四份报告关于未来减排情景的研究建议，提出要实现对气候变化的有效应对，未来全球平均气温的上升与工业革命前相比不应超过2°C。在欧盟的宣传和努力下，2°C标准逐渐成为《公约》缔约方国家应对气候变化的基本共识之一，并写进2009年12月联合国哥本哈根气候大会上各方达成的政治共识——《哥本哈根协议》中。[①] 2010年的《坎昆协议》将《哥本哈根协议》的共识纳入《公约》框架中。

事实上，欧盟在塑造和传播国际气候规则上的贡献远非这些。从《公约》到《议定书》，再到后京都气候机制的构建，欧盟对国际气候规则的影响可以说是巨大的，当前国际上流行的气候术语和标准大都源自欧盟。除了上面我们提及的1990年排放基年、排放贸易体系和2°C标准外，我们耳熟能详的还有：2020峰值年——全球温室气体排放总量必须在2020年达到峰值，此后逐年降低，到2050年时降低到1990年排放水平的一半左右，到21世纪末实现零排放；“低碳经济”与“低碳社会”；“碳交易机制”与“全球碳市场”等。[②]《公约》及其《议定书》作为二十多年来国际社会应对气候变化的两大指导性文献，几乎全盘采用了上述话语，这

---

① 2009年底的哥本哈根气候大会在最终的会议决议仅表示注意到（take note of）《哥本哈根协议》的存在，从而使该协议成为不具有法律约束力，游离于《公约》框架之外的文件，体现各国领导人在应对气候变化问题上的最高政治共识。

② 王伟男：《国际气候话语权之争初探》，《国际问题研究》2010年第4期，第21～22页。

也成为欧盟拓展其气候变化理念和规则的重要明证。

（3）欧盟是促使其他《公约》缔约方做出重大气候承诺和行为的推动力量

科学研究表明，人为排放的温室气体是气候变化的主要原因，因而减少温室气体排放，“将大气中温室气体的浓度稳定在防止气候系统受到危险的人为干扰水平上”就成为应对气候变化的关键。然而和其他全球性问题不同，气候变化涉及工业、农业、林业、能源供应、交通、建筑业等人类活动的多个方面，任何关于温室气体减排的决定都会影响一国的社会经济发展，温室气体减排战略的制定直接影响到各国发展道路的选择。有鉴于此，大多数《公约》缔约方对承担气候变化责任分外谨慎，尤其是由美国为首的“伞形集团”国家更是在承诺减排上态度消极，行动迟缓。在这一背景下，欧盟的积极活动意义重大，特别是当国际气候谈判面临重大的危机之时，欧盟的推动作用就显得尤为重要。

20 世纪 90 年代初《公约》谈判启动之后，面对多数发达国家冷淡的反应，欧盟稳定温室气体排放政治目标的提出给“气候变化框架公约政府间谈判委员会”（INC）下的气候谈判提供了极大的政治动力，也为其他工业化国家应对气候变化指明了方向。与此同时在《公约》谈判中欧盟要求各国采取管制性的应对气候变化措施而非签订自愿性的温室气体限控协定。虽然最终达成的《公约》仅以“软性”的稳定目标规定了工业化国家的温室气体限排责任，但是倘若没有欧盟的坚持和积极活动，这样的结果也是很难出现的。1995 年 3 月 28 日 ~4 月 7 日，《公约》第一次缔约方大会（COP1）在德国波恩召开也是对欧盟在框架公约谈判中作用的一种肯定。在此次大会上，欧盟借助其在气候领域的主导地位促使大会在存在较大争议的两大议题——《公约》的充足性问题和发展中国家的参与——上达成共识，进而决定建立“柏林授权特设小组”（AGBM），启动《议定书》谈判进程。

进入《议定书》谈判时期，欧盟的推动作用则更加明显。首先，在欧盟的坚持和影响下，最终达成的《议定书》在一定意义上体现了欧盟应对气候变化的构想，《议定书》最终结果虽与欧盟的构想存在一定的差距，但《议定书》的多个条款和原则无不明显地打上了欧盟的烙印。[①] 例如，在应对气候变化的目标和时间表的谈判上，欧盟借助其拥有的政治分量和外交手段，特别是在承诺不给发展中国家增加新的应对气候变化义务下，与“G77 加中国”结成“绿色联盟”（Green Group），使后者支持欧盟在减排目标和时间表上的立场，也正是在欧盟的坚持下，为发达国家规定具体减排目标和时间表被纳入《议定书》的谈判日程中，并最终为发达国家规定了量化的减排目标。[②] 2001 年美国总统布什宣布退出《议定书》之后，《议定书》谈判面临重大危机，有学者甚至认为《议定书》在美国退出后实际上已经“死亡”。[③]然而欧盟不仅没有仿效美国退出《议定书》，相反还展开了一场拯救《议定书》的运动。在美国重返《议定书》谈判无望的形势下，欧盟进行了积极的外交努力，借助其政治和经济影响，通过在非气候问题上对他国的让步，换取了其他缔约方对《议定书》的批准和支持，从而使国际应对气候变化的努力又向前迈进一步。

在构建后京都气候机制和 2020 年后国际气候机制的过程中，欧盟依然发挥着主导者的作用。在后京都和 2020 年后国际气候谈判中，欧盟不仅做出了颇具雄心的减排承诺，而且敦促其他国家承担相应的减排义务，提出发达国家应该率先减排，按照 IPCC 的建议要求，使未来的全球气温上升不超过 2°C，并提供资金和技术支持帮助发展中国家适应和减缓气候变化。在遭受了 2009 年哥本哈根会议的失败之后，欧盟出台文件确定了其哥本哈根气候会议后的国际气候政策，从当前、近期和长远三个维度阐明了欧盟对国际气候谈判的立场和规划，有力地推动了国际应对气候变化努力的发展。[④]

---

① 欧盟对《议定书》具体条款谈判的影响详见 Sebastian Oberthur and Herman E. Ott, *The Kyoto Protocol – International Climate Policy for the 21st Century*（Berlin：Springer，1999）。

② Farhana Yamin，“The Role of EU in Climate Negotiations”，in Joyeeta Gupta and Michael Grubb，eds.，*Climate Change and European Leadership：A Sustainable Role for Europe?*（Dordrecht：Kluwer Academic Publishers，2000），pp. 51 – 56.

③ 典型的代表当属美国学者戴维·维克特，详见 David G. Victor，*The Collapse of the Kyoto Protocol and the Struggle to Slow Global Warming*（Princeton：Princeton University Press，2001）。

④ 详见 European Commission，*International Climate Policy Post – Copenhagen：Acting Now to Reinvigorate Global Action on Climate Change*，COM（2010）86 Final，Brussels，9. 3. 2010。

二　欧盟对其他多边和双边气候合作的积极参与

除了积极参与到《公约》框架下的国际气候谈判进程之外，欧盟也通过其他多边组织和论坛以及与第三国的双边关系就应对气候变化进行合作，特别是在联合国哥本哈根气候会议后，欧盟更是明确表示在加强对《公约》框架下国际气候合作的同时，要借助其他渠道提升欧盟在应对气候变化问题上对第三国的影响。从目前来看，气候变化已成为诸多多边组织和国家双边合作中极为重要的议题之一。八国集团峰会（后升级为“二十国集团”）、美国－欧盟峰会、中国－欧盟领导人会晤都是欧盟实现上述目标的途径。

1. 八国集团/二十国集团

八国集团是解决全球问题最重要的国际论坛之一，它最初源于1975年为应对石油危机而创立的“六国集团”（G6），后吸收加拿大（1976年）和俄罗斯（1998年）加入而成。八国集团最初仅就经济和金融问题进行合作，随着时间的推移，其议程不断扩大，开始涵盖环境和就业等安全和社会问题。然而在很长的一段时间之内，气候变化问题都未成为八国集团关注的议题。

欧盟与八国集团的关系是复杂的。一方面，欧盟四大国——法国、德国、意大利和英国——在八国集团享有完全的成员国地位，另一方面，自1977年以来，欧盟委员会和轮值主席国也代表欧盟参加八国集团峰会，但是至今欧盟和八国集团之间尚未建立正式的关系。[①]在实践中，作为超国家组织的欧盟在八国集团中虽无其他主权国家的地位，但是除了不能担任轮值主席主办峰会外，欧盟委员会享有所有八国集团成员国的权利和责任，峰会通过的声明和决议也对欧盟委员会产生政治约束力。[②]然而从八国集团的性质看，其作为由国家首脑组成的非正式论坛，既不是一个国际组织，

---

① John J. Kirton et al. , eds. , *Guiding Global Order*: *G 8 Governance in the Twenty - First Century* (Aldershot: Ashgate Publishing Limited, 2001), p. 129.

② European Commission, *EU and the G 8*, 2009, http: //www. deljpn. ec. europa. eu/union/showpage_ en_ union. external. g8. php. 最后登录时间：2010年12月2日。

也不拥有一个常设机构的管理机制，历次峰会的组织和议程基本上取决于八国峰会轮值主席国的安排。[①]由此也决定在八国集团峰会内，欧盟的影响也主要通过其成员国来实现。

在气候变化问题上，欧盟通过成员国担当轮值主席国来实现八国集团对气候变化问题的关注。然而正如拉塞·雷杰斯（Lasse Ringius）所言，欧盟成员国在气候变化问题上的立场分为德国、荷兰、奥地利、丹麦、芬兰和瑞典等组成“环保且富有的国家”，比利时、法国、意大利、卢森堡和英国等组成的“富有但不太环保的国家”，以及由团结国家组成的“不太富裕的国家”，[②]不同的欧盟成员国对于气候变化问题的看法不同，加上其他八国集团成员国均为伞形集团国家，对气候变化态度冷淡，因此在2005年以前气候变化问题从未成为八国集团峰会的重要议题。尽管如此，1998年德国仍借担任轮值主席国的机会，呼吁各国尽快批准《公约》，2003年法国埃维昂八国峰会也强调清洁、可持续和有效利用能源技术和知识传播的重要性，但是气候变化尚未登上八国集团的议事日程。2005年，在轮值主席国英国首相布莱尔的努力下，气候变化正式成为鹰谷（Gleneagles）八国集团峰会的议题之一，受到各国的重视。不仅如此，在东道国英国的主导下，峰会还邀请了中国、巴西、印度、墨西哥和南非等五个主要发展中国家参加。最终，峰会不仅通过了《八国峰会鹰谷宣言》，而且发布了《气候变化、清洁能源和可持续发展鹰谷行动计划》（以下称《鹰谷行动计划》），强调稳定进而降低温室气体排放的必要性，并指出了未来峰会努力的方向：进行部长级对话，加强与国际能源署和世界银行在气候变化上的合作。[③]为此，鹰谷八国峰会同意启动气候变化、清洁能源和可持续发展对话（又称“鹰谷对话”），邀请感兴趣的国家参与其中，意在创造良好的条件弥补和推进《公约》

---

① Henrike Peichert and Nils Meyer - Ohlendorf, G 8 Impact on International Climate Change Negotiations: Good or Bad? (Paper Presented at the 2007 Annual Conference of the British International Studies Association (BISA) in Cambridge, 2007), p. 1.

② Lasse Ringius, *Differentiation, Leaders and Fairness: Negotiating Climate Commitments in the European Community* (Oslo: Center for International Climate and Environment Research, 1997), p. 36.

③ Christian Egenhofer, ed., *Beyond Bali: Strategic Issues for Post - 2012 Climate Change Regime* (Brussels: Center for European Policy Studies, 2008), p. 27.

框架下达成的气候协议。鹰谷对话为期三年，止于2008年在日本举行的八国峰会，参与方不仅包括所有参加鹰谷八国峰会的8个发达国家和5个主要的发展中国家，而且还邀请澳大利亚、印度尼西亚、伊朗、尼日利亚、波兰、韩国和西班牙等参与其中，共计20个国家。此外，欧盟委员会，包括世界银行和国际能源署等主要国际组织以及《公约》秘书处也应邀参与其中。为促进对话的进行，鹰谷对话也决定建立技术开发与转让、市场机制与经济、适应气候变化和能源效率等四个工作组来提出具体的政策建议。[①]所有这些使得欧盟对八国集团气候议程的影响达到顶峰。2006年在俄罗斯举行的八国集团峰会没有直接谈及气候变化，但重点讨论了能源安全和供给问题。在2007年德国海利根达姆召开的八国峰会上，德国总理默克尔为峰会准备了雄心勃勃的气候变化议程和建议，但是在美国等国家的强烈反对下，欧盟的目标均未能实现，峰会公报仅表示“考虑到IPCC第四份评估报告的研究结果，全球温室气体排放总量的上升必须停止，然后再大幅下降，全球减排目标的确定需要主要温室气体排放体的共同参与，并对欧盟、加拿大和日本要求2050年全球温室气体减半的建议进行认真考虑”。[②]尽管欧盟执委会主席巴罗佐、德国总理默克尔、法国总统萨科齐和英国首相布莱尔均表示对峰会的成果非常满意，但是其也难以掩盖八国峰会在气候变化上取得的微弱进展。2008年在日本北海道举行的八国峰会在气候变化问题上也无太大的进展。2009年奥巴马政府上台后美国气候政策的转变使得2009年在意大利拉奎拉举行的八国峰会在气候变化问题上迈出重要一步，会议最终接受了欧盟提出的2050年全球气温上升不超过2°C的建议，其也被认为是欧盟在八国峰会气候议题上的又一次重要成功。

面对国际金融危机的全球蔓延和发展中经济体地位的上升，八国集团最终为二十国集团（G20）所取代。2009年9月25日，参加G20

---

① Stavros Afionis, “The Role of the G－8/G－20 in International Climate Change Negotiations”, *In－Spire Journal of Law, Politics and Societies* 4（2009）: 5.

② Heiligendamm Summit of the Eight（2007）, *Chair's Summary*, *Heiligendamm*, June 2007, p. 2. http://www. g－8. de/Content/ EN/Artikel/_ _ g8－summit/anlagen/chairs－summary, templateId＝raw, property＝publicationFile. pdf/chairs－summary. pdf，最后登录时间：2010年12月7日。

匹兹堡峰会的世界领导人宣布，G20 峰会将取代八国集团峰会成为讨论和解决全球政治经济问题的新平台。[①]在 G20 峰会中，欧盟继续作为国际组织参与集中，推动着国际应对气候变化的发展，但是随着新兴经济体在 G20 中分量的日益提高，欧盟能够发挥什么样的作用尚难确定。

2. 美国－欧盟峰会

长期以来，欧盟与美国是政治上的盟友，而且在经济上也互为对方最大的贸易伙伴和投资对象。1953 年，就在欧洲煤钢共同体成立不久，美国就与其建立和保持了外交关系，随后双方互派使团，双边关系不断发展。1990 年 2 月，当时的美国总统乔治·布什和欧共体执行主席豪伊商定：美国总统和欧共体执行主席以及美国国务卿和欧共体 12 国外长定期举行会晤，讨论双边关系和政治合作等问题。同年 11 月，欧美双方发表《跨大西洋宣言》，确定了双方伙伴关系的准则、共同目标、合作领域及磋商机制。《跨大西洋宣言》也成为双方关系发展的纲领性文件，由此建立起来的美国－欧盟领导人定期会晤机制（美国－欧盟峰会）也成为双方进行政治、经济合作的主要渠道。

在美国－欧盟领导人定期会晤机制建立的很长一段时间内，气候变化都未能成为美国－欧盟峰会的重要议题之一（见表 3－3）。在美国退出《议定书》之前，欧盟与美国的气候合作主要通过《公约》及其《议定书》下的国际谈判等多边方式进行。在 2001 年之后，欧盟在很长的一段时间内一直坚持通过外交努力，促使美国重新回到《议定书》的框架下，以保持《公约》在国际气候合作中的主渠道地位，因而迟迟不愿与美国开展双边气候合作。在《议定书》生效，国际气候谈判进入后京都时代之后，美欧双边气候合作才成为美欧峰会的议题，欧盟也希望借此增加对美国的影响力，使其能够积极地参与到构建后京都气候机制的谈判中。

---

① Pittsburgh Summit of the Twenty (2009), *Leaders' Statement: the Pittsburgh Summit*, Pittsburgh, 25 September 2009, available at: http://www.pittsburghsummit.gov/mediacenter/129639.htm. 最后登录时间：2010 年 12 月 7 日。

表 3-3　近年来欧盟-美国首脑峰会一览

峰会时间	地　点	主要峰会成果
2000 年 5 月	葡萄牙里斯本	美国总统克林顿向欧盟解释了美国国家导弹防御计划并允诺与欧盟分享导弹防御技术
2002 年 5 月	美国华盛顿	围绕中东和平进程、反恐合作、贸易争端、阿富汗和巴尔干形势以及北约与俄罗斯关系等交换意见，强调双方的共同利益大于分歧，将在重大国际问题上进行广泛合作
2005 年 6 月	爱尔兰德罗莫兰卡斯	就伊拉克、中东、反恐、防扩散等重大问题发表七项声明，阐明了欧美对这些问题的看法，启动能效和发展替代能源的合作
2006 年 6 月	奥地利维也纳	双方同意在能源安全上进行战略合作，并在清洁能源和可持续发展等方面建立高级别对话机制
2007 年 4 月	美国华盛顿	双方签署“跨大西洋经济一体化计划”和开放领空等多项协议，成立“跨大西洋经济理事会”监督和加强双方经贸关系
2008 年 6 月	斯洛文尼亚卢布尔雅那	双方讨论多哈回合谈判、国际金融市场动荡、粮食危机、伊拉克和中东和平进程等，并承诺在气候变化、能源安全和维护国际金融市场稳定等方面加强合作
2009 年 4 月	捷克布拉格	重点讨论如何改善欧美关系，加强双方在气候变化、国际热点问题和能源安全等方面的合作
2009 年 11 月	美国华盛顿	涵盖经济复兴、气候变化和发展等全球问题和阿富汗、巴基斯坦、伊朗等外交政策问题，创立新的欧盟-美国能源委员会，同意重启欧盟-美国发展援助对话，通过《不扩散和裁军声明》
2010 年 11 月	葡萄牙里斯本	重点就经济持续增长和创造就业、应对气候变化、地区和全球安全等热点问题进行了会谈，发表关于双边关系的联合声明

续表

峰会时间	地　点	主要峰会成果
2011 年 11 月	美国华盛顿	双方承诺加强大西洋两岸的经贸合作，并携手重振经济、创造就业和确保金融稳定
2014 年 3 月	比利时布鲁塞尔	双方就稳定乌克兰局势、结束叙利亚的恐怖主义战争和中非共和国的暴力和无政府状态等人道主义危机等国际热点；欧元区经济复苏和银行联盟、跨大西洋伙伴关系协定谈判等经济问题以及应对气候变化、能源安全和数据安全等全球性挑战交换了意见，并发布了联合声明

2005 年 6 月在爱尔兰德罗莫兰卡斯的欧盟 - 美国首脑峰会首次决定双方将在与气候变化相关的能源领域进行合作，以提高能效，增加替代能源在能源消耗中的比重以实现能源的安全供给。[①]很显然，欧美的合作出发点是安全考虑，由此带来的应对气候变化措施则只是其辅助产物，然而这一境况很快得以改观。2006 年 6 月维也纳欧盟 - 美国领导人峰会上，双方首次直接就气候变化问题展开磋商，并决定建立欧盟 - 美国气候变化、清洁能源和可持续发展高层对话（EU - U. S. High Level Dialogue on Climate Change，Clean Energy and Sustainable Development）。该对话建立在现有的双边和多边倡议以及《鹰谷行动计划》的基础上，以《公约》规定的最终气候目标为指导，就如何通过市场机制实现最低成本减排，推动现存的和过渡型的清洁、高效能源技术的研发和部署，以低排放、高效和节能及可再生燃料、清洁柴油和甲烷的捕获等方式进行能源生产，同时降低农业、能源生产和分配以及其他环境问题中的温室气体排放。[②] 2006 年秋，首次欧盟 - 美国气候变化、清洁能源和可持续发展高层对话在赫尔辛基举行。

---

① 详见 EU - US Summit，*Energy Security*，*Energy Efficiency*，*Renewables and Economic Development*，http：//www. eeas. europa. eu/us/docs/declaration_ energy_ summit_ 2005_ en. pdf。最后登录时间：2010 年 12 月 7 日。

② EU - US Vienna Summit，*Vienna Summit Declaration*，21 June 2006，p. 10. http：//www. eeas. europa. eu/us/sum06_ 06/docs /decl_ final_ 210606_ en. pdf. 最后登录时间：2010 年 12 月 7 日。

2007 年 5 月在美国华盛顿举行的欧盟 - 美国领导人峰会则使双方的气候合作前进了一大步。根据峰会发表的联合声明，美欧在保持各自应对变化途径存在差异的基础上，决定开展中短期清洁能源发展和商业化合作，推进包括零排放在内的高级脱碳技术的发展，可再生能源和其他替代能源技术的研发、部署和商业化以及合作提高能源效率。为此，美欧确立了双方优先合作的内容，制定了相应的工作行动计划。2008 年 6 月的两国领导人峰会上，气候变化问题再次成为双方讨论的核心议题之一，虽然美欧在承诺减排目标上依然分歧很大，但是在峰会结束后，美国总统布什一改对应对气候变化的消极态度，乐观地估计在他的任期之内可以就气候变化达成协议。

2009 年上台执政的美国奥巴马政府在气候变化问题上变得更加积极，声称要重拾其在国际气候领域的领导地位，加上构建后京都气候机制的谈判日趋激烈，气候变化问题在双方的峰会中显得更加重要，也成为双方争夺气候领导权的博弈舞台之一。2009 年 4 月的布拉格峰会上，欧盟为在应对气候变化问题上发挥主导作用，希望美国为该年年底哥本哈根联合国气候变化大会上达成有关气候变化新协议做出积极贡献。然而由于双方的严重分歧，峰会在气候变化问题上没有取得太大的进展。进入 2009 年下半年，面对哥本哈根气候大会的日益临近和应对包括发展中国家的国际社会的巨大压力，2009 年 11 月的欧盟 - 美国峰会就气候合作取得一定的进展。根据会议发表的公报，双方决定在哥本哈根气候大会上努力促使会议达成一个反映所有主要经济体（发达国家和新兴经济体）中期减排努力，雄心勃勃且全面的国际气候变化协议，以使全球走上低碳发展之路，实现 2050 年全球温室气体排放减半和未来全球平均升温与工业革命前夕前相比不超过 2°C 的目标。[①]此外，在这次峰会上，欧美还决定建立新的欧盟 - 美国能源委员会以及重启欧美发展援助来加强在气候变化问题上的合作与协调。2009 年哥本哈根气候大会的失败使达成后京都气候协定的时间不得不向后推迟，面对会议后黯淡的气候谈判形势，2010 年 11 月的欧盟 - 美国里斯本领导人峰会再次强调在哥本哈根会议上承诺的重要性，双方还同意在年

① EU - US Washington Summit, *2009 EU - U. S. Summit Declaration*, 3 November 2009. http://www.eeas.europa.eu/us/sum11_09/docs/declaration_en.pdf. 最后登录时间：2010 年 12 月 8 日。

底的墨西哥坎昆气候大会上促使各缔约方就《哥本哈根协议》包含的所有核心要素达成积极的结果，并表示双方将在包括《公约》和主要经济体论坛等渠道进行合作，以确保建立起一个全面的、所有主要经济体均做出强有力和透明减排承诺的全球气候合作框架。①

可以说，在欧美的双边气候合作中，欧盟－美国领导人峰会是合作的主要渠道。然而由于双方在应对气候变化理念和方式的差异以及不同的战略考虑，在很长的一段时期内，欧美之间鲜有气候变化上的合作，直到2006年气候变化才正式成为双方的合作议题之一，因而截至目前，气候合作的成就非常有限。虽然近几年严峻的国际气候谈判形势促进了欧美在气候上的合作进程，但目前尚无令人瞩目的成果。

3. 中欧领导人会晤

中国和欧盟均是当今世界主要的温室气体排放体，根据美国世界资源研究所（WRI）的最新数据，在不计入土地使用、土地使用变化和林业的情况下，2007年中国和欧盟的温室气体排放达到670260万吨和406450万吨CO_2当量，占世界总排放的22.7%和13.76%，分别居世界第1位和第3位。在这种情况下，欧盟希望通过与中国的气候合作来加强其在构建国际气候机制和应对气候变化中的影响力。从目前来看，中欧气候合作的主要渠道是中欧领导人会晤。

中欧领导人会晤始于1998年，是中欧双方最高级别的政治磋商机制。该会晤机制最初并未涉及气候变化议题，然而随着《议定书》谈判的展开和最终生效，气候变化问题开始成为中欧领导人会晤中最为重要的议题之一。2001年9月的中欧第4次领导人会晤首次讨论环境问题，初步表达了在环境和能源领域进行合作的意愿和重要性，但并未直接谈及气候变化问题。然而2002年9月中欧第5次领导人会晤上，双方首次就气候变化展开对话，根据会后发表的新闻公报，“双方领导人重申对《公约》和《议定书》的承诺，认为这两个文件是在气候变化问题上进行国际合作的框架，并强调《议定书》早日生效具有

① EU－US Lisbon Summit, *EU－US Summit Lisbon 20 November 2010 Joint Statement*, p. 2. http: //www. consilium. europa. eu/ uedocs/cms_ data/docs/pressdata/EN/foraff/117897. pdf. 最后登录时间：2010年12月8日。

重要意义”。[1]自此以后，气候变化议题日渐成为中欧领导人会晤的必有议题，在中欧合作中的地位不断上升（见表3－4）。截至目前，中欧领导人会晤框架下的气候合作主要取得以下成就：第一，气候变化合作日渐机制化。自2002年中欧领导人会晤首次就气候变化问题展开对话以来，中欧双

表3－4　中欧领导人会晤一览

时　间	地　点	主要成果
2001年9月（第四次）	比利时布鲁塞尔	双方强调在经贸、信息社会、环境、能源等领域的交流和合作的重要性，进一步加强中欧政治对话以及双方在共同打击非法移民领域的合作，决定于9月13日开始中欧海洋运输协议谈判
2002年9月（第五次）	丹麦哥本哈根	双方领导人重申对环境问题的承诺，决心推进2001年9月双方领导人布鲁塞尔会晤中提出的对话。重申对《公约》和《议定书》的承诺，认为其是国际气候合作的基本框架。双方支持进一步扩大和深化中欧在各领域的平等互利合作，推动中欧全面伙伴关系向前发展
2003年10月（第六次）	中国北京	双方签署了《伽利略卫星导航合作协定》，草签了《旅游目的地国地位谅解备忘录》。双方希望加强在中国西部地区开发中的生态环境保护方面的合作，重申支持中国－欧盟环境部长对话机制
2004年12月（第七次）	荷兰海牙	双方签署中欧防扩散和军备控制问题联合声明等多个合作文件。同意继续支持中国借鉴欧盟排放标准，以利用技术转让、人员交流和项目执行等方式在环境问题上发展富有活力的伙伴关系
2005年9月（第八次）	中国北京	双方发表了《第八次中欧领导人会晤联合声明》和《中欧气候变化联合宣言》，签署了关于在交通运输、环境保护、空间开发、北京首都机场建设等领域开展合作的文件。

① 中华人民共和国外交部：《第五次中欧领导人会晤联合新闻公报》，2002年9月24日，http：//www.mfa.gov.cn/chn/pds/gjhdq/gjhdqzz/lhg_4/zywj/t365247.htm。最后登录时间：2011年3月10日。

续表

时　间	地　点	主要成果
2006年9月（第九次）	芬兰赫尔辛基	决定启动中欧新伙伴合作协定的相关谈判。同意进一步加强在气候变化上的对话与合作，并为进一步落实中欧气候变化伙伴关系积极制定一个从2007年到2010年的滚动工作计划
2007年11月（第十次）	中国北京	双方领导人同意在经济社会可持续发展领域，特别是贸易与商务交流、气候变化、环境与能源、人力资源开发与公共管理等方面加强对话与合作
2009年5月（第十一次）	捷克布拉格	就应对国际金融危机、气候变化等全球性挑战达成重要共识，签署《中欧清洁能源中心联合声明》《中欧中小企业合作共识文件》《中欧科技伙伴关系计划》
2009年11月（第十二次）	中国南京	重点讨论了中欧关系、国际金融危机和气候变化等议题。双方一致同意，深化中欧全面战略伙伴关系，发表了联合声明，签署了包括节能减排、贸易和投资、环境治理等领域的6个合作文件
2010年10月（第十三次）	比利时布鲁塞尔	就IMF份额改革、气候变化、打击亚丁湾海盗、中欧青年交流等交换意见，双方签署关于海洋事务和2011青年交流年合作协定
2012年2月（第十四次）	中国北京	双方领导人就深化投资、贸易、科研、创新、能源、环保、城镇化、人文等领域合作达成了重要共识，并发表了联合新闻公报
2012年9月（第十五次）	比利时布鲁塞尔	双方就中欧关系未来发展重点、世界经济形势、二十国集团以及地区热点交换了看法，双方领导人出席了中欧合作文件签字仪式，并发表了联合新闻公报
2013年11月（第十六次）	中国北京	双方就加强中欧全方位合作达成共识，一致同意发表并落实好《中欧合作2020战略规划》，宣布启动中欧投资协定谈判，积极探讨开展自贸区可行性研究，力争到2020年贸易额达到1万亿美元

资料来源：笔者根据历次中欧领导人会晤的《新闻公报》和《联合声明》整理。

方一再强调对《公约》和《议定书》承诺的重要性，指出上述两大文件是进行国际气候合作的基本框架和主要渠道，多次重申落实2002年世界可持续发展大会后续行动和加强双方在《公约》和《议定书》领域内的合作，提出在包括气候变化在内的环境问题上，中欧应建立和发展富有活力的伙伴关系，支持中国－欧盟环境部长对话机制。

第二，建立中欧气候变化伙伴关系。随着中国在应对气候变化中地位的提升、中欧合作应对气候变化意愿的加强以及国际气候谈判形势的发展，中欧气候合作不断深入。经过2005年6月和2006年9月的第8次和第9次中欧领导人会晤，中欧之间正式建立起气候变化伙伴关系，由此开启了中欧气候合作的新阶段。根据会晤后发表的《中欧气候变化联合宣言》，中欧气候变化伙伴关系旨在充分补充《公约》和《议定书》，加强在该领域的对话与合作，进一步促进国际气候变化政策发展；明确表示处理气候变化和能源问题的整体方案至关重要，积极制定2007年到2010年的滚动工作计划；强调有必要在促进能源安全、可持续能源供应、创新和减少温室气体排放之间进行充分协调与配合；同意加强经验交流，进一步加强对话与合作，并欢迎在《议定书》清洁发展机制方面开展更紧密的合作。①

第三，气候变化议题成为中欧关系中最为重要的议题之一，中欧气候合作领域和思路基本确立。自2002年气候变化问题成为中欧领导人讨论的议题之后，中欧双方高层对气候变化问题给予了高度的重视，是每次领导人会晤的必谈议题之一。在此影响下，中欧双方在气候领域展开了多层次的对话与沟通，特别是随着2005年《议定书》的生效和构建后京都气候机制谈判的展开，气候变化成为中国与欧盟及成员国领导互访中讨论最多的话题。通过这些渠道的对话与合作，中欧气候合作的领域和思路得以建立起来，作为双方合作的主渠道——中欧气候变化伙伴关系的内涵也不断充实。

可以说，自第5次领导人会晤以来，气候变化议题日渐成为中欧合作的重要领域之一，双方在气候合作上的共识和倡议不断增多，合作也在不

---

① 房乐宪：《中欧气候变化议题：演进及政策含义》，《现代国际关系》2008年第11期，第20页。

断深化。从长远来看，鉴于中欧在能源与气候变化领域的相互依赖性[①]和中欧双方在国际气候领域举足轻重的地位，气候变化将持续成为双方未来合作的重要议题。

① 中欧在能源与气候变化领域的相互依赖性，参见 Chatham House and E3G，*Changing Climate：Interdependencies on Energy and Climate Security for China and Europe*（London：the Royal Institute of International Affairs，2007）。

· 第四章 ·

欧盟气候政策发展面临的问题与挑战

在应对气候变化中，欧盟借助其既有的低碳技术优势，向可持续发展转型中的经验和国际上雄心勃勃的气候变化承诺以及采取的实质性减排行为，成为国际气候领域规则的制定者和国际应对气候变化努力方向的引导者。然而作为由多个成员国组成的国际关系行为体，欧盟既不是一般的国际组织，也不是常态的国家联盟，由此导致的复杂性决定了欧盟气候政策不仅存在着紧张的内在张力，也面临着一定的外部挑战。

第一节　欧盟气候政策的内在问题

与其他缔约方参与全球应对气候变化的方式不同，欧盟是作为地区性经济组织参与其中，并且欧盟成员国以一个整体承担国际气候变化责任与义务。但是欧盟在气候政策上缺乏专属的权限，[①]使得欧盟及成员国不得不同时成为国际气候条约的缔约方，多个行为主体的参与也使欧盟气候政策缺乏灵活性和协调性，共同气候政策措施的执行也困难重重，所有这些都成为欧盟气候政策发展的内在问题。

一　欧盟气候政策权限的不足

在欧洲一体化的过程中，权限是欧盟采取行动的前提，规定了欧盟政

① 关于权限（Competence）的翻译，目前学术界主要有两种：一是中国社会科学院欧洲问题研究所程卫东研究员译为“权能”，二是外交学院苏明忠教授译为“权限”，笔者认为后者的译法更形象和贴切。

策制定的不同决策程序和方式，也确定了在发展某一政策时欧盟机构间以及欧盟机构与成员国之间的权力划分，对欧盟气候政策来说也是如此。从政策范畴来看，气候政策属于欧盟环境政策的一个分支，因而欧盟在气候政策上的权限也源于欧盟条约对环境政策的相关规定。

欧盟环境政策在欧洲一体化的过程中出现得相对较晚。虽然1967年欧共体就通过了有关环境问题的第一个立法，但是直到20世纪80年代中期，欧盟尚无环境政策。1987年的《单一欧洲法令》（SEA）奠定了欧盟环境政策的法理基础，该法令的第六分节《建立欧洲经济共同体条约》的第三部分增补了第七编，以第130 R－T条规定了欧盟环境政策的目标和基本原则，赋予环境政策与其他政策领域同等的重视和优先权。[①] 1992年通过的《欧洲联盟条约》（又称《马斯特里赫特条约》，简称《马约》）则正式确立了欧盟的环境政策。作为欧洲合作的一个里程碑，《马约》不仅使欧洲一体化从欧共体进入欧盟时代，而且确立起由欧洲经济与货币联盟、共同外交与安全政策和司法与内政合作构成的柱形发展结构，更为重要的是《马约》吸收了《单一欧洲法令》中的环境政策条款，对欧盟环境政策做了更为详尽的阐述，将其作为欧盟第一支柱下一个独立的政策领域，并规定欧盟理事会以特定多数表决制（QMV）在该领域进行决策。1997年《阿姆斯特丹条约》（简称《阿约》）再次对欧盟条约进行了修改，使欧盟在环境政策上的权限更加明确。《阿约》第174条（原《欧洲联盟条约》第130 R条）第一段规定了欧盟环境政策的目的仅在维持、保护和改善环境质量。此外，《阿约》第176条（原《欧洲联盟条约》第130 T条）明确规定，在欧共体已采取措施的领域，成员国保有采取更加严格措施的权力，这是欧共体和成员国共同分享环境政策权限的明证。进入21世纪，在欧盟制定宪法的过程中，制宪委员会对欧盟权限进行了详细的讨论，并将其写入《欧盟宪法条约》中。在《欧盟宪法条约》失败后，作为其简化版的《里斯本条约》在欧盟权限的规定上保留了《欧盟宪法条约》的相关内容，将欧盟在不同政策领域的权限分为专属权限、共享权限、政策协调的权限以及支持、协调和补充行动的权限等四种类型（见图4－1）。据此，

① 欧洲联盟官方出版局编《欧共体基础法》，苏明忠译，国际文化出版公司，1992，第573－574页。

在环境政策领域，欧盟和成员国拥有共享权限。应该说，欧盟一系列条约的通过和修改使欧盟在推行环境政策上拥有越来越大的权限，标志着欧盟在环境政策上对成员国的重大胜利。作为欧盟环境政策的具体政策领域之一，欧盟条约的规定似乎使欧盟在气候政策上拥有足够的权限。然而在欧盟气候政策的实施中，三大因素使得欧盟气候政策的权限依然显得严重不足。

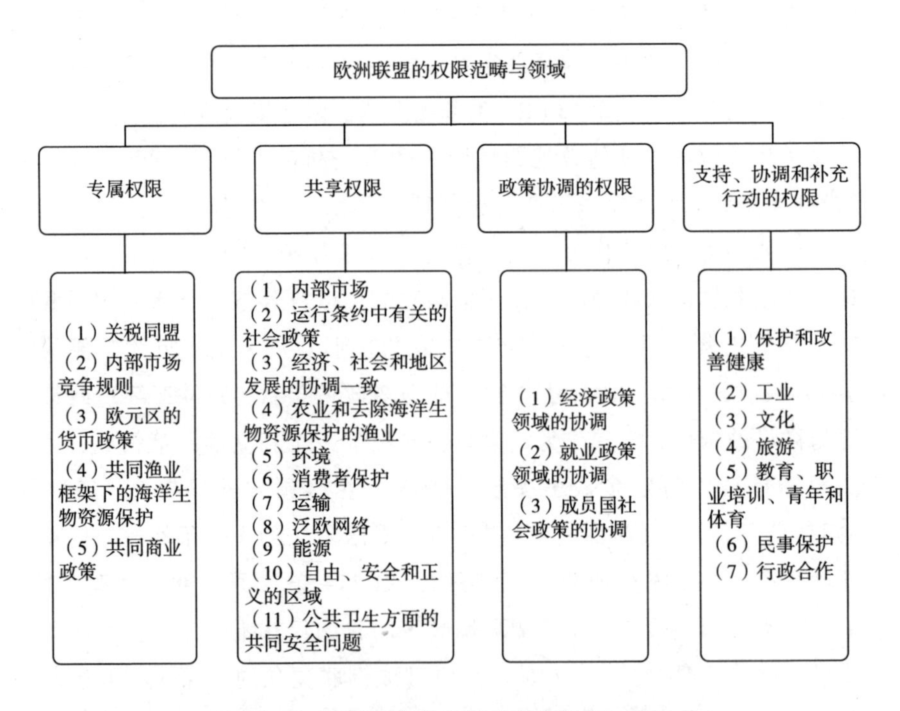

图 4－1　欧洲联盟的权限范畴与领域一览图

资料来源：Publications Office of the European Union，"Consolidated Version of The Treaty on the Functioning of the European Union"，*Official Journal of the European Union* 51（2008）：50－53。

1. 辅助性原则在欧盟政策领域的广泛应用

随着欧洲一体化的深化，特别欧洲经济货币联盟的建立使欧盟成员国财政和货币决策权逐渐向欧盟转移，进而在欧洲呈现出成员国权力向欧盟机构加快集中的趋势，这不仅引起了成员国对丧失国家自主权和欧盟机构权力过大的担心，而且关系到欧洲一体化的未来发展。辅助性原则正是欧盟成员国针对这种趋势提出的限制欧盟机构职权无限度扩展、明确欧盟机构与成员国政府之间职权分工的基本依据。[①]辅助性原则虽然早在1973年欧共体第一个环境行动计划中出现，但是直到1987年才纳入《单一欧洲法令》中，并于1992年成为《欧洲联盟条约》的组成部分。根据《马约》第3B条关于辅助性原则的规定，“联盟在本条约所授予的权限范围内和为实现本条约所确定的目标而采取行动。在那些超出联盟专属权限的领域，联盟只有当出现以下情况时才根据辅助性原则采取行动：一方面，如果各成员国不能令人满意地实现拟议行动的目标；另一方面，考虑到拟议行动的规模和效果，只有共同体才能更好实现拟议行动的目标。共同体所采取的任何行动都不能超出为实现本条约目标所需的范围”。[②]由此可以得出，在欧盟和成员国共享权限的一体化政策领域，辅助性原则是划分两者权限的根本标准，并且成员国采取的行为具有优先性，辅助性原则也成为欧盟在共享权限政策领域采取行动的重大约束之一。

依据欧盟条约，气候政策属于欧盟与成员国的共享权限政策领域，同时气候变化问题自身的特性也使得欧盟推行共同气候政策相对比较困难。首先，当气候变化出现在欧盟的政策议程之时，欧洲一体化正处于冷战结束后的大发展进程之中，过快地将越来越多的权力赋予欧盟机构让成员国对欧洲一体化的发展日益担心，需要寻找某种方式对其进程进行控制，辅助性原则正是这样的工具。因此当欧盟希望在欧洲一体化迅速发展的背景下，拓展其在气候变化等共享权限政策领域的权限时，其结果适得其反。其次，气候变化问题不同于一般的环境问题，涉及人类生活的方方面面。在欧洲一体化的发展过程中，欧盟在应对水污染、废物处理等环境问题上有过成功的经验。但是这些环境问题仅涉及人类生活的某几个方面，影响范围相对较小，而气候变化则不同，其涉及包括工业、能源、林业、建筑业、农业、污水处理等多个方面，其将直接影响各国的经济发展模式和人民的生活福祉，应对气候变化问题已经成为国家间为争夺经济发展和国际地位的地缘政治博弈，在欧盟内也同样如此。成员国为维护其利益，也不愿将其气候政策决定权过多地交予欧盟机构。在此情况下，辅助性原则就

① 吴志成：《治理创新——欧洲治理的历史、理论与实践》，天津人民出版社，2003，第256页。

② 欧洲联盟官方出版局编《欧洲联盟条约》，苏明忠译，国际文化出版公司，1999，第14页。

成为成员国阻止欧盟在气候政策领域获得更多权限的有效工具。比如，为实现欧盟温室气体排放稳定目标，1992 年欧盟委员会向部长理事会提交了由四大措施组成的政策建议，其中征收欧盟碳 - 能源混合税被欧委会视为其政策建议的基石。然而在英国等疑欧国家的反对下，其他三大措施在经过缩水之后最终通过，而征收欧盟碳 - 能源混合税至今尚未实现，其中最重要的原因不是经济问题，而是主权问题，英国等反对的不是要不要征收碳 - 能源混合税，而是反对由欧盟来征收。冷战结束以来，辅助性原则的运用越来越拓展到更多的政策领域，由此导致欧盟更多以指令（Directive）而非规定（Regulation）来进行立法，降低了欧盟立法的权威性，增加了成员国执行的自由度。[①] 在欧盟气候政策领域，指令已成为欧盟进行气候立法的常态，鲜见有强制约束力的管制条例（Regulations）的出台，所有这些都导致欧盟共同气候政策的发展举步维艰。

2. 欧盟缺乏在能源政策的管辖权限

科学研究表明，人为排放的温室气体是造成气候变化的主要原因，大量减少 CO_2 等温室气体的排放是应对气候变化的关键。从目前来看，人类生活的方方面面都与碳相关，而为实现经济发展所消耗的化石能源更是二氧化碳等温室气体最主要的排放源之一，减少温室气体排放也将不得不尽量提高化石能源的使用效率，减少化石能源的使用，转而使用水电、太阳能等可再生能源。对欧盟来说，能源政策对于欧盟气候政策的成功与否至关重要，然而从目前看，欧盟在能源政策领域的管辖权限极为有限。

首先，欧盟尚未建立共同能源政策。与欧盟环境政策一样，能源政策属于欧盟与成员国共享权限的政策领域，成员国在此领域有行动的优先性，加上能源对一国主权的敏感性，欧盟在建立共同能源政策上的尝试基本上是失败的。然而长期以来，能源政策一直是欧盟的重要议程之一，事实上能源领域（煤和钢）也是欧洲一体化启动的领域。尽管欧盟曾出台过一些与能源相关的指令，但是欧盟基础条约尚未给欧盟介入成员国能源政策提供足够的授权。《马约》首次将欧盟能源政策纳入其中，却规定欧盟

---

① Agnethe Dahl, "Competence and Susidiarity: Legal Basis and Political Realities", in Joyeeta Gupta and Michael Grubb, eds., *Climate Change and European Leadership: A Sustainable Role for Europe?* (Dordrecht: Kluwer Academic Publishers, 2000), p. 214.

对能源政策的介入仅限于泛欧能源网络（Trans European Networks）的建立和发展。此后欧盟通过的多个条约也未能在能源政策上取得新的突破。为了发展共同能源政策以支撑欧盟气候政策发展，欧盟机构特别是欧委会只能借助于其在建立内部市场上的专属权限作为推进欧盟能源政策发展的主要方式，即将能源与欧盟内部市场的建立联系起来，能源被当作欧盟共同市场中的商品之一接受欧委会的管辖。因此作为欧盟能源政策的主要成果则是欧盟理事会分别于 1996 年 12 月、1998 年 4 月通过的 96/92/EC 号电力指令和 98/30/EC 号天然气指令。即便如此，两大指令也被认为是内容模糊，对欧盟能源市场不会产生太大影响。更为令人失望的是，两大指令根本没有提及环境目标，因而对欧盟环境保护，特别是气候政策的影响存在很大的不确定性。

其次，在欧盟内部存在着强大的力量反对能源政策的欧洲化，以确保国家对能源政策的控制。当包含环境政策条款《单一欧洲法令》获得通过之时，欧盟理事会在成员国要求下附加了例外条款，要求欧盟环境政策的新规定不能影响成员国在能源部门制定政策的能力。同样，《马约》在有关欧盟环境政策的 130S 条第二款中对涉及成员国能源部门的决策方式做出了特别规定，以确保成员国在能源领域享有的权力，即在一般情况下，欧盟有关环境政策的决策在欧盟理事会中采取特定多数表决制，但在“制定可明显影响成员国对不同能源资源的选择和该成员国的能源供应的基本结构的措施”时，采取全体一致同意的表决方式。[①]欧盟气候政策必将涉及欧盟的能源使用，然而欧盟条约却赋予成员国在发展欧盟共同能源政策上的“否决权”。成员国资源禀赋的差异使得各国发展共同能源政策的利益存在错位，甚至是矛盾和冲突，也导致欧盟能源政策的建立异常困难，使得欧盟气候政策面临重大障碍，因为没有能源结构的调整，成功有效的欧盟气候政策是不可能实现的。除此之外，诸多欧盟成员国更是将保持在能源领域的自主权视为保持国家主权的象征，因而迟迟不愿在有关能源政策的制定上采取特定多数表决制，更不愿将能源政策的制定权交予欧盟机构，由此也决定了欧盟不可能在能源政策领域拥有太大的权限。

---

① 欧洲联盟官方出版局编《欧洲联盟条约》，苏明忠译，国际文化出版公司，1999，第 60 页。

3. 欧盟条约的其他规定也限制着欧盟气候政策的权限

如前所述，欧盟气候政策涉及面广的特点决定了其实施需要欧盟多个政策部门的配合与协作，将气候变化考虑融入到其他政策制定和执行中。然而现实的情况是，欧盟气候政策不仅未能和其他政策实现一体化，而且欧盟条约的一些规定还限制着欧盟气候政策的执行，表现在以下两点。

首先，欧盟环境政策（包括气候政策）决策在涉及财政性质的规定时，采取全体一致通过的表决方式。在应对气候变化中，财政激励是促使各国采取气候行动的有效手段，尤其是征收碳税能够更好地解决各国气候变化责任的分摊问题，借此更能提高气候政策的实施效果。然而欧盟条约的这一规定使得欧盟在应对气候变化时往往难以采取财政激励手段，因为采取这种方式将不得不征得欧盟所有成员国的同意，而成员国对财政权向欧盟的转让相当敏感，由此决定获得27个成员国的一致同意异常困难。虽然越来越多的成员国在国内已经开始征收能源/碳税，但是自1992年以来欧盟的努力尚未能够使成员国接受征收欧盟碳能源混合税的建议。相反，欧盟条约的规定反而成了成员国阻止欧盟在气候领域获得更多权限的理由和挡箭牌。

其次，《马约》规定“在制定有关领土整治、土地使用（废物管理和一般性措施除外）和水资源管理的措施”时，同样采取一致通过的表决方式。根据IPCC的评估报告，土地使用和水资源的管理都将对气候变化产生重大影响，特别是土地使用对气候变化的意义更大。在计算各国温室气体排放量时，土地使用、土地使用变化和林业是其中极为重要的因素之一，不管是国际能源署（IEA）、经济发展与合作组织（OECD），还是美国的世界资源研究所（WRI）与能源信息机构（EIA），在统计世界各国的温室气体排放时均提供计入和不计入LULUCF情况下的排放情况。欧盟成员国从自身的利益出发，不愿在上述领域做出让步，更不愿将特定多数表决制拓展到这些领域中。归因于上述领域在应对气候变化中的重要性，欧盟管辖权限的不足在一定程度上降低了欧盟气候政策的效率。

总之，从欧盟气候政策的管辖权限来看，辅助性原则在欧盟政策领域的广泛应用、欧盟共同能源政策的缺失和欧盟条约的特别规定限制了欧盟在气候政策上的管辖权限，使欧盟气候政策的发展缺乏充足的法理基础。

二　政策制定缺乏灵活性和协调性

气候政策管辖的共享权限决定了欧盟与成员国之间的协调对于气候政策制定至关重要。在气候政策领域，由于欧盟及成员国都有着欧盟条约规定的管辖权限，双方均不能抛弃对方而单独行动，这也使得达成的任何国际气候协议不仅需要欧盟的签署，而且需要成员国的议会批准才能生效。因此，要保持在国际气候领域的领导地位，欧盟不仅需要在内部气候政策的制定上协调好欧盟机构与成员国的政策和利益，而且要求对外以一个声音说话和保持灵活性以实现对国际气候谈判进程的最大影响，然而这正是欧盟气候政策面临的主要挑战之一。对欧盟来说，多层次行为体参与带来的协调问题使欧盟气候政策的制定异常困难（见图 4－2）。

在欧盟层面上，欧盟委员会是气候政策倡议的发起者，然而要确保某项气候政策建议获得通过，欧盟委员会需要进行大量而且艰难的协调活动。首先，欧盟需要在欧委会内部进行协调以形成共同倡议。为此，欧盟委员会主席与主管各项政策的欧盟委员进行沟通，在欧盟各个总司之间达成共同意见，并由常设工作组起草气候政策建议。由于气候政策涉及欧盟多个政策领域，其发展将改变环境、气候行动、[①]财政、税收、经货联盟等总司及委员之间的责权划分，同时也影响这些总司所代表的利益，因而欧委会不得不花费大量时间进行内部协调。其次，欧盟气候政策建议需要部长理事会的通过。在气候问题上，部长理事会一般由成员国环境部长组成，但是由于气候问题往往牵涉成员国的能源政策，因而在很多情况下需要举行环境和能源部长联合理事会。参与决策的部长越多，达成共识和通过气候政策建议的几率就越低，特别是当欧盟气候政策决策事关成员国对能源使用的选择之时，部长理事会决策将采用“全体一致通过”而非一般环境决策的特定多数表决制，这也增大了欧盟气候政策的协调压力。再次，欧洲议会的参与进一步增加了欧盟气候政策协调的负担。欧洲议会是欧盟机构中唯一的直选机构，是体现欧洲民主的主要渠道，随着其被欧盟

① 为了加强欧盟对气候问题的关注，哥本哈根会议后，气候变化问题从环境总司的管辖下分离出来，成立了独立的欧盟气候行动总司，现任气候委员为丹麦前环境部长赫泽高（Connie Hedegaard）。

条约赋予更大的重要性，欧洲议会逐步获得了影响气候政策的能力，并有可能以有效多数阻碍欧盟气候立法的通过，因而欧盟气候政策制定过程不得不慎重考虑欧洲议会的态度和立场。①欧盟机构间协调已经成为欧盟气候政策中日益重要的部分之一。

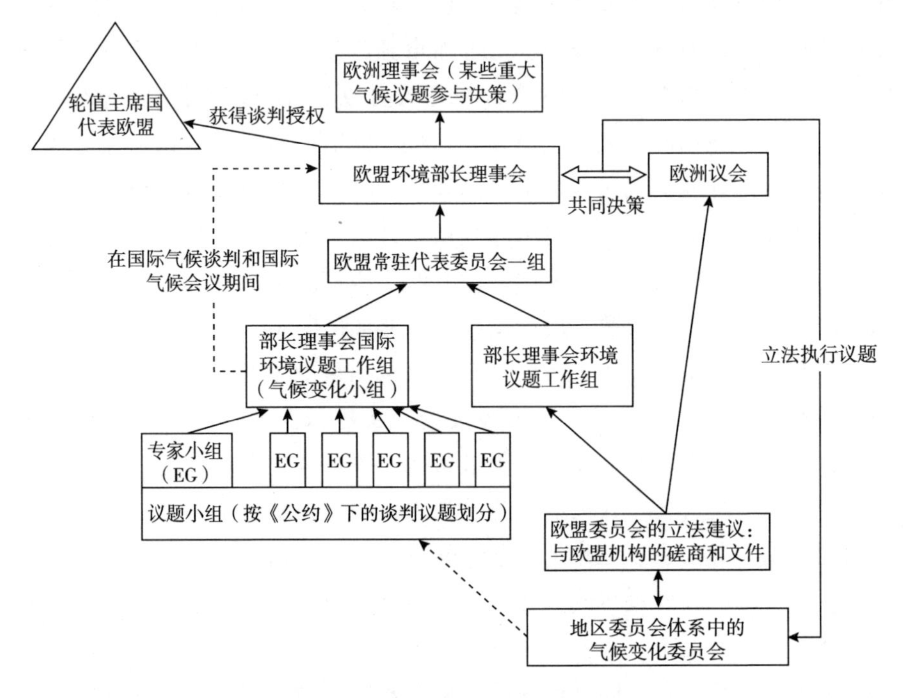

图 4－2　欧盟气候政策的决策过程

资料来源：Louise van Schaik，“The EU as an Actor in International Climate Policy：External Competence，Internal Procedure and Actual Practice”，VUB/IES Lecture，26 November 2008，http：//www.ies.be/files/repo/Louise_ van_ Schaik_ 261108.pdf，Slice 8。最后登录时间：2010 年 12 月 8 日。

在成员国层面，不同成员国差别明显的国情和由此导致的不同国家利益也成为欧盟气候政策发展的制约因素。源于自然资源禀赋、经济发展水平等方面的差异，成员国在应对气候变化问题上的立场分歧日趋明显，这不仅出现在欧盟新老成员国（“新欧洲”与“老欧洲”）之间，而且也存在于欧盟老成员国的内部。毫无疑问的是，欧盟成员国立场差异背后蕴涵

① E. Bomberg and C. Burns，“The Environmental Committee of the European Parliament：New Power，Old Problems”，*Environmental Politics* 8（1999）：174－179.

的是27个成员国不同的经济发展水平和在能源、征税和环境政策方面的迥异。同时在欧洲也存在多种因素诱使成员国放弃欧盟共同气候立场，转而通过双边气候合作来保护其在应对气候变化中的利益。在此情势下，欧盟要保持在气候领域的领先和主导地位，不仅需要协调好欧盟气候政策与成员国气候政策的关系，而且要协调好不同成员国之间在应对气候变化问题上的分歧、摩擦甚至冲突。随着欧盟扩大，欧盟成员国在气候变化上的利益将更加多元化，其也将大大增加欧盟委员会进行气候政策协调的难度。

在次国家层面上，欧盟内工业集团、商业团体、利益集团以及各种环境非政府组织的参与进一步增加了欧盟气候政策决策的复杂性。在欧洲一体化的过程中，多层次治理已经成为欧盟治理的特征之一。毫无疑问的是，欧盟气候政策的制定和执行将会在欧盟内产生新的“赢家”和“输家”，次国家行为体从其自身利益出发，将采取多种措施，通过多种渠道影响欧盟气候政策的决策进程。与此同时，欧盟气候政策过程的特点也为次国家行为体施加影响提供了条件。如图4－2所示，欧盟气候政策的倡议基础就来自与工业界、工会、农民、非政府组织等开展的公共咨询。此外，次国家行为体还通过在布鲁塞尔建立与欧盟机构、各国政府代表等的紧密联系，以强大的游说促使欧盟最终通过的气候立法做出对其相对有利的安排。因此，这些因素都是欧盟及成员国在制定欧盟气候政策时不得不考虑的因素。

总之，多层次、多行为体参与的复杂决策过程使得协调成为欧盟内部气候政策制定中的难题之一。无独有偶，这一协调问题也反映到欧盟对国际气候谈判的参与中。可以说，欧盟的制度构建以及气候变化问题的复杂性使得协调性和灵活性成为欧盟气候政策中面临的重大问题和挑战。

三　共同气候政策措施软弱

20世纪90年代初，欧盟就表示要成为国际气候领域的领导者，并为此进行了积极的努力。总体来看，欧盟虽然已经进行了大量的努力以将其气候承诺从姿态变为现实，但是为应对气候变化采取的共同政策措施仍然十分软弱，这些政策在欧盟内的执行也存在不小的问题。

1. 欧盟气候政策措施总体偏少且缺乏雄心

在减缓气候变化方面，欧盟采取的政策大幅缩水。1992 年联合国环境和发展大会召开前夕，欧盟首次公布了由提高能效、发展可再生能源、建立温室气体监测机制和征收欧盟碳/能源混合税组成的一揽子建议。令人失望的是，经过成员国磋商并最终为欧盟理事会通过的气候政策措施与欧委会的最初建议相去甚远：征收欧盟碳/能源混合税的建议未获通过，提高能源效率的 SAVE 计划和发展可再生能源的 ALTENER 计划的立法建议要么被彻底删除，要么内容受到削弱，成了内容含糊的框架指令，而且执行上述两个计划的财政预算也大大受限。[①]这种现象并未随着欧盟气候政策的发展有太大的改观，典型的体现当属欧盟排放贸易体系的设计。通常情况下，借助于集权型管理结构给所有的温室气体排放者设定统一的排放配额，从而实现多种行为体间经济利益的均衡和确保在最适当的层次上（最低成本）实现减排目标是最佳的政策选择。然而在构建欧盟排放贸易体系的过程中，成员国在利益集团游说以及从保护本国经济竞争力的考虑出发，最终通过的欧盟排放贸易体系采取了分散型的管理结构，欧盟机构（欧委会）在其中仅发挥了极为有限的监督作用，其也成为该体系减排效果不佳的原因之一。

在适应气候变化方面，欧盟措施更是明显缺失。众所周知，减缓和适应是应对气候变化的两个重要组成部分，然而后者在国际应对气候变化努力中很少受到关注。受国际应对气候变化努力发展趋势的影响，加上欧盟成员国大都是经济上比较富有的国家，在气候变化面前有较强的适应能力，因而在很长的一段时间内，适应能力建设未受到欧盟及成员国的重视。只有在部分成员国遭受突发极端气候事件的“震撼”之后，才开始逐步转变对适应气候变化问题的看法和立场。目前适应气候变化问题在欧盟议程上的地位开始上升，特别在 2005 年之后，欧盟委员会就此与欧盟其他机构和成员国间进行磋商，并分别于 2007 年和 2013 年发布了《欧盟适应气候变化绿皮书》和《欧盟适应气候变化战略》，目前

① Jøgen Wettestad, “The Ambiguous Prospects for EU Climate Policy: A Summary of Options”, *Energy & Environment* 12 (2001): 143 - 144.

还在就适应能力建设进行着新的努力。尽管如此，欧盟在适应气候变化问题上尚无非常具体的政策措施，绿皮书和适应战略也仅仅是建立起了欧盟未来适应能力建设的基本框架，还有更多具体措施需要欧盟去制定和执行。

2. 欧盟机构（欧委会）在欧盟气候政策中的弱势地位

气候变化问题是典型的全球性公共问题，依靠某一国的力量是难以应对的，国家间的合作与协调是解决这一问题的根本途径。一方面欧盟国家希望借助应对气候变化将强调国家间合作、协调以及国际法等要素的“欧洲模式”的对外扩展；另一方面，欧盟在共同气候政策的实施上却缺乏合作和协调，欧盟机构在气候政策的设计中处于相对边缘的地位。

作为早期欧盟实现温室气体稳定目标的方式之一，温室气体监测机制得以建立。从表面看，该机制意在监督各国气候变化计划的制定和气候措施的实施情况，然而在实际的运行中，该机制却难以发挥这样的作用。首先，其依赖于欧盟成员国提供的数据，然而这些数据往往是残缺不全的，导致欧盟委员会很难了解成员国的实际温室气体排放情况；其次，在该机制下欧盟委员会能够做地就是汇总各国提交的排放信息，进而评估欧盟与拟实现目标之间的差距，而无权对成员国采取的政策和措施进行评估、指导和干预。欧盟委员会人手的有限和各国提交文件格式的差异使温室气体排放评估报告往往难以按时发布，这也进一步降低了欧盟委员会在其中能够发挥的作用和影响力。

在欧盟实现减排目标最主要的手段——欧盟排放贸易体系的设计上，情况也是如此。欧盟理事会最终决定建立起分散型的管理结构，将设定参与该体系各实体排放许可的决定权交给了成员国，由各国根据国情制定国家排放许可分配计划，而欧盟委员会在整个进程中只发挥有限的监督作用。随着欧盟排放贸易体系进入正式运行阶段（2008～2012年），凸显出来的问题使欧盟成员国决定提高该体系的集权程度，提升欧盟委员会在其中发挥的作用。从第二阶段国家排放许可分配计划制定的进程看，欧盟委员会对成员国排放许可的削减确实有利于提高欧盟排放贸易体系未来的运作，但是该体系的管理结构并没有发生根本变化，依然是分散型的，仍由欧盟成员国制定排放许可并在其中发挥主导作用。

可以说，缺乏约束力的减排责任和气候措施使成员国保持了较大的行动自由，弱化了欧盟机构的作用。就连欧委会都承认欧盟气候政策措施的执行在很大程度上取决于成员国的意愿，由此欧盟机构在气候政策中的弱势地位可见一斑。

3. 欧盟气候政策执行不力

对任何一个政策来说，执行最为关键，也是最为困难的阶段，其也决定某一政策的成效。欧盟气候政策就面临着执行效果不佳的问题。

在欧盟排放贸易体系的运作上，分散型的管理结构使成员国而非欧盟机构拥有确定排放许可的终极权力，促发了欧盟成员国分配慷慨的排放许可以最大限度地保护本国工业。正是基于上述竞争力的挑战，欧盟成员国均不愿率先公布国家排放许可分配计划和在新成员国加入问题上迟迟不愿做出让步。即便最终成员国公布了国家排放许可分配计划，但是当欧盟于 2007 年公布参与欧盟排放贸易体系各部门 2005 年排放总量时才发现，欧盟的实际排放竟低于成员国为各部门设置的排放限额，因而根本无法实现减排，成员国公布的第二阶段国家排放分配计划也未能避免排放许可过度分配的问题，从而大大降低了欧盟排放贸易体系的效益。作为 2008 年年底通过的欧盟“能源与气候变化”一揽子立法的一部分，新的排放贸易指令对欧盟排放贸易体系运作中的问题进行了纠正，提升了欧盟委员会在其中的地位，使该体系的管理向集权型转变，并由“拍卖”（Auctioning）逐步取代排放许可的免费发放。鉴于新的排放指令为成员国设置了不少例外条款，因而 2012 年后的欧盟排放贸易体系（第三阶段）能否避免排放许可的过量分配尚不得而知。此外，世界各国普遍认为，将排放总量和全球份额迅速增长的航空业纳入欧盟排放贸易体系中对实现欧盟气候目标固然有益，但鉴于航空业对碳价格反应的非敏感性，加上对航空业征收碳税可能导致与非欧盟国家在此议题上的政治摩擦，使得将航空业纳入欧盟排放贸易体系对实现欧盟京都气候目标成效不大。

欧盟在提高能效、发展可再生能源等政策措施的实施中也存在执行效果不佳的问题。以发展可再生能源为例，欧盟出台了不少政策措施，但是在具体的执行中由于多种原因往往难以落到实处，其结果是可再生能源在欧盟 27 国能源总消耗中的比例从 1997 年的 7.2% 提高到 2006 年的 9.2%，在十年内仅提高了2个百分点。[①]基于此，要实现2020年20%的可再生能源目标是相当困难的。

总之，在应对气候变化的过程中，欧盟气候管辖权限的不足、气候政策制定缺乏灵活性和协调性以及共同气候政策措施的软弱已经成为欧盟气候政策进一步发展的内在问题，也是影响欧盟国际气候领导权的内部制约因素和主要障碍。

第二节 欧盟气候政策的外在挑战

欧盟作为国际气候领域的先行者，在引导国际应对气候变化努力的发展方向上发挥了极为重要的作用，也正是在欧盟的引导下，各国对气候变化问题的重视程度不断提高，采取气候政策和措施的力度不断加大，这反过来也使欧盟在国际气候领域的地位受到挑战。

一 欧盟气候政策的示范效应下降

与其他国家的气候行为相比，欧盟是当仁不让的先行者，即便是在经历了哥本哈根气候大会的“震撼”之后，不仅欧盟依然把保持在国际气候领域的领导地位继续作为其推行积极气候政策的战略目标之一，而且其他国家，特别是主要的《公约》缔约方依然认为欧盟拥有这种地位。[②]但是毫无疑问的是，欧盟的地位在下降，其根本原因在于欧盟保持领导地位所依赖的方式。根据相关学者的研究，领导权可分为结构性的（Structural）、方向性的（Directional）和工具性的（Instrumental）等三种类型。[③]在追求

① Tom Howes, “The EU's New Renewable Energy Directive (2009/28/EC)”, in Sebastian Oberthur and Marc Pallemaerts, eds., *The New Climate Policies of the European Union: Internal Legislation and Climate Diplomacy* (Brussels: VUB Press, 2010), p. 119.

② Bertil Kilian and Ole Elgström, “Still a Green Leader? The European Union's Role in International Climate Negotiations”, *Cooperation and Conflict* 45 (2010): 255 - 273.

③ Michael Grubb and Joyeeta Gupta, “Leadership: Theory and Methodology”, in Joyeeta Gupta and Michael Grubb, eds., *Climate Change and European Leadership: A Sustainable Role for Europe?* (Dordrecht: Kluwer Academic Publishers, 2000), pp. 18 - 22.

国际气候领导权的过程中，欧盟虽然同时具备实现上述三种类型领导权的要素和条件，但是从欧盟对国际气候机制的构建来看，其更倾向于施展方向性领导权，即欧盟不愿借助其经济实力等结构性权力迫使其他国家参与应对气候变化，相反更多地以榜样的力量（Set by Example）促使其他国家仿效欧盟采取积极的气候变化应对措施，逐步接受欧盟的规则和方式。①因此，欧盟气候政策的示范性作用是确保欧盟气候领导权的关键要素，然而这种示范性效应正在下降。

1. 科学研究质疑欧盟提出的全球长期减排目标

欧盟认为要将温室气体的浓度稳定在防止气候系统受到危险的人为干扰的水平上，全球气温的上升和工业革命前相比不应超过2°C，这也被视为欧盟积极气候行为的表现之一，但是对这一目标的批评日益增多：①科学研究质疑欧盟目标的科学性。虽然欧盟是气候科学的忠实信奉者，但IPCC第四份评估报告既未提到全球升温的2°C上限，也未明确指出具体的全球减排目标，报告只是提供了几个可供各国选择的减排路径，2°C上限是欧盟自己的诠释。欧洲学者理查德·托尔（Richard S. J. Tol）在对欧盟的全球减排目标研究后认为，这一目标的科学基础相当薄弱，研究方法不足、推理牵强、论据来源缺乏代表性是其致命的缺陷。② ②最新的气候科学研究质疑欧盟目标的充足性。自2007年IPCC第四份评估报告发布，几年时间已经过去了，气候科学研究也取得了新的进展。根据相关研究，全球升温2°C将使大气中温室气体浓度达到500ppm~550ppm二氧化碳当量，但要有效控制气候变化的不利影响，应将温室气体浓度控制在450 ppm二氧化碳当量以下。参加2009年联合国气候变化领导人峰会的各国首脑虽普遍接受欧盟的2°C上限，但同时认为对最脆弱的国家来说，安全限度意味着低于1.5°C。③因而欧盟提出的目标是不充足的。

---

① 在气候领域，欧盟对结构性、方向性和工具性领导权的运用，参见 Joyeeta Gupta and Lasse Ringius, "The EU's Climate Leadership: Reconciling Ambiton and Reality", *International Environmental Agreements: Politics, Law and Economics* 1 (2001): 282 - 289。

② Richard S. J. Tol, "Europe's Long - term Climate Target: A Critical Evaluation", *Energy Policy* 35 (2007): 429 - 430.

③ 联合国秘书长潘基文在气候变化首脑会议闭幕式上的发言，http://www.un.org/zh/climatechange/summit2009/sg.shtml。最后登录时间：2009年10月12日。

2. 欧盟承诺减排目标缺乏雄心

鉴于《公约》及《议定书》规定发展中国家暂不承担量化的减排责任，因而附件一国家（发达国家和转型经济体）的量化减排目标也成为《公约》缔约方争执的中心之一。在此议题上，欧盟希望以雄心勃勃的减排承诺为榜样，促使其他缔约方效仿欧盟，做出类似的减排努力。2007 年 3 月欧洲理事会就欧盟的中期减排目标做出决定，承诺到 2020 年实现温室气体排放在 1990 年减少 20%，如果达成后京都气候条约或者其他国家做出类似努力的话，欧盟将其减排承诺提高到 30%。从表面看，欧盟的减排承诺颇具雄心，然而事实并非如此。

首先，从减排潜力和能力来说，欧盟可以承诺更高的减排目标。在构建后京都机制的气候谈判中，欧盟声称实现其承诺目标将付出很大的代价和经济成本，但是依然会兑现承诺，也期望其他国家做出类似的努力。但是相关机构进行的研究认为，欧盟不仅能够实现其承诺的减排目标，相反应该承诺更高的减排。环境非政府组织三代环境主义（E_3G）研究认为，欧盟 20% 的中期减排目标偏低，不具有示范性，欧盟应将其承诺提高到 30%。[①]欧洲地球之友（Friends of Earth Europe）和斯德哥尔摩环境研究所（SEI）联合研究认为，从应对气候变化的国际公平性而言，欧盟的中期减排目标至少应为 40%，而且是能够实现的。[②]

其次，从减排可比性来看，欧盟也无明显的领先优势。2007 年 3 月欧洲理事会以主席决议的方式确定了欧盟的减排目标，其也成为第一个明确将中期减排承诺具体化和明确化的《公约》缔约方，与此同时欧盟在决议中也希望其他国家做出可比性的努力。根据各国对于承诺可比性的建议，量化目标和减排成本是衡量可比性最重要的指标。从承诺的中期减排目标来看，欧盟与其他国家的差距不大。以对欧盟相对有利的 1990 年为排放基

---

① Taylor Dimsdale and Matthew Findlay, *30 Percent and Beyond*: *Strengthening EU Leadership on Climate Change* (London: Third Generation Environmentalism Ltd, 2010), pp. 12 - 17.

② Friends of the Earth Europe, *The 40% Study*: *Mobilizing Europe to Achieve Climate Justice* (Brussels and Stockholm: Friends of the Earth Europe and Stockholm Environment Institute, 2009), p. 5.

年，欧盟无条件减排20%，有条件减排30%，与此相对照，澳大利亚最多可减排11%，日本为25%，俄罗斯联邦为15%～25%，只有加拿大增排3%和美国减排3%与欧盟的差距较大（见图4－3）。倘若从减排的边际成本来看，欧盟为54美元/吨 CO_2，加拿大为65美元/吨 CO_2，日本则高达621美元/吨～1071美元/吨 CO_2（见表4－1）。因此，欧盟中期减排目标很难说是其做出了巨大的努力，更不可能借此确立在国际气候领域的方向性领导权。

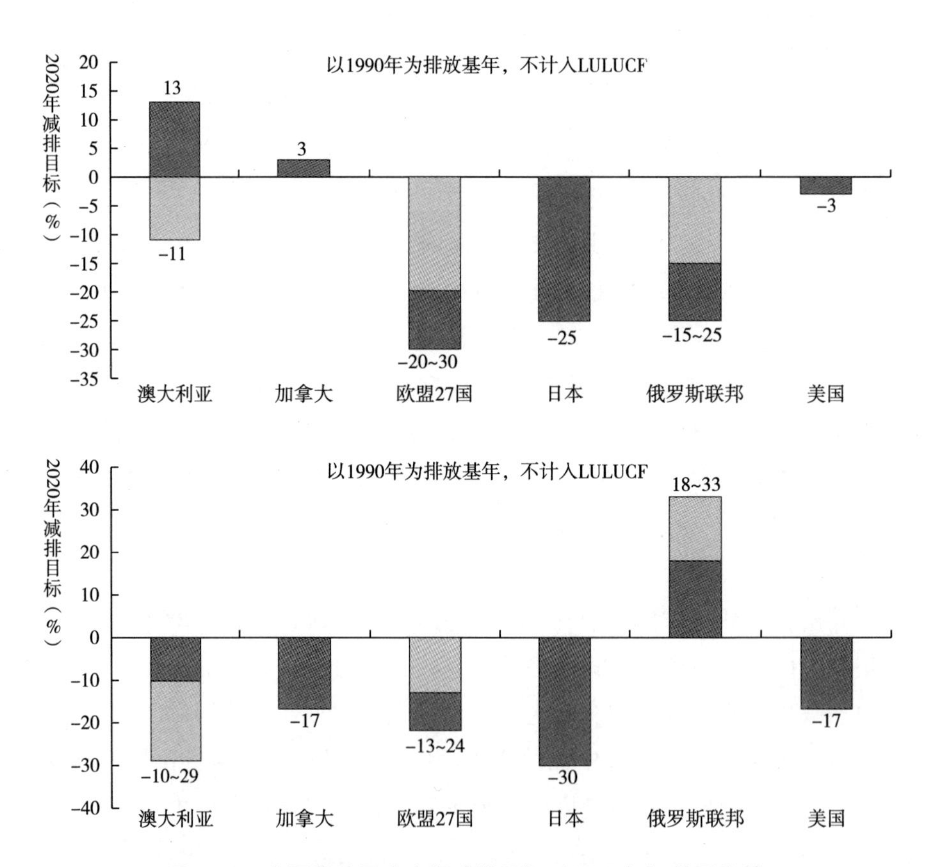

图4－3 主要发达国家中期减排目标（2020年）的可比性

资料来源：World Resources Institute，"Interactive Chart：Analyzing Comparability of Annex I Emission Reduction Pledges"，http：//www. wri. org/publication/comparability－of－annexi－e-mission－reduction－pledges/chart。最后登录时间：2010年12月31日。

表 4-1　主要发达国家（地区）实现中期目标的边际成本对照

国家和地区＼项目	GDP 受影响的程度（2020 年）	边际减排成本（美元/吨）	对家庭开支的影响
美 国	-0.13% ~0.57%	16 ~30	收入减少 8300 ~10400 日元/年
日 本	-3.2%	621 ~1071	收入减少 360000 日元/年
加拿大	-0.4%	65	电费上涨 4%，天然气上涨 2%
澳大利亚	-1.1%	25	可支配收入减少 0.2%，收入减少 14000 日元/年，电费增加 17500 日元/年，天然气费增加 7000 日元/年
欧 盟	0.35%	54	尚不确定

注：俄罗斯当前承诺的减排目标在“照常发展”的情况下即可实现，减排边际成本可以忽略。

资料来源：Akihiro Sawa, *The High Price Paid for Hatoyama Speech* (Tokyo: The 21st Public Policy Institute of Japan, 2009), p. 4。

3. 欧盟气候政策效果的欠佳

鉴于欧盟当前的地位和影响，欧盟既可借助其拥有的硬权力（结构性权力），也可依赖其软权力（方向性权力和工具性权力）。为确立在构建国际气候机制中的主导地位，欧盟依然选择了后者。欧盟希望借助其在绿色技术上的先发优势，通过向可持续发展的转型，开拓一条不同于传统经济发展的新方式，即在实现经济发展的同时降低 CO_2 等温室气体的排放，走可持续性的低碳经济发展之路。更为重要的是欧盟企图以其采取的政策努力向世界证明，实现经济发展和温室气体排放增长的脱钩（Decoupling）是可能的，低碳发展道路是可以实现的，并以此让世界接受欧盟提出的标准，接受“欧盟模式”，然而目前在此方面的榜样作用是缺乏的。

以实现京都目标为例，在《议定书》下欧盟接受了高于其他缔约方的京都减排目标（8%），然而在兑现承诺方面，欧盟面临不少困难和不确定性。欧洲环境署（EEA）运用国际普遍接受的线性减排路径与欧盟的实际表现进行的比较研究发现，欧盟 15 国 2006 年温室气体排放总量为 1990 年的 97.3%，而根据线性减排路径，欧盟 2006 年的排放水平应降至 1990 年的 93.6%，显然两者间存在着 3.7 个百分点的差距。与此同时，欧盟温室气体的排放虽呈现总体下降趋势（见图 4－4），但其主要是个别成员国努力的结果。1999 年前欧盟温室排放迅速下降主要源于德国排放的大幅下降和英国的能源结构转型（从使用煤炭转向天然气），其他成员国的排放总量不降反升，而这种状态是难以保持和不具有可持续性的。因而在 1999 年之后，欧盟总体排放水平开始反弹，当然欧盟 15 国如果更多地借助于京都灵活机制的话，其仍能实现其京都目标。基于此，欧洲环境署的报告认为欧盟依然能够实现京都目标，但其取决于欧盟能否出台并快速落实新的气候政策措施、多大程度上利用京都灵活机制以及部分成员国超额完成减排目标的情况。而客观的事实是，目前仅有四个成员国——德国、希腊、瑞典和英国——能够依照现有措施实现京都目标，法国需要额外措施才能实现，而其他欧盟成员国即便采取额外措施也不可能完成京都目标。①就连 21 世纪之后加入欧盟的中东欧成员国在减排上的表现也不容乐观，由此也决定欧盟“能源与气候变化”一揽子立法中三个“20%”目标实现的困难性。2012 年，欧委会官方网站宣布欧盟已经实现京都减排目标，2014 年欧

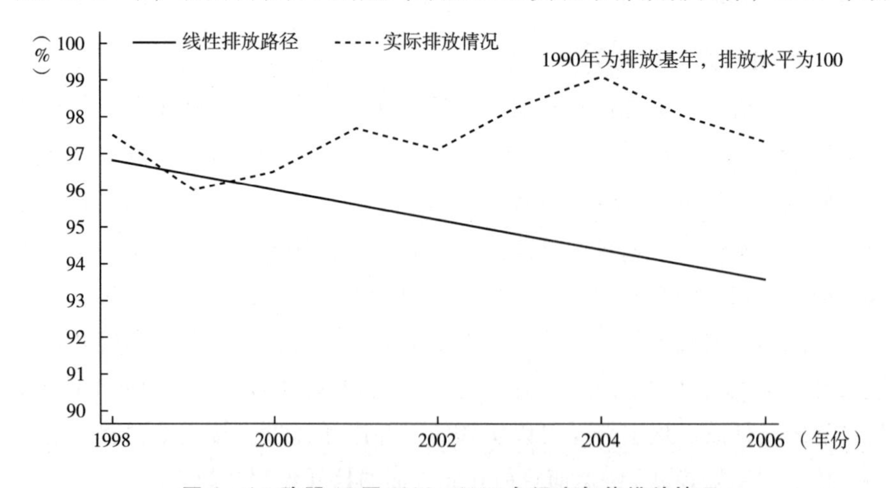

图 4－4　欧盟 15 国 1998～2006 年温室气体排放情况

资料来源：Charles F. Park and Christer Karlsson，“Climate Change and the European Union's Leadership Moment：An Inconvenient Truth?” *Journal of Common Market Studies* 48（2010）：933。

---

① EEA，*Greenhouse Gas Emission Trends and Projections in Europe 2008*（Luxembourg：Office for Official Publications of the European Communities，2008）.

洲环境署的报告称欧盟2012年已接近实现欧盟规定的2020年减排目标（见图4－5）。但是欧盟在2008～2012年间总体排放迅速下降的主要原因不是欧盟及其成员国的减排努力，而是由金融危机引发的欧洲经济衰退导致的，因而随着欧盟经济日渐复苏并走出危机，欧盟的排放量将出现极大的反弹。倘若欧盟将其承诺减排目标提高到30%，实现的可能性则更低。

因此，实现京都目标存在的困难性和不确定性决定了欧盟很难用自身的行为向其他国家展示减缓气候变化和低碳发展的可行性，大大削弱了欧盟在国际气候领域的地位。即便欧盟在做出无条件单边减排承诺的前提下，其他国家也不愿效仿欧盟，最大的原因就在于欧盟没能为他们展示一条可行的减排和低碳发展道路，没有发挥出真正的示范效应和榜样作用。

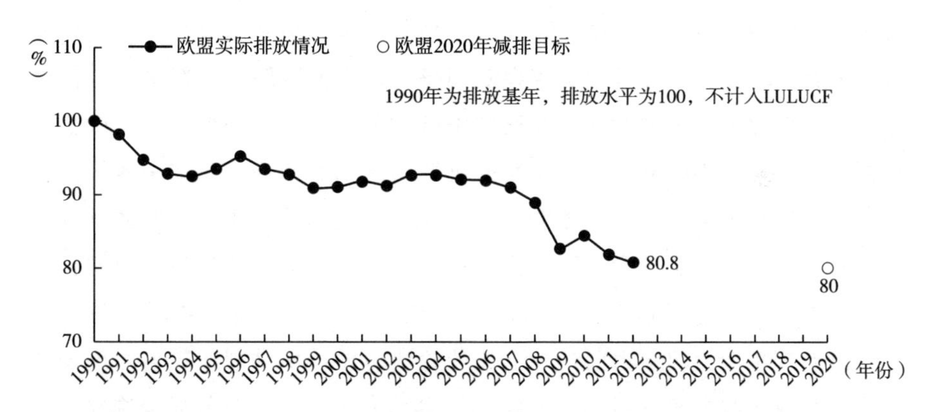

图4－5　欧盟28国1990～2012年温室气体排放情况

资料来源：European Environmental Agency, *Annual European Union Greenhouse Gas Inventory* 1990－2012 *and Inventory Report* 2014：*Submission to the UNFCCC Secretariat*（Luxembourg：Office for Official Publications of the European Communities，2014），p. v。

二　欧盟塑造后京都国际气候机制的能力受到削弱

2005年，在欧盟等多个《公约》缔约方的共同努力下，《议定书》最终生效，国际应对气候变化进入后京都时代。由于《议定书》仅规定了第一履约期（2008～2012年）附件一国家的减排义务，而对2012年后国际应对气候变化的努力未做出安排。为此，2005年底在加拿大蒙特利尔的

《公约》缔约方第十一次大会暨《议定书》缔约方第一次大会决定就2012年后国际气候机制进行谈判，启动了后京都气候谈判进程。为继续保持在国际气候领域的主导权和构建后京都气候机制上的影响力，欧盟仿效其在《公约》及其《议定书》谈判和批准过程中的战略和手段，积极活跃于后京都气候谈判中。然而随着国际谈判形势的发展，欧盟的国际气候战略越来越难以适应后京都气候谈判的现实，2009年12月哥本哈根气候大会上欧盟地位的边缘化使欧盟的国际气候战略遭受重大挫折。尽管欧盟仍是后京都气候谈判中最为重要和最有影响的缔约方之一，但是其在构建后京都气候机制中的影响力已受到明显削弱。[①]

1. 欧盟在国际气候谈判中的多重代表性导致立场缺乏协调性和灵活性

与欧盟在贸易、水质以及废物处理领域不同，气候变化领域的共享权限决定了欧盟难以将成员国排除在外，独自代表欧盟及其成员国参与国际气候谈判。相反，欧盟及成员国在欧盟条约规定的权限下共同参与国际气候谈判，由此催生了在国际气候谈判中欧盟的立场协调问题。根据欧盟条约的规定，凡是涉及欧盟对外关系的议题均属于共同外交与安全政策的范畴，由欧盟轮值主席国代表欧盟。因而在国际气候谈判中，欧盟的共同立场均是在欧盟委员会的参与下，提前在欧盟成员国中达成一致，由担任轮值主席的成员国进行协调并在国际气候谈判中展示欧盟的共同立场。[②]此外，欧盟理事会也决定由前任和下任的轮值主席国协助现任轮值主席国的工作，组成三驾马车（The "Troika"）[③] 以保持欧盟在国际气候谈判立场的连贯性。尽管如此，欧盟参与国际谈判的制度框架决定了欧盟在国际气候谈判中不可避免的问题。

首先，轮值主席制度使欧盟气候政策缺乏连贯性和长远战略眼光。欧盟轮值主席由成员国每半年轮流担任一次，在对外关系上代表欧盟。气候变化问题与其他的全球性问题不同，其不仅涉及面广，而且应对气候变化措施的效果具有滞后性，气候变化问题的解决需要数年的努力，因而国际

① Nick Mabey, *Down but Not Out? Reviving the EU's Political Strategy after Copenhagen* (London: Third Generation Environmentalism Ltd, 2010), p. 1.

② Sebastian Oberthur and Herman E. Ott, *The Kyoto Protocol – International Climate Policy for the 21st Century* (Berlin: Springer, 1999), p. 14.

③ 2004年后，三驾马车改由欧盟委员会、现任和下任轮值主席国组成。

气候谈判是一个长期进程。尽管轮值主席制度体现了平等和民主原则，但是却使欧盟在国际气候谈判中难以保持谈判战略的连续性，难以形成长期的战略思路，也使欧盟难以积累应对气候变化的“制度经验”（Institutional Memory）。[①]正如欧盟学者路易斯·冯奇克（Louise Van Schaik）和克里斯蒂安·艾根霍夫（Christian Egenhofer）所言，“由于欧盟轮值主席半年变换一次，由此导致欧盟在国际气候谈判中的表现和实际立场存在很大的跨越性，成为欧盟确立长远气候战略的限制因素之一”。[②]随着《公约》框架下气候议程的迅速扩展和缔约方博弈的日趋白热化，欧盟轮值主席制度越来越难以适应国际气候谈判形势的需要。

其次，欧盟对外政策决策机制的“僵化”（EU Bunker）。如前所言，在参加国际气候谈判之前，欧盟机构及成员国经过艰难谈判形成共同谈判立场，倘若需要改变立场则要求征得多数成员国的同意。但是在国际气候谈判极为有限的时间内要实现这一目标几乎是极为困难的，其结果是欧盟不得不进行无休止的内部协调和争取欧盟理事会新的授权，这也成为欧盟立场模糊和在国际气候谈判中受挫的根源之一，将宝贵时间用于弥合内部立场的分歧也使欧盟很难对国际气候谈判中的新进展作出有效的反应。换句话说，欧盟成员国间极为耗时和耗力的立场协调意味着欧盟在参加联合国气候大会之时，不得不召开大量的“会中会”，大大降低了其在国际气候谈判中的影响力和地位。1997 年京都气候会议的最后时刻，当欧盟环境部长们仍在进行内部磋商之时，缔约方大会已经在进行之中，这一点在清洁发展机制（CDM）议题中体现得尤为典型，即欧盟环境部长仍在就欧盟应该采取何种共同立场进行协商之时，时任气候谈判主席的埃斯特拉达（Raul Estrada - Oyuela）已经与其他缔约方就 CDM 的主要谈判文本做出最终决定。当欧盟代表提出对 CDM 中减排许可计算方法的反对意见时，却被告知有关 CDM 的决定已经做出和难以更改，更不可能让其他缔约方就此进行重新谈判。同样的情景也发生在 2000 年，即便欧盟在 2004 年对参

---

① House of Lords, *The EU and Climate Change: Evidence* (London: The Stationary Office, 2004), p. 56.

② Louise Van Schaik and Christian Egenhofer, *Reform of the EU Insitutions: Implications for the EU's Performance in Climate Negotiations* (Brussels: Center for European Policy Studies, 2003), p. 4.

与国际谈判的机制进行了改革以提升其反应速度，但是效果似乎并不明显。[①]这也是欧盟在2009年底的联合国哥本哈根气候大会上被边缘化的原因之一，因为其他缔约方认为欧盟在气候谈判立场上缺乏连贯性、内部分歧严重和缺乏强有力的代言人，就连新任的欧盟气候总司委员赫泽高（Connie Hedegaard）在就职听证会上也声称，“在哥本哈根气候会议的最后时刻，中国、印度、美国、日本等均能统一立场，唯独欧盟内存在多个声音，从而使其很难真正参与到最后的气候谈判中去”。[②]

最后，环境部长在国际气候谈判中的强势地位。气候问题并非一般的全球性环境问题，其涉及欧盟的方方面面。许多学者认为，气候谈判已经不再是仅需要欧盟各国环境部门处理的单一议题，而且需要经济、贸易、发展、能源、交通等部门的积极参与和联合行动。然而从欧盟应对气候变化的轨迹来看，虽然气候变化问题日益受到欧盟的重视，但是欧盟及成员国在气候问题上的权限导致欧盟基本上将气候变化问题作为一个普通环境问题来处理，由此也决定了环境部长理事会在气候决策中的强势地位。由欧盟环境部长理事会主导气候议程并由其对欧盟气候政策进行协调显然是不够的，也决定了欧盟很难形成统一、协调的立场。

基于此，尽管不少成员国享有很高的国际地位和声望，却因为欧盟复杂的机构运作程序，彼此间缺乏协调，因而难以形成塑造后京都气候机制的重大合力，在瞬息万变的国际气候谈判中无法有效应对来自其他缔约方提出的主张和建议，更不可能将欧盟应对气候变化的构想植入未来的国际气候机制中去。

2. 欧盟的国际气候战略手段过于单一

在追求国际气候领导权的过程中，欧盟选择了非传统型的“软性”领导战略（Soft Leadership Strategy）。虽然欧盟偶尔也借助其拥有的政治和经

---

① 为提升欧盟国际谈判中的表现和效率，2004年改革后的欧盟对外政策机制增加了为欧盟理事会提供政策建议支撑的工作组数量和权限，同时为保持欧盟立场的协调性和连贯性，欧盟设立了“主要谈判代表”（Lead Negotiators）和“议题负责人”（Issue Leaders）体系。具体可参见 Sebastian Oberthur and Marc Pallemaerts, eds., *The New Climate Policies of the European Union: Internal Legislation and Climate Diplomacy* (Brussels: VUB Press, 2010), pp. 40-41。

② John Curtin, *The Copenhagen Conference: How Should the EU Respond?* (Dublin: Institute of International and European Affairs, 2010).

济地位等结构性权力促使其他行为体妥协和让步，例如为了《议定书》的生效，以对俄加入 WTO 的支持换取其批准《议定书》，但是欧盟主要通过方向性领导权，借助其软权力资源，即诸如榜样的示范作用、外交、规劝和协商等方式来影响国际气候机制的构建。然而在应对气候变化中，欧盟的“软性”领导战略难以发挥真正的作用。

首先，欧盟的国际气候战略无法推动其他缔约方采取相应的“跟进”（Follow - up）。根据学者的普遍研究，要想使某种行为路径成为该领域的主导者，实施该行为的行为体做出某种程度的牺牲是尤为重要的。换句话说，决定单边行为对其他行为体感召力的因素不在于该行为的实际影响有多大，而在于其产生的道义力量和象征性含义，即行为的感召力取决于领导者实施该行为需要做出的牺牲。[①]在构建后京都气候机制的过程中，欧盟试图通过单边无条件减排 20% 以及有条件减排 30% 的气候承诺来促使其他国家做出类似的承诺，然而此种单边承诺缺乏道德感召力。如前所言，相关的研究表明，欧盟的减排承诺不仅未能形成对其他《公约》缔约方的绝对优势，而且减排边际成本不高。也就是说，实现单边承诺减排目标需要做出的牺牲不大，欧盟能够实现更高的减排目标，这也决定了欧盟单边承诺产生的道德感召力是有限的，因而也难以激起其他《公约》缔约方的共鸣，更难促使其后者仿效欧盟采取“跟进”措施。[②]

其次，欧盟的国际气候战略难以提供足够的激励因素以推动国际应对气候努力的发展。在一个没有中央权威的国际社会中，国家以追求利益的最大化为最终目标。随着全球化的发展和世界相互依存程度的加深，国家之间为解决共同面临的全球性问题和更好地实现国家利益，彼此之间的合作日益增多，而应对气候变化正是这样的全球性问题。尽管气候变化是世界各国面临的共同安全威胁，但是并不构成国家间合作的充分条件。这是因为：①气候变化问题涉及政治、经济和社会等多个方面，与经济发展和

---

① Stavros Afionis, “The European Union as a Negotiator in The International Climate Change Regime”, *International Environmental Agreements: Politics, Law and Economics* 11 (2011): 341 - 360.

② 部分欧洲学者运用博弈论对欧盟单边减排承诺的后果进行了综合评估，研究结果认为欧盟的单边行为对后京都气候协定的达成和其他国家的气候行为影响不大，详细分析参见 Thierry Brechet et al, “The Impact of the Unilateral EU Commitment on the Stability of International Climate Agreements”, *Climate Policy* 10 (2010): 148 - 166。

人民的生活水平和福祉密切相关，加上世界各国处于不同的经济发展阶段，应对气候变化对各国的重要性和含义不同，因而应对气候变化不仅仅是科学和技术问题，而且已经成为国家间综合国力竞争和地缘政治争夺的新领域和新舞台；②气候变化问题是全球性公共问题，因而各国普遍存在“搭便车”的机会主义倾向，从而将提供公共产品的责任和成本转嫁给其他国家，而其却不断享受后者提供的公共产品。作为国际气候领域的领导者，欧盟具有不可推卸的责任来提供多种激励因素使其他《公约》缔约方放弃机会主义的“搭便车”战略，积极参与到应对气候变化的国际努力中去。当前各国普遍担心的是应对气候变化将意味着能源结构的重组和经济发展模式的转型，其结果会减缓经济发展速度，影响人们生活水平的提高。因而这迫切需要国际气候领域中的先行者以实际的发展向世界展示：能源结构的重组和发展模式转型不仅可以以较低的成本实现，而且对于长远的经济发展和人民生活水平和质量的提高大有益处。然而欧盟却仅以单边的无条件承诺来展示其方向性领导权，兑现承诺的困难性也使欧盟的承诺成了一纸空文，其结果是欧盟很难在气候领域向其他国家做出表率，遑论推动国际应对气候努力的发展了。

3. 欧盟国际气候领导权缺乏可信性

对领导权的研究表明，要想成为某一领域的领导者，行为体的行为必须具有可信性。可信性是获取领导权的重要条件，在很多情况下甚至是基本的前提条件。[①]欧盟无疑是国际气候领域的领导者，然而可信性问题却是自 20 世纪 90 年代以来一直困扰欧盟的问题之一。在构建后京都气候机制的过程中，欧盟气候领导权的可信性问题和由此而来的信任危机削弱了欧盟在国际气候领域的影响力，表现在以下方面。

首先，欧盟做出了雄心勃勃的减排承诺但却难以兑现。在二十多年的国际应对气候变化发展史中，欧盟领先于其他缔约方的减排承诺是其能够维持国际气候领导权最主要的原因之一。但是欧盟气候政策中一直存在着

---

① 可信性与领导权之间关系的分析，参见 Oran Young，“Political Leadership and Regime Formation：On the Development of Institutions in International Society”，*International Organization* 45（1991）：281 - 309；Raino Malnes，“‘Leader’ and ‘Entrepreneur’ in International Negotiations：A Conceptual Analysis”，*European Journal of International Relations* 1（1995）：87 - 112。

承诺与兑现之间的差距以及由此导致的可信性问题。在 20 世纪 90 年代，欧盟的国际承诺和立场与其国内气候政策之间存在着极为严重的信用鸿沟。[①] 2005 年，欧盟 15 国的温室气体排放仅比 1990 年减少了 2%。虽然欧洲环境署认为欧盟仍然能够实现京都目标，但是其将不得不更多依靠京都灵活机制减排，预计将达到 3%。也就是说，欧盟要实现京都目标，其中近一半要依靠购买国外排放信用来实现，这大大降低了欧盟领导权的可信性和其他缔约方对欧盟的信任度。因此，2010 年 10 月 12 日，当欧盟官方网站公告宣称“欧盟目前已提前完成《京都议定书》减排目标，预定到 2012 年将大幅超过原定减排目标”时，[②]其他《公约》缔约方并未对其给予积极的回应。

其次，欧盟对发展中国家的资金和技术支持迟迟难以落实。发达国家在实现工业化过程中排放的温室气体是造成气候变化的主要原因，根据“污染者付费”原则和《公约》规定的“共同但有区别的责任”原则，发达国家在应对气候变化中应率先减排，并帮助发展中国家应对气候变化。2007 年底通过的《巴厘岛路线图》也要求发达国家为发展中国家提供“可衡量、可报告和可核实”的资金和技术支持。欧盟是国际气候领域的领导者，但对发展中国家的支持却三缄其口。在资金支持上，欧盟迟迟不愿承诺具体的资金贡献量。2009 年 1 月发布的“哥本哈根综合协议”文件称，欧盟将在 2009 年 3 月召开的欧洲理事会上决定其具体的资金贡献额，但实际的情况是，欧盟将做出这一决定时间一推再推。随着后京都气候谈判僵局的出现，欧盟除了根据《哥本哈根协议》的要求就 2010 ~ 2012 年的“快速启动基金”（Fast - Start Fund）做出 72 亿欧元的承诺外，对 2020 年的中期资金支持尚未做出任何决定。对于技术支持，由于欧盟坚持对技术转让中知识产权的严格控制，也使其对发展中国家的技术支持收效不大。

再次，欧盟对国际气候谈判规则的背离也使发展中国家对欧盟气候领

① Sebastian Oberthür, “EU Leadership in International Climate Policy: Achievements and Challenges”, *The International Spectator* 43 (2008): 40.

② 中国气候变化信息网：《欧盟将超额完成 2008 ~ 2012 年间减排目标》，2010 - 10 - 12，http://www.ccchina.gov.cn/cn/NewsInfo.asp?NewsId = 25807。最后登录时间：2010 年 10 月 18 日。

导权的可信度产生怀疑。彼此的信任是谈判成功的重要前提条件，然而在后京都气候谈判中，欧盟却屡次违背各缔约方达成的共识：①欧盟多次试图抛弃《议定书》框架。为了使发展中国家承担更多的减排义务，欧盟等发达国家试图打破现有的谈判框架，使气候谈判从“双轨制”变为“单轨制”，抛弃《议定书》，重新达成一个涵盖发展中国家、有法律约束力的新气候条约。②对于资金支持和发展中国家适当减排行为的关系，欧盟的立场也是对巴厘岛路线图的误读。欧盟承认对发展中国家的支持是气候谈判成功的前提，却坚持国际资金支持只针对超出发展中国家自身支付能力的部分，并且是发展中国家先进行适当国家减排行为，然后才能获得发达国家（欧盟）的资金支持，完全扭曲了发展中国家适当减排行为和发达国家资金支持的关系。

欧盟的上述行为使得参与国际气候谈判的各缔约方，特别是发展中国家怀疑欧盟的真实意图，其结果必将降低其他缔约方对欧盟的信任度和欧盟国际气候领导权的可信性，导致欧盟塑造后京都气候机制的能力受到削弱。

三　其他《公约》缔约方的挑战

截至目前，欧盟仍然是国际气候机制规则的主要制定者和国际气候领域的领导者，但是其国际领导地位正遭受着越来越大的挑战。随着国际应对气候变化努力的发展和国际气候机制的演进，越来越多的国家参与到应对气候变化的国际气候机制中，日趋积极的他国参与既是对欧盟的积极回应，也是对欧盟地位的一种挑战。新兴市场经济体在世界政治经济中地位的上升和美国奥巴马政府气候政策的调整对欧盟气候政策施加着越来越大的压力。

1. 新兴市场经济体的崛起削弱了欧盟在国际气候领域的影响力

进入21世纪以来，包括中国、印度、巴西和南非等国在内的新兴市场经济体地位的迅速上升是世界经济发展的特点之一。伴随着新兴经济体的地位上升，其在包括气候变化等国际政治经济领域中的影响也越来越大，冲击着欧盟在国际气候领域的领导地位。

首先，欧盟的结构性权力不断下降。结构性权力是一种硬权力，在很大意义上取决于一国所拥有的物质水平和能力。在国际气候领域，欧盟不仅拥有世界上最大的共同市场，而且是世界第一大经济体。更为重要的是，欧盟也是最主要的温室气体排放主体，所有这些都决定欧盟拥有巨大的结构性权力。尽管欧盟倾向于借助“软权力”——榜样的力量来推动其他国家对国际气候机制的参与，但是结构性权力无疑是欧盟确立国际气候领导权极为重要的因素之一。在美国退出《议定书》后，欧盟促使俄罗斯批准《议定书》的主要原因不是欧盟的“软权力”，而是欧盟的结构性权力。

但是在构建后京都气候机制的过程中，欧盟的结构性权力不断下降：①欧盟全球排放份额的下降削弱了其在国际气候领域的重要性。目前，欧盟27国的CO_2排放总量占全球的1/6和附件一国家的1/5。随着欧盟经济发展进入后工业时代，其能源消耗逐步稳定并开始下降。与此相对照，诸如巴西、印度、中国和南非等发展中国家正处于实现工业化的过程中，其能源消耗必将迅速上升。根据相关机构的研究，未来数十年的能源消耗将增加70%，其中大部分来自发展中国家。尽管世界各国采取多种措施实现能源供给的多元化，但是毫无疑问的是，化石能源仍将是未来全球能源最主要的来源，由此也决定发展中国家温室气体排放的全球份额会继续上升，而诸如欧盟等发达国家的温室气体排放份额进一步下降。②新兴市场经济体国际发言权的提高削弱了欧盟对国际议程的塑造力。在世界经济总体放缓的情况下，新兴市场经济体的快速发展已经成为世界经济发展的最大亮点和重要推动力，由美国次贷危机引发的国际金融危机更是凸显了新兴市场经济体在世界经济中的地位和影响力，表现在：一是宣布由G20取代原来仅有发达国家组成的G8，从而使主要的发展中国家参与到全球政治经济规则的制定中。二是改革国际货币体系，提升新兴市场经济体在国际货币基金组织（IMF）中的发言权。2010年10月在韩国庆州举行的G20财长和央行行长会议就IMF改革取得重大进展，欧盟将让出IMF执行董事会的两个席位给发展中国家。IMF同年12月16日宣布，该组织理事会已批准份额和执董会改革决议方案。份额改革完成后，中国的份额将从目前的3.72%升至6.39%，投票权将从目前的3.65%上升至6.07%，超越德国、法国和英国，仅排在美国和日本之后。同时IMF也将份额增加一倍至约4768亿特别提款权（约合7339亿美元），并对成员国的份额比重进行重大调整，超过6%的份额比重将转移到有活力的新兴市场和发展中国家，最贫穷成员国的份额比重和投票权将受到保护。[①]

其次，新兴市场经济体积极的气候承诺和行为降低了欧盟国际气候领导权的示范效应和塑造力。如前所述，通过领先于他国的气候行为展示欧盟的“榜样”作用是欧盟气候领导权的主要体现方式。然而在后京都气候谈判中，欧盟日趋保守的气候行为与新兴市场国家积极的气候措施形成鲜明对照，使前者在国际气候领域的领先地位有点黯然失色。为使后京都气候谈判顺利进行，新兴市场国家不仅就谈判议题阐明了详细而且明确的立场，而且在不承担量化、有约束力减排的前提下，为达成后京都气候条约做出了重大贡献。在2009年底的哥本哈根气候大会上，欧盟等发达国家企图抛弃《议定书》，导致在此次会议上达成后京都气候机制的预先计划最终失败，在巴西、南非、印度和中国组成的基础四国努力下，哥本哈根气候会议最终达成了不具法律约束力的《哥本哈根协议》，避免了会议无果而终。不仅如此，新兴经济体已经制定了国家应对气候变化战略，采取了一系列的应对气候变化的措施和行为，并且依据《哥本哈根协议》附件二的要求向《公约》秘书处提交了未来承诺减排的目标。

哥本哈根会议结束后，面对日渐削弱的欧盟气候领导权和美国惨淡的联邦气候立法前景，基础四国决定继续以部长级会议的方式为后哥本哈根时代的气候谈判而努力。根据会后发表的联合声明，基础四国决心在气候变化问题上继续发挥领导作用。四国特别指出，在美国国内立法问题上，不能是“无限期的等待”，基础四国为2010年底举行的墨西哥坎昆会议设置了自己的议程和优先探讨的方向。与此同时，基础四国也以其在国际谈判中的表现来佐证其要发挥领导作用的决心，表现在：①在提交给《哥本哈根协议》附件二的文件中，基础四国均做出颇具雄心的减排承诺（见表4－2）；②基础四国在构建2012年后气候机制的重要议题上做出新的让步。2010年7月基础四国第四次部长级会议同意成立一个专家小组负责制定“可衡量、可报告和可核实”（MRV）气候行为的共同基准。在当前对MRV的适用范围和方法存在重大分歧的情况下，基础四国的倡议意味深

① 蒋旭峰、刘丽娜：《IMF理事会批准份额和执董会改革决议方案》，新华网2010年12月17日，http://news.xinhuanet.com/world/2010－12/17/c_13653236.htm。最后登录时间：2011年1月3日。

长。③基础四国成员在一些具体的谈判议题上也日趋积极。2010 年 2 月，印度环境部长宣布印度可能放弃长期以来在人均排放上的立场，首次表示在采用新的公式对未来排放进行分摊的前提下，印度也将接受有约束力的国际气候安排。[1] 2010 年 10 月 4 ~9 日，中国首次承办《公约》框架下的气候变化正式谈判会议，声称这是中国政府为维护公约、议定书的谈判主渠道地位，按照巴厘路线图推动双轨制谈判进程，为年底的坎昆会议取得全面、平衡的积极成果做出的贡献。[2] 2010 年底坎昆会议以来，基础四国正在改变过去的消极立场，开始在气候谈判中发挥领导作用，主动去引导国际气候谈判的发展方向。

表 4 -2　基础四国承诺减排一览

国 家	2020 年减排目标	基准年	提交时间
中 国	单位 GDP 的 CO_2 排放降低 40% ~45%	2005	2010 年 1 月 28 日
印 度	GDP 的 CO_2 排放强度降低 20% ~25%	2005	2010 年 1 月 30 日
巴 西	比基准排放减少 36. 1% ~38. 9%	—	2010 年 1 月 29 日
南 非	比基准排放减少 34%	—	2010 年 1 月 29 日

资料来源：UNFCCC，*Appendix II - National Appropriate Mitigation Actions of Developing Country Parties*，February 2010，http：//unfccc. int/home/items/5265. php。最后登录时间：2014 年 10 月 1 日。

可以说，包括基础四国在内的新兴市场经济体在世界政治经济中地位的提升，发言权的扩大和在全球温室气体排放份额中的增加以及日趋积极的气候政策和行为等是对欧盟国际气候领导权的挑战。欧盟在哥本哈根气候大会上地位的边缘化很大程度上归因于欧盟坚持用单一、有法律约束力的新条约来取代《议定书》，这恰恰是主要发展中国家所反对的，由此也导致基础四国抛开欧盟，代表发展中国家与美国达成《哥本哈根协议》，

① Priscilla Jebaraj，“India May Drop per Capita Stand”，*The Hindu*，8 February，2010，http：//www. thehindu. com/news/ national/ article102623. ece. 最后登录时间：2014 年 5 月 1 日。

② 《国家发改委副主任谢振华在中国承办天津气候变化国际谈判会议情况新闻发布会上的讲话》，2010 年 9 月 29 日，http：//www. china. com. cn/zhibo/2010 - 09/29/content _ 21015978. htm，最后登录时间：2014 年 10 月 8 日。

造成了欧盟在哥本哈根气候会议上的孤立。[1]随着新兴市场国家在世界政治经济中结构性权力的增加，欧盟的国际气候领导权会面临更大的挑战。

2. 美国气候政策调整挑战欧盟在气候领域的地位

美国是当今世界最主要的温室气体排放国之一，美国的参与对气候变化问题的解决至关重要。然而在很长一段时间内，美国从自身利益出发，在应对气候变化中的立场和政策消极，特别是2001年美国小布什政府宣布退出《议定书》谈判给国际社会应对气候变化造成很大的冲击。但是2009年上台的奥巴马政府一改前任政府的消极立场，积极参与到构建后京都气候机制的国际谈判中，在国内则着手出台各种气候政策措施，改善美国在国际气候领域的负面形象。2008年11月18日，奥巴马在当选总统后的一次演讲中明确表示，“我的总统任期将标志着美国在气候变化方面担当领导的新篇章”。2008年12月9日，奥巴马在拜会前副总统阿尔·戈尔和副总统拜登时指出，气候变化问题的紧迫性和国家安全含义使得否认这一问题的时间已经终结，并表示上台之后美国将重新积极参与国际气候变化谈判，领导世界走向就气候变化问题进行合作的新时代。他强调，美国不仅将减少自己的温室气体排放，而且还要推动订立国际协议来确保每一个国家都完成自己的那一部分工作。“当我们这样做时，美国将不仅是在谈判桌上充当领导。我们将像我们一贯做的那样，通过革新和发现，通过努力工作和追求一个共同的目的来领导（世界）。”[2]

与此同时，奥巴马也不是孤立地和消极地看待气候变化问题，而是将应对气候变化与复兴美国经济和巩固国家安全联系起来，将开发清洁能源视为振兴美国的一部分，希望气候变化能够为美国创造就业机会和成为美国经济新的增长点，也同时使美国的安全得到加强。2009年1月，奥巴马在就职演说中将气候变化问题列为其政府外交的五大议题之一，[3]重新确认在竞选中提出的气候战略设想，大胆推行了一套新的气候变化措施。2013

① Thomas Spencer, "Centerpiece Force? Surveying EU Climate Policy", in Toby Archer et al., eds., *Why the EU Fails: Learning from Past Experiences to Succeed Better Next Time* (Helsinki: The Finnish Institute of International Affairs, 2010), p. 58.

② 周琪：《奥巴马政府的气候变化政策动向》，《国际经济评论》2009年第2期，第10页。

③ 奥巴马政府五大外交议题的优先次序为：伊拉克问题、阿富汗问题、防止核扩散问题、气候变化问题和反恐问题。

年6月，奥巴马又发布了“总统气候变化行动计划”。总体来看，奥巴马政府在应对气候变化上主要采取了以下政策举措。

在美国，奥巴马推行“绿色新政”（Green New Deal），减少石油等化石能源的消费，鼓励清洁能源和低碳能源。其实奥巴马早在竞选期间就承诺“以1990年为排放基年，到2020年温室气体实现零增长，到2050年再减少80%”。[①]为此，奥巴马政府在美国采取了以下措施：①发展替代能源。奥巴马表示在未来十年中将投资1500亿美元用于清洁能源的研发，同时创造500万个工作岗位，力争可再生能源在美国电力生产中的份额于2012年达到10%，2025年提高到25%。为实现这一目标，奥巴马政府大量增加科研支出，推进科研创新和应用。②鼓励技术创新。奥巴马政府决定在未来5年内建立总额为500亿美元的“清洁技术风险基金”来推动并促进技术开发创新和商业化。③加强节能减排措施的实施。为此，奥巴马决定延长风能生产税递减法案5年，对清洁能源生产企业实行税收减免。为限制汽车温室气体排放，美国政府建立了提高汽车燃料效率政策，投入40亿美元帮助美国汽车生产商提高能效，为购买节能汽车的消费者提供7000美元直接或者间接的税收减免，从而使2015年美国市场上销售的混合动力汽车达到100万辆。鉴于美国建筑物碳排放量巨大的现状，他又提出将确保新联邦建筑物至2025年达到零排放，在未来5年将所有新建筑物的内效能增长40%。[②]④加速国内气候立法，为美国接受有约束力的国际减排承诺和重新确立在气候领域的领导地位奠定基础。2009年6月26日，美国国会众议院通过《美国清洁能源与安全法》（又称气候法案），规定2020年美国的温室气体排放总量与2005年相比减少17%，到2050年减少83%，参议院版法案将上述两个目标分别设定为20%和80%。[③]2009年10月，奥巴马在麻省理工学院演讲时指出，“中国、印度、日本、德国，每个国家都在

---

① Pew Center on Global Climate Change，“The Candidates and Climate Change：A Guide to Key Policy Positions”，http：//www. pewclimate. org/docUploads/voters - guide - final. pdf. 最后登录时间：2009年9月12日。

② 张莉：《美国气候变化政策演变特征和奥巴马政府气候变化政策走向》，《国际展望》2011年第1期，第82页。

③ 任海军：《美国参议院开始就气候法案进行辩论》，新华网2009年11月4日，http：//news. xinhuanet. com/world/2009 - 11/04/content_ 12384171. htm。最后登录时间：2014年9月25日。

争先开发能源利用的新途径，而赢得这场竞争的国家将在全球经济中处于领先。我希望美国成为这个国家。”[①] 同年 11 月 5 日，美国参议院环境和公共工程委员会以 11 票赞成和 1 票反对的表决结果通过了“参议院版”气候法案，这也是美国首次通过温室气体限额贸易法案。

国际上，美国奥巴马政府不断提升国际气候合作力度和参与程度。在多边框架下，美国不仅积极参与到《公约》下构建后京都气候机制的国际谈判，亚太清洁能源与伙伴关系（AP6）和八国峰会等多边气候合作中，而且还发起了新的气候倡议，2009 年 3 月 27 日美国主办首次“主要经济体能源与气候论坛”（MEF），意在探讨清洁能源的开发和减少温室气体排放，并就哥本哈根会议议题展开磋商。在此之后，主要经济体能源与气候论坛又多次就《公约》下的谈判议题进行沟通，成为推动《公约》下后京都气候谈判的有益补充。在双边气候合作上，奥巴马也给予了高度重视，通过双边高层对话，如美欧领导人峰会、中美经济战略对话等加强了美国与其他国家在应对气候变化上的合作。

从以上的分析来看，美国气候政策的调整意在追求和重拾美国在国际气候领域的领导地位，因而欧盟首当其冲。自《议定书》生效以来，欧盟气候政策原本就存在很大的问题，特别是欧盟“承诺多兑现少”的现状让其他《公约》缔约方对欧盟的气候领导权颇有微词。在此情况下，美国调整政策，采取积极气候政策和措施将极大地削弱欧盟在气候领域的影响力。此外，欧盟在国际气候领域日渐下降的排放份额和美国作为世界第二大排放国的地位也使美国的地位更显重要。事实上，在当前的国际气候谈判中，诸多国家认为，美国和主要发展中经济体是应对气候变化的关键，就连欧盟也认为美国应该积极参与到 2020 年后气候机制的构建中，而积极的美国气候政策必将挑战欧盟在国际气候领域的主导地位。因此 2009 年 12 月哥本哈根会议上欧盟地位的相对边缘化也就不足为奇了。由此也可以假想，要想实现气候变化问题的解决，美国必须积极参与其中，其结果将使未来欧盟在国际气候谈判中主导地位的进一步下降。

---

① 《奥巴马敦促国会立法推动清洁能源》，http：//news. sina. com. cn/w/2009 - 10 - 24/095918899346. shtml，最后登录时间：2014 年 10 月 5 日。

· 第五章 ·

欧盟气候政策与欧洲一体化的互动

气候变化是人类社会发展中最具挑战性的全球性环境问题之一，也是国际社会面临的重大安全威胁。欧盟在该问题出现之初就认识到了其对欧洲一体化的意义，在欧盟内外多种因素和力量的共同作用下，气候变化问题已经成为加强成员国间合作，推动欧洲一体化发展，提升欧盟地位的新动力。与此同时，气候政策作为欧洲一体化的合作领域之一，也受到后者总体发展状况的影响。欧盟气候政策与欧洲一体化在相互影响中向前发展。

第一节　欧盟气候政策对欧洲一体化的影响

20 世纪 80 年代末，当气候变化问题出现在欧盟议事日程之后，欧委会等欧盟机构一开始就极力主张采取欧盟层面的应对措施，试图将气候变化纳入欧盟管辖范围，使其成为摆脱冷战后欧洲一体化发展危机的手段和动力以及提升欧盟世界地位的新途径。欧盟二十多年的气候政策发展证明，其已经不仅仅是应对全球环境问题和安全威胁的部门政策，而且对欧洲一体化产生了重大的政治影响。

一　加速欧盟治理方式的转变

在欧洲一体化进程中，以“共同体方法”（the Community Method）为基础的立法是欧盟的核心治理方式，借此实现的欧盟机构建设也是欧洲一体化发展的主要方式和途径。[①]然而进入20世纪90年代，随着欧洲一体化政策领域的不断扩大，欧盟的诸多管制性措施越来越难以得到有效的执行，欧盟“精英政治”的决策方式也使普通民众对欧洲一体化的了解和信任度降低，由此导致了欧盟的“执行赤字”和“民主赤字”问题。为应对这一局面，欧盟开始着手对其传统治理方式进行回顾和反思，并逐步提出了新的治理方式。

1. 欧盟新的治理方式的提出和发展

对于欧盟提出的新型治理方式，学者对其称呼不一。从欧盟官方文件看，其表述为“New Modes of Governance”，即新的治理工具。由于新的治理方式改变了传统治理方式（硬性立法）的等级制、强制性特点，转而强调非等级制、协商、自愿等特性，并主要依靠非强制性的软性立法来实现欧盟的政策目标，因而也将被称为“软性治理”（Soft Governance）。

欧盟新的治理模式率先出现在环境等政治敏感性相对较低的政策领域。1993年，欧盟在“第五个环境行动规划”（the Fifth Environmental Action Programme）中首次强调公众参与的原则，并指出应由官方机构、企业、消费者和普通民众共同承担环境责任。此后“第六个环境行动规划”又指出将“用于实现环境政策目标立法手段外的其他方式考虑其中”，并提出“需求与市场、公民、企业和其他相关利益者相互结合的战略性综合治理方法”。[②]这样的治理方式转变不仅体现在欧盟环境政策中，而且在其他诸如睦邻政策、地区政策等领域也得到应用。进入21世纪，为提升欧洲民众对欧盟的了解，增加其对欧洲一体化和欧盟机构改革的支持，欧盟委员会于2001年正式发布了《欧盟治理白皮书》，对传统治理方式作出修正，提出欧盟立法将逐步引入灵活、有区分和平行的制度安排，从而将欧盟新的治理方式系统化，具体体现在两个方面。

一是欧盟委员会提出并强调五种新的治理工具。治理白皮书指出，在

---

① 对共同体方法的界定和评估参见〔比利时〕尤利·德沃伊斯特、〔中国〕门镜《欧洲一体化进程——欧盟的决策与对外关系》，门镜译，中国人民大学出版社，2007，前言和第一章；Renaud Dehousse, ed., *The "Community Method": Obstinate or Obsolete?* (Hampshire: Palgrave Macmillan, 2011)。

② Publications Office of the European Communities, "Decision No 1600/2002/EC of the European Parliament and of the Council of 22 July 2002 Laying Down the Sixth Community Environment Action Programme", *Official Journal of the European Communities* 45 (2002): 1-2.

进行欧盟政策目标立法时，适当治理工具的使用对于实现政策目标非常重要，遵循公开性、参与性、责权分明、有效性和一致性等基本原则是治理成功的保障，并在此基础上提出未来将大力拓展五种新的治理工具：①框架指令（Framework Directive），此种方式的立法不对法律条文做出详细的规定从而赋予立法在执行中更多的灵活度和缩短欧盟理事会和欧洲议会在立法上的谈判时间。②联合管理（Co - regulation）。在该治理工具下，不管是有无约束力的总体目标立法行为、监测规划，还是非遵守性的程序均可与欧盟委员会和相关利益攸关者（Stakeholders）签署的自愿协定联系起来，由后者规划适当的措施并进行执行。与此同时，欧盟治理白皮书也建议进行自我管理（Self - regulation），即不启动和涉及任何立法行为和进程，由相关利益攸关者自主发起，对其行为进行规范和治理，在某些情况下甚至不需要得到公共权力部门的认可。[①] ③公开协调方法（OMC）。该治理工具为成员国规定共同但有区别的指导方针和目标，并以成员国“国家行动计划”的形式加以确定，此后欧盟机构对成员国实现目标的进展进行定期监测和评估从而鼓励彼此间良好规范的交流和经验学习。[②]④网络倡议（Network - led Initiatives）。在该治理工具下，欧盟委员会推动商业集团、社区、研究中心以及地区和当地权力机构建立起与欧盟机构保持稳定关系和专注于某一具体政策领域的公开网络，从而确保欧盟能够从中获得政策制定所需的资讯和建议。⑤欧盟层面的管理机构（Regulatory Agencies at EU Level）。这些机构均具自发性，但其被赋予了做出执行决定的权力以实现欧盟管制型措施在联盟范围内的应用。此方面的典型机构当属位于丹麦哥本哈根的欧洲环境署。

二是建议软性立法（Soft Law）的广泛使用。根据欧盟治理白皮书，“立法常常是问题解决方案的一部分，应将正式的规则与非约束性的工具，诸如建议、指导方针或者与在共同框架内达成的自我管理结合起来，有必要保持不同政策工具使用时的一致性和对政策工具选择给予更多的

---

① Commission of the European Communities, *Environmental Agreements at Community Level within the Framework of the Action Plan on the Simplification and Improvement of the Regulatory Environment*, COM (2002) 412 Final, Brussels, 17.7.2002, p. 7.

② Commission of the European Communities, *European Governance: A White Paper*, COM (2001) 428, Brussels, 25.7.2001, pp. 21 - 22.

考虑”。[①]事实上，软性立法工具是新型治理方式的核心要素，欧盟内的软性立法主要有两种类型：[②] ①在欧盟基础条约（包括《里斯本条约》《欧洲联盟条约》和《欧洲联盟运行条约》）下以章程（Regulations）、指令（Directives）、决议（Decision）和框架决定等欧盟二级立法为基础的非立法行为，主要包括理事会和欧洲议会以及欧盟委员会的建议和意见。这些建议和意见不接受欧洲法院的评估，法律特性介于欧盟正式立法和非立法行为之间，不具有法律约束力，但其提出需要以欧盟基础法为依据。②不以欧盟基础条约为法律基础的软性立法，其主要包括三种类型：第一是欧盟委员会发布的磋商文件（Communciations）、绿皮书、白皮书和特别报告；第二是由欧盟理事会和欧洲理事会通过的决议（Resolutions）、主席结论（Presidency Conclusions）和声明（Declaration）等；第三是由欧洲议会通过的决议。这些文件从表面看远非法律工具，却不定时地提出了共同目标、指导方针、行为准则、监测计划和市民参与欧盟政策决策工作组的程序，从而成为新型治理方式的主要组成部分。

2. 新型治理方式在欧盟气候政策中的广泛应用

自20世纪90年代开始，欧盟提出以治理方式转变来提升欧洲民众对一体化的了解和支持，减少欧盟发展中的赤字。然而在实践中，受多种因素的影响，欧盟治理方式的转型困难重重，即便是在政治敏感性不高的“低级政治”领域，新型治理工具也未能发挥充分的实效。然而气候变化问题的出现为欧盟治理转变提供新的平台，多种新的环境政策工具[③]在欧盟气候政策中得到应用。

首先，共同目标的确定在欧盟气候政策中得到广泛使用。早在20世纪90年代初，欧盟就借助具有非立法性的共同目标确立起温室气体的稳定目

---

① Commission of the European Communities, *European Governance: a White Paper*, COM (2001) 428, Brussels, 25.7.2001, p.20.

② Yoichiro Usui, The Roles of Soft Law in EU Environmental Governance: Bridging a Gap between Supranational Legal Processes and Intergovernmental Political Processes? A Focus on the EU Climate Change Strategy (Paper prepared for The CREP 1st International Workshop: Designing the Project of Comparative Regionalism University of Tokyo, 12 – 13 September 2005), pp.7 – 8.

③ 新的环境政策工具（New Environmental Policies Instruments, NEPIs）的应用是欧盟推进环境治理转变的主要方式，其主要包括市场工具（例如环境税和补贴等）、自愿协定、信息工具（例如推行生态标志、建立环境保护体系等）。

标，此后这一治理方式在欧盟气候政策中频繁使用。在 1997 年《公约》第三次缔约方会议召开前，欧盟又确立“到 2010 年，温室气体排放在 1990 年基础上减少 15%”的潜在共同目标，并根据《责任分摊协议》对成员国应承担的减排责任进行了分摊。可以说，在欧盟采取的各种气候行为和努力中，以一个整体参与其中，设定共同目标的方式已经成为欧盟气候治理的特色之一。

其次，市场手段成为欧盟气候政策最重要的治理工具之一。为了实现气候政策目标，欧盟在联盟内采取了多种措施，其中市场激励手段的运用尤为明显突出。20 世纪 90 年代初期，欧盟委员会认为欧盟气候政策最为重要的要素便是借助市场激励手段，征收欧盟碳能源混合税。虽然由于政治敏感性和成员国的反对而未能成功，但是欧盟及成员国之间的分歧不在于要不要征收该税，而在于由谁征收。截至目前，征收欧盟碳税仍未实现，但是已有多个成员国在其国内征收碳税，借助碳税、环境税等市场手段来减少温室气体的排放已经成为越来越多欧盟成员国的选择。与此同时，作为欧盟气候政策最重要的组成部分——欧盟排放贸易体系更是借助市场激励手段实现温室气体减排目标的绝佳例证。该体系以正式立法（硬法）的形式，允许参与其中的各行为体间以买卖排放许可的方式实现最低成本的减排。

最后，其他新的环境政策工具也在欧盟气候政策中得到使用。作为欧盟治理白皮书提出的五种新型治理工具之一，自愿协定在环境政策领域得到广泛拓展，尤其体现在欧盟气候治理中。欧盟委员会与相关利益行为体签署自愿协定在欧盟政策制定中并不多见，然而在应对气候变化中，自愿协定却不断涌现。正如本书第一章所言，欧盟委员会先后与欧洲、日本和韩国的汽车制造商签定了多个温室气体自愿减排协议。与此同时，欧盟积极在联盟内推行环境管理体系，对欧盟市场上的产品执行生态标志等，所有这些都是新型治理工具在欧盟气候政策的体现。

可以说，新型治理工具在欧盟气候政策中的广泛和顺利拓展，为欧盟环境治理，乃至欧盟总体治理方式转变提供了有益的经验和强大的动力。

二 推进欧盟的预算改革

欧盟预算是欧委会等欧盟机构推动欧洲一体化最为重要的工具和方

式，也是确保欧盟机构运作独立性，促使欧洲一体化能够向前发展的动力之一。“欧盟预算是体现欧洲联盟向其公民负责最主要的方式之一，对资源合理和负责任的使用是加强欧洲民众对欧盟信任度的基本途径。”①所有这些都决定了欧盟预算在欧洲一体化发展中的地位和作用。然而许多欧盟研究者认为，欧盟预算的优先领域往往是历史的偶然，是建立在成员国间多年的政治博弈和妥协的基础上，依据成员国在欧盟预算中贡献和获益之间的平衡而确定的。即便如此，要使欧洲一体化顺利发展，欧盟预算无疑需要反映欧盟政策议程优先性的变化。20 世纪 60 年代中期以前，共同农业政策是欧盟的核心议程之一，因而欧盟预算大部分被应用于农业政策领域。此后随着欧盟的扩大，促进地区融合和均衡发展成为新的欧盟议程，庞大的共同农业预算开支开始成为欧洲一体化的弊端。1988 年欧盟农业预算改革案的达成改变了这一趋势，使共同农业政策的预算份额由 1988 年的 60% 下降到 2008 年的 40%，与此同时，欧洲结构基金在预算中的份额也由 17% 增加到近 36%。无独有偶，支持地区均衡发展的其他基金，诸如地区融合基金（the Cohesion Fund）、欧洲全球化调整基金（EGF）等也先后确立。②当前，对欧盟来说，摆脱国际金融危机影响，实现经济可持续发展转型，走低碳发展之路是其优先议程，然而这却并未能在欧盟预算中反映出来，预算改革成为必要。③借助应对气候变化，通过推行强有力的气候政策，不仅能够推进欧盟的预算改革，而且能够推动欧洲一体化的发展。

1. 促进欧盟预算的“绿化”

如前所言，欧盟预算的达成具有很强的政治性，其也未能在欧盟实现经济发展转型和确立全球低碳经济制高点的竞争中发挥重要作用，改革成为欧盟制定 2013 年后预算过程中必须考虑的问题。然而在成员国国家利益

---

① Council of the European Union, “Draft Council Conclusions on the Budget Guidelines for 2011”, 24 February 2010, p. 9. http://register.consilium.europa.eu/pdf/en/10/st06/st06794.en10.pdf. 最后登录时间：2014 年 10 月 5 日。

② Camilla Adelle et al., *Turning the EU Budget into an Instrument to Support the Fight against Climate Change* (Stockholm: Swedish Institute for European Policy Studies, 2008), p. 17.

③ 对欧盟 2007 ~2013 年的财政预算计划的研究发现，成员国的国家利益仍是欧盟预算结果的最大驱动力，其依然反映的是成员国间的政治博弈和妥协，而非欧盟的优先议程。详见 Vasia Rant and Mojmir Mrak, “The 2007 –13 Financial Perspective: Domination of National Interests”, *Journal of Common Market Studies* 48 (2010): 347 –372。

主导欧盟预算制定的政治现实导致改革乏力，困难重重，欧盟急需新的强大动力来推进举步维艰的预算改革。借助应对气候变化，推行强有力的气候政策将能提供这样的动力，使欧盟预算能够更好地为欧盟经济发展转型服务，促进欧盟预算的"绿化"。

首先，欧盟气候政策将促使欧盟预算对气候变化的更大关注。在欧洲一体化发展的过程中，不同时期欧盟的优先议题都在不断变化，从共同农业政策到地区均衡协调发展，再到对可持续发展，乃至当前的低碳经济发展。然而上述优先议题并未在欧盟预算中及时得到反映，其结果是欧盟预算的不断改革。当前的欧盟预算同样如此，自20世纪90年代开始，应对气候变化成为欧盟的核心议题之一。进入21世纪，确立在国际气候领域的领导权和实现低碳经济转型已经成为欧盟关注的重心，然而这却未反映在其预算中。根据相关学者的研究，当前欧盟预算主要应用于科学研发、地区融合政策、共同农业政策和农村发展以及对外发展援助等四大领域，国家公共资金对环境能源的投入相当有限，专门用于应对气候变化的资金和低碳经济转型的资金就更少了。而气候变化问题在欧盟和全球的升温，特别是欧盟成员国在气候变化面前的脆弱性以及在国际气候谈判中的承诺促使新的欧盟预算谈判和制定须充分考虑气候变化问题，从而改变未来欧盟预算的侧重。

其次，欧盟气候政策的执行将提升气候投资在欧盟预算中的份额。在气候变化的威胁面前，欧盟最终选择在国际气候领域发挥领导作用，并接受了在2008～2012年间减排8%的京都气候目标。与此同时，欧盟在后京都气候谈判中率先表示将向发展中国家提供资金和技术支持，明确承诺在2010～2012年间为发展中国家提供72亿欧元的"快速启动基金"。对于发展中国家的长期资金支持，欧盟虽未确定具体的数额，但是欧盟声称将依据国际气候谈判的进展情况，承担其应有的份额。2009年1月，欧委会磋商文件估算欧盟应承担的资金支持份额为10%～30%。[①]同时，根据《公约》秘书处、《斯特恩报告》、瑞典能源公司（Vattenfall）、世界银行、联合国环境署（UNEP）、英国乐施会（Oxfam）等对全球应对气候变化资金

① Commission of the European Communities, *Stepping up International Climate finance: A European Blueprint for the Copenhagen Deal*, COM (2009) 475/3, 10 September 2009, p. 3.

需求的研究，欧盟在不同情境下承担的资金虽有不小的差异，但每年应承担的资金量均超过数百亿美元（见图5－1），其中大部分属于政府公共资金。在此情况下，除了在成员国间进行分摊外，对欧盟预算结构进行改革以使更多的资金用于应对气候变化将成为欧盟及成员国的优先选择，从而将改变当前欧盟预算中的不合理现象，使其成为欧洲一体化发展的优先议程。

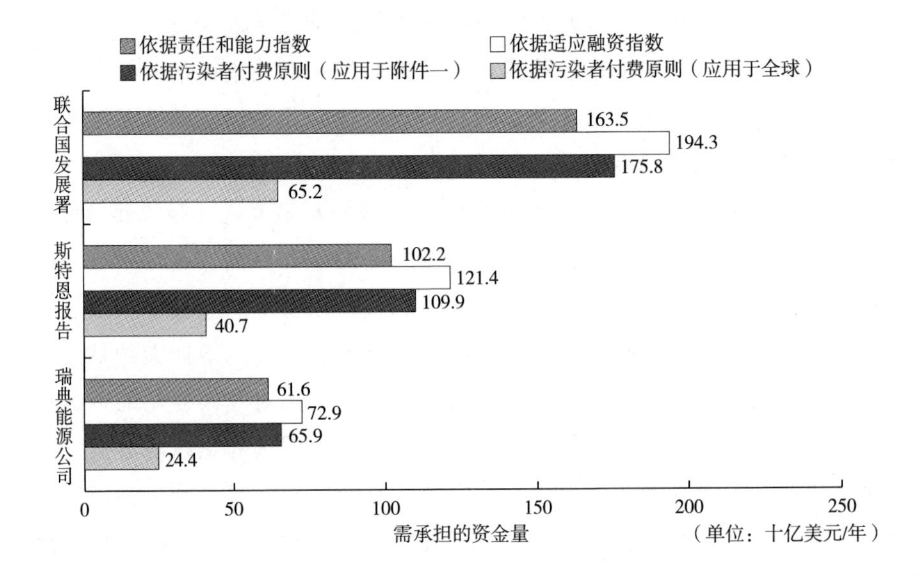

图5－1　欧盟27国在不同情境下应承担的应对气候变化资金量

资料来源：Arno Behrens，Jorge Núñez Ferrer and Christian Egenhofer，*Financial Impacts of Climate Change：Implications for the EU Budget*（Brussel：Center for European Policy Studies，2008），p. 21。

2. 提升欧盟预算的有效性

欧盟预算的效用问题一直是学者争论颇多的问题之一。随着欧洲一体化的发展，欧盟预算的规模日渐扩大，但是其效用经常受到质疑，在很多情况下，欧盟虽然进行了不少的投资，但是收效却并不明显，很多学者甚至指出欧盟预算缺乏问责制，亟待进行改革和调整。[①]从当前来看，欧盟预算存在的问题主要有：首先，使用缺乏监管。在有关欧盟预算的讨论和谈判中，欧盟成员国往往将主要精力花在艰难而复杂的国家间博弈上，更为关注欧盟预算在多大程度上有利于本国国家利益，使其向某成员国的优先

① 此方面详细的分析见 Gabriele Cipriani，*The EU Budget：Responsibility without Accountabilities?*（Brussels：Centre for European Policy Studies，2010）。

议程倾斜。在欧盟预算确定后，成员国往往对欧盟预算的使用不太重视，其结果导致欧盟预算的使用缺乏效率，难以达到预期的效果。其次，预算目标之间缺乏协调性。在欧盟预算制定和执行过程中，不仅有成员国之间的博弈，也存在欧盟内部不同机构和部门之间的竞争，各方都极力为自己所代表的阶层争取更多的预算，因而常常导致欧盟不同政策之间的抵触，降低了欧盟预算使用的效果。最后，预算制定缺乏长远战略眼光。如前所言，合理的欧盟预算应反映欧盟发展的优先议程，然而当前的欧盟预算却难以做到这一点，缺乏足够的前瞻性和战略性。进入 21 世纪，气候政策成为欧盟最为重要的政策领域之一，是历次欧盟峰会必谈的三大议题之一，[①] 然而这在 2007 ~2013 年欧盟预算案中并未得到体现，甚至某些欧盟预算与气候政策目标相悖。以欧盟对经济发展相对落后成员国的预算投入为例，当前欧盟正在大力推进欧盟经济发展转型，走低碳发展之路，然而用于上述成员国发展的欧盟结构基金和地区融合基金却难以反映这一战略议程，气候考虑未能很好地纳入其发展计划中。据统计，欧盟用于新成员国的预算中，交通部门占据最大的份额，达到 20% ~30%，在这其中，53% 用于公路交通，发展公共交通的计划严重缺乏，欧盟预算对上述成员国的资金投入不仅不会促进其经济转型，反而会鼓励温室气体排放的增加。在 1990 ~2008 年间，欧盟 15 个老成员国的排放下降了 6.5%，但其中经济发展水平相对较落后的“团结国家”排放却增加了 35%（见图 5 -2）。

欧盟气候政策的推行有利于改变上述状况。首先，随着气候政策从承诺进入执行阶段，欧盟将不得不对其预算进行调整，将更多的资金投入到与应对气候变化和发展低碳经济直接相关的项目和活动上。为了能够实现减排目标和对发展中国家的资金承诺，在欧盟预算总量有限的情况下，欧盟将别无选择地加强对资金使用的监管，使其发挥应有的实效。虽然 2007 ~2013 年欧盟预算对气候变化和低碳经济转型的关注不足，但是从目前欧盟预算的执行状况来看，欧盟机构明显加强了对预算使用目的和方式的监督。其次，欧盟气候政策的执行将提升欧盟预算的责任性和目的性。在应对气候变化面前，欧盟一方面将预算中的资金更多地向气候变化议题

① 2000 年后欧盟峰会频繁讨论的三大议题是：机构改革（欧盟制宪）、里斯本战略和气候变化。

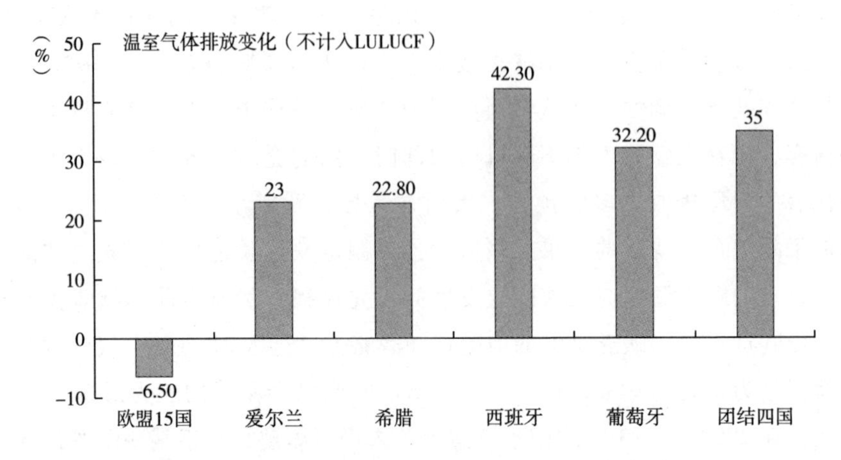

图 5－2　1990～2008 年欧盟部分成员国温室气体排放

资料来源：EEA（European Environmental Agency），*Annual European Union Greenhouse Gas Inventory* 1990－2008 *and Inventory Report* 2010：*Submission to the UNFCCC Secretariat*（Luxembourg：Office for Official Publications of the European Communities，2010），p. 10。

倾斜，另一方面建立新的专用基金。以欧盟对外发展援助为例，欧盟过去也强调气候问题，但是就对发展中国家的资金支持来看，用于气候变化的部分相当有限，大量资金依然用在与发展中国家传统发展相关的项目上，极大地降低了欧盟对外发展援助的工具性导向作用。欧盟积极气候政策的确立和执行正在改变着这种状况，正在逐步提升气候变化问题在欧盟对外发展援助中的优先性。[①]再次，欧盟气候政策在欧洲一体化中地位的提升，也将推动欧盟预算目标之间的协调性。作为环境问题的一个分支，气候变化问题受到欧盟各个层面的高度关注。鉴于气候变化问题涉及面的广泛性和欧盟在气候变化面前的脆弱性，气候变化问题已经成为推动环境政策一体化的新工具和动力，将气候变化问题融入欧盟其他政策发展中不仅将提升欧盟不同政策领域发展目标之间的协调性，而且将推动向低碳经济的转型，使欧盟预算在这一转变进程中发挥更加有效和有力的作用。

3. 增加欧盟的“自有”财源

六十多年来，欧洲一体化不断向前发展的原因不仅在于欧盟成员国的主

① Arno Behrens，*Financial Impacts of Climate Change：An Overview of Climate Change－related Actions in the European Commission's Development Cooperation*（Brussels：Centre for European Policy Studies，2008），p. 17.

权让渡和支持，而且在于欧盟拥有独立的“自有”财源。可以毫不夸张地说，欧盟“自有”财源的存在不仅是欧洲一体化深化的象征，而且是其继续向前发展的动力和支撑之一。气候变化问题在欧盟议程中地位的提升和雄心勃勃的气候政策的出台和实施为欧盟扩大其“自有”财源增添了新的渠道。

首先，欧盟排放贸易体系将成为欧盟“自有”财源的潜在来源。为推进减排目标（京都目标）的实现，欧盟出台了一系列的气候政策措施。同时，为确保以最低成本实现温室气体的减排，欧盟气候政策大量引入新型治理工具，欧盟排放贸易体系便是这样的工具之一。作为欧盟气候政策最为重要的组成部分，欧盟排放贸易体系允许参与该体系的各实体间排放许可的交易进而以最低成本实现减排目标，欧盟则通过设置温室气体排放限额促使欧盟总体减排目标的实现。根据欧盟排放贸易体系的相关设计，在欧盟排放贸易体系的第一、二阶段（2005～2012 年），参与其中的各实体将免费获得排放许可，但是自 2013 年起欧盟将根据行业特点，逐步实现排放许可的拍卖，到 2020 年，除个别行业外，将停止排放许可的免费发放，实现排放许可的完全拍卖。鉴于排放许可在欧盟内的稀缺性，排放许可的拍卖将为欧盟带来一笔数额相当的财政收入。根据欧盟委员会的估算，欧盟排放许可的拍卖收益为几百亿到上千亿欧元（见图 5－3 和图 5－4），如

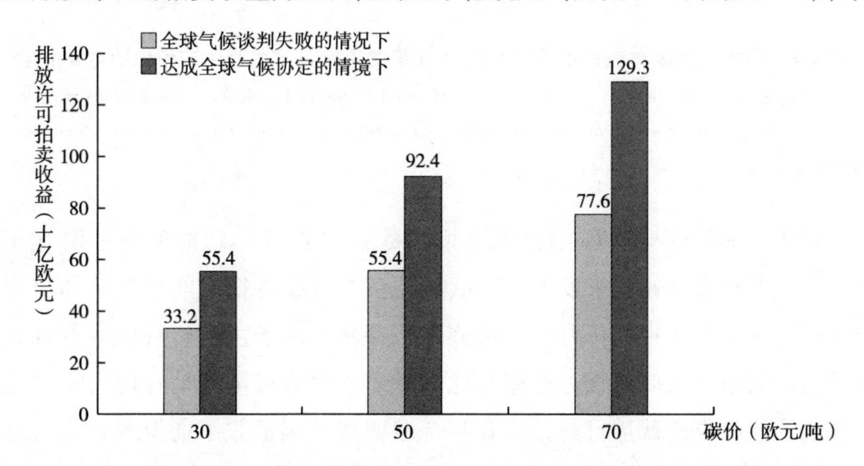

图 5－3　2013～2020 年欧盟排放贸易体系（第三阶段）下排放许可拍卖的可能收益

资料来源：Arno Behrens，Jorge Núñez Ferrer and Christian Egenhofer，*Financial Impacts of Climate Change*：*Implications for the EU Budget*（Brussels：Center for European Policy Studies，2008），p. 36。

何分配排放许可拍卖的收益是欧盟机构及其成员国面临的一个难题。目前，在分配问题上存在两种方案：一是将收益在欧盟成员国家中进行分配；二是将其交由欧盟统一支配。倘若采取前一种方案，势必将在欧盟内引起新一轮旷日持久的成员国间谈判，无疑会增加欧盟气候政策和欧洲一体化发展的阻力。采取后一种方案，将拍卖收益纳入欧盟预算，由欧盟委员会根据气候政策和一体化的发展需要进行分配成为不错的选择，其无疑将增加欧盟的财政权力，扩大欧盟预算规模，对推行更加有效的欧盟气候政策和欧洲一体化发展有利。

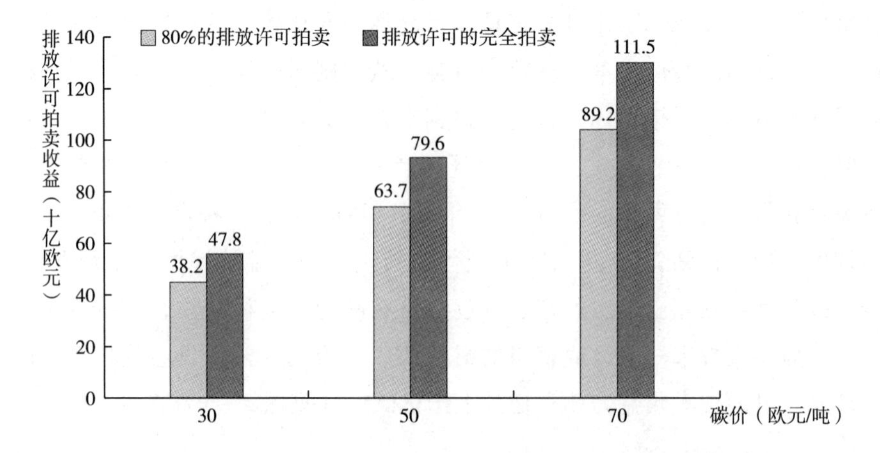

图 5-4　2021～2028 年欧盟排放贸易体系（第四阶段）下排放许可拍卖的可能收益

资料来源：Arno Behrens，Jorge Núñez Ferrer and Christian Egenhofer，*Financial Impacts of Climate Change*：*Implications for the EU Budget*（Brussels：Center for European Policy Studies，2008），p. 37。

其次，征收欧盟碳税也将成为增加欧盟“自有”财源的另一潜在渠道。在早期欧盟气候政策发展中，欧盟委员会曾经将征收欧盟碳－能源混合税的建议作为实现减排目标的措施之一，然而由于主权转移所造成的政治敏感性问题而最终失败。然而在此之后，不少成员国开始在国内征收类似形式的能源税。截至目前，已有 9 个欧盟成员国征收了能源税，还有越来越多的成员国表示将这么做。与此同时，随着欧盟成员国增加到 27 个，以后可能还要增加，成员国在征收碳能源税上的差异已经开始影响欧盟内部市场的完整性，为避免欧盟内部市场和竞争政策的扭曲，改由欧委会统一征收欧盟层次的碳税更为合适。此外，多种研究显示，仅凭欧盟当前出台的气候政策和措施将难以实现其在后京都气候谈判中做出的减排承诺，在改变欧盟成员国目标分摊较为困难的前提下，采取市场激励手段，征收欧盟碳税将是恰当的选择。虽然目前欧盟还在为是否征收这样的碳税争论不止，但是形势已经相对明朗，从保护欧盟内部市场的立场出发，征收统一的碳税只是时间问题。碳税的收益分配将面临和欧盟排放许可拍卖收益相似的困境，将其纳入欧盟预算会是较为合理的解决途径。由此，欧盟碳税将成为增加欧盟预算的另一潜在渠道。

三 降低欧盟的“民主赤字”，提高欧盟的合法性

进入20世纪90年代，随着欧洲一体化的深化和扩大，特别是欧洲经济货币联盟的建立和欧元的诞生，欧盟决策开始日渐影响欧洲民众的日常生活，然而欧洲一体化运作的复杂性和“精英政治”特性使普通民众对其了解日渐减少，对欧盟政治的关注和参与度不断降低，对欧洲一体化的支持力度也开始下降。在某些成员国，由于民众对欧盟政治缺乏了解，加上欧盟政策在短期内对其造成的不利影响，导致这些国家的公民对欧洲一体化热情不高，甚至持消极态度。欧洲民众对欧洲一体化缺乏了解和参与造成了欧盟发展过程中的“民主赤字”问题，由此对欧洲一体化的推进产生了极为不利的影响，这在2000年后表现得尤为明显。为此，欧盟在21世纪初启动了制宪进程，以期改变欧洲一体化和欧盟机构运作困难的局面，通过谈判先后起草了《欧盟宪法条约》和《里斯本条约》，但是上述两条约的批准过程先后遭到爱尔兰和法国的否决，凸显出欧盟“民主赤字”的严重性。虽然经过多方努力，《里斯本条约》于2009年12月获得所有成员国的批准并最终生效，但是其也难以掩盖欧洲一体化中存在的“民主赤字”和合法性危机问题，而欧盟气候政策则为改变上述状况提供了新的手段和途径。

1. 欧盟气候政策制定过程的广泛参与性提升了欧洲一体化的民主性

气候变化问题虽然属于环境问题的一个分支，但是又与一般的环境问题有很大的不同，涉及面的广泛性决定了该问题的真正解决必须以社会的广泛参与为基本途径，欧盟作为国际气候领域的领导者，其气候政策制定也体现了这一点。

首先，在气候政策制定的准备阶段，欧盟面向社会各层广泛征求意

见。一般来说，伴随着国际气候谈判的进展，欧盟委员会在提出新的立法建议前会举行磋商会议，征求相关利益行为体的意见。在1997年京都气候会议召开前，为了保持在国际气候领域的主导地位，在欧盟委员会的主导下，欧盟先后举行了四场专题讨论会以确定欧盟在《议定书》谈判中的立场和政策（见表5－1）。借助专题讨论会，欧盟启动了气候科学研究者与政策决策者之间的信息互动，而且实现了利益攸关者与政策决策者之间在应对气候变化问题上的意见交流，为制定更为合理和符合欧盟利益的气候政策打下了一定的基础。应该说，此种方式的政策咨询已经成为欧盟气候政策制定的常态，其标志便是“欧洲气候变化计划”（ECCP）的启动。该计划与此前欧盟委员会举行的专题讨论会相似，目的在于获取来自欧盟社会各阶层的意见，从而为欧盟气候治理提供支撑，但是该计划与专题讨论会相比，其涵盖面更为广泛，其组织形式也更加机制化。“欧洲气候变化计划”不仅邀请欧盟内的利益攸关者、成员国专家参加，而且商业集团和非政府组织等也被囊括其中。“欧洲气候变化计划”第一阶段开始于2000年，终止于2001年，其目的在于为制定欧盟实现京都气候目标的措施提供参考。2005年《议定书》生效后，国际气候谈判进入后京都时代。为了继续保持欧盟在国际气候领域的地位和影响以及确立在后京都气候谈判中的立场和政策，欧盟启动了第二阶段的“欧洲气候变化计划”（2005～2007年）。可以说，“欧洲气候变化计划”已经成为获取气候政策制定建议最重要的信息来源之一，该计划的广泛参与性为提高欧盟决策质量，减少“民主赤字”以及提高欧盟社会各界对欧盟气候政策的支持创造了条件。

表5－1　京都气候会议前后欧盟举行的专题讨论会一览

专题讨论会	时　间	主　题
第一次	1997年5月	欧盟现有的气候政策和措施，包括欧盟2010年实现减排15%的可能性
第二次	1997年7月	评估不同温室气体减排战略的国际含义，特别是“有区别、联合执行和排放贸易”的减排途径
第三次	1997年10月	碳汇和一揽子温室气体（减排目标是否包括所有温室气体）
第四次	1998年2月	利益攸关者对欧盟气候政策的看法

其次，在气候政策进入正式决策进程后，欧盟依然设置了联盟内行为体影响气候决策的渠道和空间。作为欧盟气候政策决策的第一步，欧盟委员会提出的政策和立法建议依然要在由欧盟社会各阶层组成的地区委员会（气候变化委员会）中进行讨论，并在此基础上与欧盟其他机构诸如欧洲议会、部长理事会以及经济和社会理事会进行沟通，形成欧盟委员会磋商文件并公开发布，此后逐级提交给欧盟理事会环境议题工作组、欧盟常设代表委员会一组、欧盟环境部长理事会和欧洲议会，并以欧盟理事会和欧洲议会的共同决策使其成为欧盟政策。在这一过程中，欧盟内许多行为体依然可以通过其与欧盟机构之间的联系，以“游说”的方式影响欧盟的最终决策。[①]因此，欧盟气候政策的最终出台往往是多方合力的结果，从政策合理性来讲，其可能不是最佳和最优政策，却是对欧盟内各行为体利益的全面权衡，凸显出决策过程的相对民主性，降低了欧盟决策过程中的“民主赤字”。

2. 欧盟气候政策执行过程的灵活性和“自下而上”性提高了政策的合法性

如前所言，欧盟气候政策起源于20世纪80年代末，经过20多年的发展已经日渐成熟，这一时期也是欧盟“民主赤字”日渐凸显的时期。因此，欧盟机构一开始就将新的治理方式大量应用其中，尤其体现在欧盟气候政策的执行过程中，这对于转变欧盟治理模式，提升欧盟的民主合法性大有裨益，表现在以下方面。

首先，欧盟气候政策立法降低了实施措施的具体性，使相关行为体在执行时具有更大灵活性。和其他政策领域的立法不同，欧盟气候立法多采取框架指令（Framework Directives）、决议等灵活性相对较强的软法形式，日益避免使用相对僵硬和约束力较强的“硬法”（Hard Law）。由此也赋予了欧盟内相关行为体执行气候政策措施的灵活性，使其能够因地制宜地采取适当措施来完成欧盟气候政策目标。更为重要的是，欧盟通过设定气候政策的基本框架，由相关主体决定具体执行细节的方式，激发了政策执行主体的积极性，提升了政策的执行效果。

---

① 欧盟气候政策的决策过程，详见吴贤玮等《各国气候变化应对体制研究报告》，中国气象局培训中心课题组，2005，第5～10页。http://stream1.cma.gov.cn/info_unit/uploadfile/200643084642833.pdf，最后登录时间：2010年4月13日。

其次，辅助性原则在欧盟气候政策执行中的应用提升了欧盟气候政策执行效果和支持力度。在欧洲一体化的过程中，辅助性原则的目标不仅在于对欧盟机构和成员国的权力做出明确的划分，避免欧盟机构权力的过快扩张，而且在于使欧盟尽可能地接近公民，去处理问题和做出决策，其管辖范围仅限于非其莫属、必不可少的政策领域中，从而使政策的执行尽量贴近基层，欧盟气候政策执行则体现了这样的特点。在欧盟气候政策执行的过程中，“自下而上”性是欧盟气候政策的突出表现。以欧盟排放贸易体系为例，不是由欧盟采取“自上而下”的方式决定成员国的排放许可，而是由后者制定国家排放许可分配计划，欧盟以此为基础做出决定，在执行过程中也主要由成员国提交相关执行情况，而由欧盟对实现气候目标的进展进行评估。可以说，这已成为欧盟气候政策执行的通用模式，即由欧盟设定总体目标，成员国制定并提交国家气候行动计划给欧盟机构，得到欧盟机构首肯的成员国气候行动计划再由成员国进行执行，并将执行情况报告给欧盟，最后由欧委会对实现总体目标的情况进行评估。这样的气候政策执行进程将大部分的责任赋予成员国，从而将提升成员国对欧盟气候政策合法性的认可和支持程度。

再次，新型治理工具在欧盟气候政策执行中的使用也降低了欧盟的“民主赤字”。如前所言，2001 年欧盟治理白皮书中提出的新型治理工具在欧盟气候政策中大量使用，框架指令、联合管理、网络倡议和市场手段都见诸欧盟气候政策中，尤其是市场手段的采用更为明显。作为欧盟气候政策最为重要的组成部分，欧盟排放贸易体系是一种市场手段，欧盟通过设立总体目标，以市场激励因素促使成员国实现最低成本的减排，尽量降低减排给欧盟各部门造成的不利影响。借助新的治理工具，欧盟气候政策治理降低了强制性，更强调通过软性治理实现其政策目标。

总之，通过将政策执行更加贴近欧洲民众，借助软性治理工具和赋予欧盟政策执行的灵活性，欧盟气候政策中的“执行赤字”和“民主赤字”在降低，对欧盟气候政策的支持率和合法性在上升。然而需要注意的是，由于在欧盟气候政策执行的过程中，新型治理工具的使用和软性治理的扩展也对传统的民主概念构成了挑战，即一方面通过软性治理使欧盟气候政策更加地接近民众，增加了其支持率和合法性；另一方面，由于软性治理未涉及正式的立法程序，因而不需要欧洲议会的介入，从而使欧洲议会难以参与到这一进程中。众所周知，欧洲议会是欧洲民众在欧盟层面的代表，是欧洲民主的体现，抛开欧洲议会的新型治理是否代表着欧盟内新的民主形式的出现，目前尚不得而知。

四　提升欧盟的行动能力和国际地位

气候变化问题是冷战结束之际出现在国际政治议程中的环境问题之一，其正值国际格局重新组合和调整时期，因此当气候变化问题出现在欧盟议程之上时，气候变化问题的解决对欧盟有着重大的一体化含义。欧盟希望借助气候变化问题推进欧洲一体化的发展，提高欧盟的管辖权限和地位。总体而言，气候变化对欧洲一体化的发展的确发挥了一定的作用，是冷战后欧洲一体化发展的新动力之一，借此欧盟的行动能力和国际地位也正在得到提升。

1. 欧盟的管辖权限逐步扩大

在欧洲一体化中，欧盟管辖权限的获得依赖于成员国的主权转让，并由欧盟条约进行了明确的界定。作为欧盟环境政策的领域之一，气候政策属于欧盟与成员国的共享管辖领域。在欧盟内部气候政策中，辅助性原则成为欧盟及成员国管辖权划分最重要的依据，而在国际气候谈判中，根据《欧洲共同体条约》环境编第 174 条，[①]成员国拥有进行国际谈判的权限，欧盟理事会也据此授权欧盟轮值主席国而非欧委会代表欧盟及成员国参与国际气候谈判。尽管如此，在应对气候变化的过程中，欧盟在气候政策领域的管辖权限也在逐渐扩大。

首先，借助辅助性原则，欧盟在气候政策领域的权限有所扩大。辅助性原则是冷战后欧洲一体化发展中确立起来的重要原则，其目标在于界定欧盟机构和成员国之间的权限划分，使欧盟决策更加接近欧洲公民，同时防止成员国主权过快地向欧盟机构转移。然而辅助性原则具有两面性，从

---

① 《欧洲共同体条约》第 174 条第 4 段指出，“在欧洲共同体的政策领域内，部长理事会将授权欧委会与第三国谈判并签订国际协定”，但是在该段最后明确说明，“前段规定不得损害各成员国同国际组织进行谈判并缔结国际协定的权力”。在《里斯本条约》生效后，《欧洲共同体条约》改名《欧洲联盟运行条约》，《欧洲共同体条约》第 174 条成为《欧洲联盟运行条约》第 191 条。

当前欧洲一体化的实践来看，其既是成员国限制欧盟机构权力拓展过快的工具，也是欧盟机构获取更大政策管辖权的途径。在应对气候变化的过程中，欧盟可以借助辅助性原则，以实现更好的政策效果为由而获得新的管辖权限。根据欧盟关于政策权限的划分，能源政策属于欧洲一体化中的共享权限政策领域。比如，为了实现气候政策目标，欧盟为成员国设定了颇具雄心的可再生能源目标，而为确保这一目标的实现，要求欧盟对各成员国的能源政策和活动进行更大程度的协调，从而将赋予欧盟在能源政策领域更大的管辖权限。[①]欧盟委员会在欧盟排放贸易体系中地位的提升也是此方面的例证。在欧盟排放贸易体系实施的初始阶段，成员国拥有完全的主导权，自主制定国家排放许可分配计划，然而随着该体系的实施并进入第二阶段，欧盟成员国日益发现排放贸易体系“自下而上”的分权型管理结构存在很大的弊端，依据辅助性原则，由欧盟机构发挥更大作用的集中型管理结构更为合适。2008 年 1 月，欧盟委员会提出 2012 年后欧盟排放贸易体系的修改建议，要求一个更加集权化的管理结构，并作为欧盟“能源与气候变化”一揽子立法的组成部分在部长理事会获得通过，标志着欧盟和成员国之间权限划分的一场革命。[②]

其次，借助欧盟既有权限实现了气候政策管辖范围扩大。从直接的条约规定来看，在事关应对气候变化的核心政策领域，比如环境政策和能源政策均属于欧盟机构与成员国的共同管辖领域。鉴于气候变化问题涉及面的广度和深度，以及欧盟政策领域彼此间的紧密联系，欧盟可以借助其在其他领域拥有的权限来实现间接的气候政策管理。截至目前，欧盟已在关税同盟、内部市场竞争规则、货币政策以及共同商业政策领域拥有排他性的专属权限，通过将气候政策与欧盟拥有专属权限的政策领域联系起来从而实现欧盟机构的介入。以欧盟能源政策为例，其管辖权主要掌握在成员国手中，欧盟条约的相关规定也使欧盟机构很难影响成员国的能源选择，但是欧委会等机构却能以保障欧盟内部市场的正常运作，避免扭曲市场竞

---

① Jacques de Jong and Louise van Schaik, EU Renewable Energy Policies: What Can Be Done Nationally, What Should Be Done Supranationally? (Clingendael Seminar Overview Paper for the Seminar on EU Renewable Energy Policies, Held on 22nd &23rd of October 2009 in The Hague).

② Jørgen Wettestad, “European Climate Policy: Toward Centralized Governance?” *Review of Policy Research* 26 (2009): 311.

争为由，实现能源市场的私有化和一体化，间接影响欧盟成员国对能源使用的选择，使其向有利于实现欧盟气候目标的方向发展。在当前对欧盟碳税的激烈讨论中，防止欧盟内部市场竞争扭曲也是欧盟机构要求征收统一碳税的最大理由，未来欧盟碳税的成功征收将为欧盟增加新的管辖权限。

2. 欧盟的一致性和自主性日趋增强

一致性和自主性是衡量国家间联盟和组织的主要特征，也是界定组织是否具有行为体属性的标准。在欧盟气候政策领域，欧盟的一致性和自主性不断增强。

首先，欧盟在国际气候领域中立场的一致性逐步提高。作为由 27 个成员国组成的地区一体化组织，政策协调是欧盟面临的重大挑战之一。在气候政策领域，成员国之间迥异的国情和在气候变化面前不同的生态脆弱性、成本和收益使其在气候政策上存在着一定的利益和立场错位。在国际气候谈判中，欧盟及成员国的多重代表性对欧盟气候政策的协调更是雪上加霜。虽然截至目前，协调一致性仍是欧盟气候政策发展的内在问题，但是随着欧盟气候政策的发展，其政策一致性的状况正在得到改善。典型例子便是欧盟共同减排目标（EU Bubble）的确定，即在国际气候谈判中欧盟作为一个整体接受减排目标，然后再根据成员国的国情和经济发展状况重新分配减排目标。在《议定书》的谈判中，欧盟承担了 8% 的减排目标，此后通过内部责任分摊协议使成员国承担的排放目标从减排 20% 到增排 20% 不等。欧盟政策的一致性也在其他的气候议题中有所体现，比如在国际气候谈判中，欧盟在遵约机制、联合履约、灵活机制的使用以及如何对待发展中国家的气候责任上体现出极高的一致性。可以说，欧盟成员国越来越倾向于在部长理事会的立场下行动，欧盟的一致性越来越强。

其次，自主性也在欧盟气候政策中不断体现出来。众说周知，成员国的授权是欧盟行动的基本条件和依据。和欧盟的其他政策领域一样，欧盟在气候政策领域的授权需要经过成员国在部长理事会甚至是欧洲理事会内复杂、冗长的谈判后获得，因而使得欧盟气候政策自主性不足，这在国际气候谈判的最后时刻显得尤为明显。对欧盟来说，鉴于行动权限的授权性，在很多情况下，欧盟的气候立场在国际气候谈判正式开始前就已经确定，然而气候谈判的形势瞬息万变，需要欧盟做出快速的反映，但是每一次立场的改变又不得不得到欧盟部长理事会的授权，这极大地限制了欧盟在气候政策上的自主性。2000年荷兰海牙《公约》缔约方大会的失败在很大程度上是归因于欧盟和美国在气候议题上的僵持和对峙，而在美国宣布退出《议定书》之后，欧盟在相关议题上的灵活性态度是达成《马拉喀什协议》的关键因素之一。海牙气候会议之后，欧盟正在逐步提高其气候政策的自主性，2004年上半年爱尔兰担任欧盟轮值主席期间，欧盟对其对外气候政策决策过程进行了改革。改革之后的欧盟对外气候政策机制中，支撑欧盟理事会的工作组的数量进一步增加，工作组的权力也进一步扩大，同时为了保证立场的一致性和连贯性，欧盟建立了“主要谈判代表”和“议题负责人”体系。根据该体系，来自不同成员国的主要谈判代表将取代欧盟轮值主席国在不同的谈判小组中代表欧盟，并由其与不同谈判议题下的“议题负责人”合作，最后仍由欧盟轮值主席协调“议题负责人”提出的意见，从而形成欧盟共同立场。欧盟对外气候政策决策改革不仅减轻了欧盟轮值主席国在国际气候谈判中日益增加的负担，而且提高了气候政策的自主性。此外，2009年12月生效的《里斯本条约》也在提高欧盟政策自主性方面做出了新的努力。需要指出的是，虽然欧盟气候政策的自主性正在得到提升，但是目前欧盟的自主性远远不够。

3. 欧盟的国际认可程度得到新提升

国际认可程度体现了行为体在全球政治中的存在，是对其国际行动能力和国际地位的体现和承认。①这种认可既可以是法律上的，也可以是事实上的，因为诸如欧盟等国际组织，它们并未像民族国家一样拥有主权，因而第三国对其不会采取自动承认和认可的行为。基于此，欧盟需要一个明确的许可允许其参与国际谈判、国际组织和国际机制等，这种同意就是对欧盟的国际认可。与此同时，这种国际认可也可以通过第三国的实际行为得以实现。如果第三国像对待其他民族国家一样处理与欧盟的关系，其就是对欧盟事实上的承认和认可。当第三方除了与欧盟成员国保持交往关系，甚至是更愿意与欧盟进行交往的话，也是对欧盟国际地位的承认和认可。依照上述标准，欧盟在国际气候领域的地位日趋得到承认和认可，国

---

① Joseph Jupilles and James Caporasos，“States，Agency and Rules：the European Union in Global Environmental Politics”，in Carolyn Rhodes，ed.，*The European Union in the World Community*（Boulder：Lynne Rienner Publishers，Inc，1998），p. 215.

际地位不断提升。

首先，欧洲共同体被接受为《公约》缔约方之一是欧盟得到国际认可的体现之一。[①]在国际气候谈判中，不仅欧盟成员国参与其中，而且欧共体作为地区一体化组织出现在谈判中。更为重要的是，欧盟委员会作为欧共体的代表与欧盟成员国一道签署了《议定书》。对大多数的非欧盟国家、非政府组织和媒体来说，在《公约》框架下的谈判中，欧盟正在以“一个声音在说话”，欧盟轮值主席国在三驾马车的辅助下，在国际气候谈判中代表欧共体和成员国，即轮值主席国代表的是欧盟，而不仅仅是成员国。

其次，其他缔约方在国际气候领域对欧盟政策和立场的支持以及日渐增多的互动也是欧盟国际地位提升的象征。在欧盟确立其气候政策立场之时，其他《公约》缔约方被纳入欧盟的战略考虑中，从而使其政策立场也获得了其他缔约方的支持。2001 年在美国退出《议定书》之后，欧盟与诸多缔约方的互动，特别是对俄罗斯的外交努力，最终成功地促使日本、加拿大和俄罗斯支持欧盟拯救《议定书》的立场，这种行为本身就是对欧盟国际地位的间接认可。[②]

最后，非政府组织影响欧盟气候政策的层次和新闻媒体的报道也是对欧盟地位提升的明证。在欧盟气候政策发展的过程中，环境非政府组织的政策游说和影响不可低估，如果说在气候变化问题出现之初，诸如绿色和平（Greenpeace）、世界野生动物基金会（WWF）等环境非政府组织主要通过影响欧盟成员国的气候立场对欧盟气候政策施加压力的话，那么随着欧盟气候政策的发展，环境非政府组织已经将其施加影响的主要渠道从成员国层面转向欧盟层面。从世界各地的新闻媒体对欧盟气候政策的报道来看，其重心集中于欧盟共同立场和政策，而对欧盟成员国关注不多，俨然已经将欧盟作为 27 个欧洲国家的代表，再次体现了欧盟行动能力和国际地位的提升。

---

① 《里斯本条约》之前，欧共体而非欧盟具有国际法人格地位，《里斯本条约》生效后，欧盟获得法律人格地位，取代并继承欧共体的所有权利和义务。

② Martjijn L. P. Groenleer and Louise G. Van Schaik, “United We Stand? The European Union’s International Actorness in the Cases of the International Criminal Court and the Kyoto Protocol”, *Journal of Common Market Studies* 45 (2007): 990.

第二节 欧洲一体化发展对欧盟气候政策的再塑

欧盟气候政策是欧洲一体化的领域之一，欧盟及成员国在该领域的共享管辖权限使得欧盟气候政策的发展进程伴随着双方对管辖权的争夺，也决定了欧洲一体化的发展将影响欧盟和成员国在气候政策中地位和气候政策的运作。欧盟气候政策发展的二十多年中，欧洲一体化发生了不小的变化——欧盟扩大、机构改革（欧盟制宪）、欧盟2020战略等，所有这些都塑造着欧盟气候政策的内容。

一 欧盟扩大对欧盟气候政策制定和执行的影响

截至2011年，欧盟先后在1973年、1981年、1986年、1995年、2004年，2007年进行了六次扩大，成为拥有14.9亿人口、432.4万平方公里面积、27个成员国的超国家组织。[①]从成员国的增加来看，20世纪90年代以前的三次扩大，成员国增加了6个，而90年代以后的三次扩大，成员国则增加了15个，而且后三次扩大正值欧盟气候政策的确立和发展时期，新加入成员国大多为中东欧国家，与既有欧盟成员国之间的国情差异较大，对环境问题的重视不够，因而欧盟扩大必将对欧盟气候政策的制定和执行产生不小的影响。

1. 欧盟扩大对欧盟气候政策制定的影响

冷战后加入欧盟的中东欧国家均为《公约》及其《议定书》的缔约方，并作为转型经济体（EITs）承担相应的气候变化责任。根据《议定书》的要求，在京都第一履约期（2008～2012年），中东欧成员国作为附件B国家承担量化减排责任，其中，波兰和匈牙利的减排目标为6%，而捷克、斯洛伐克和波罗的海三国均与欧盟一样承担8%的减排责任。由于上述排放目标以1990年为排放基年，考虑到中东欧国家在20世纪90年代进行的经济和工业结构重组，它们的京都目标总体来说是相对宽松，从而

① 殷桐生:《欧盟是否还会扩大?》,《欧洲研究》2008年第6期，第140页。

使其成为欧盟排放贸易中排放许可的“卖方”，从而获得经济收益。中东欧国家的京都气候目标和参与欧盟气候政策收益决定了其对欧盟气候政策制定的影响。

首先，欧盟扩大对欧盟气候政策的影响会因新成员国对欧盟气候政策参与程度的不同而有所差异。在 1997 年京都会议上，欧盟接受了在2008～2012 年间整体减排 8% 的京都目标，并通过 1998 年《责任分摊协议》对 15 个成员国的减排责任进行了划分。中东欧 12 国分别在 2004 年和 2007 年加入欧盟，因而不参与欧盟京都气候目标的分摊，而是承担各自在《议定书》下的减排目标。因此，在 2008～2012 年间，欧盟气候政策对中东欧国家的影响较小，同时鉴于所有欧盟中东欧成员国京都减排目标的宽松性，决定了扩大后的中东欧成员国未必会在欧盟气候政策中扮演拖后腿者的角色，也不太可能加剧欧盟气候政策的复杂性。[①]在成为欧盟成员国的相当一段时间内，采纳欧盟现有立法成为中东欧国家优先关注的议题。从欧盟扩大后的实际情况看，大多数欧盟新成员国在正式入盟后关注更多的是其国内的发展问题，而未像一些学者预测的那样形成阻滞欧盟决策的新联盟，对欧盟决策的影响不大。

然而这种境况在 2012 年后欧盟气候政策制定中则有所变化。2012 年后，中东欧成员国将参与到欧盟共同气候目标的实现中，根据 2008 年 12 月通过的欧盟“能源与气候变化”一揽子立法，欧盟中期减排目标是 20%～30%，并且通过新的责任分摊协议将中东欧成员国纳入其中，分别承担不同的减排目标。作为正处于经济转型中的中东欧国家，为了给经济发展争取更大的空间，因而期望欧盟在气候政策上能够给予其更多的排放空间。在此情况下，欧盟中东欧成员国将对欧盟气候政策的制定产生负面的影响，增加欧盟内部气候政策制定的复杂性，加大气候立法通过的难度。

其次，欧盟扩大进一步降低了欧盟气候政策制定的灵活性。气候变化涉及成员国经济发展的多个方面，欧盟在应对气候变化上采取的政策和立场将对成员国产生直接的影响，新老成员国均不例外。即便在欧盟气候政

---

① Jon Birger Skjærseth and Jørgen Wettestad, “Is EU Enlargement Bad for Environmental Policy? Confronting Gloomy Expectations with Evidence”, *International Environmental Agreements: Politics, Law and Economics* 7 (2007): 270.

策发展的初期，中东欧国家未加入欧盟之时，欧盟15国之间立场的协调以及应对国际气候形势变化的灵活性已经是欧盟面临的内在问题之一，气候政策的每一步发展都伴随着成员国之间艰难的谈判和妥协，从而使其存在很大的灵活性缺失问题。欧盟的扩大，特别是中东欧成员国的入盟只会使这种状况进一步恶化。如果说欧盟还能承受内部气候政策立法上拖延的话，那么在国际气候谈判中立场上的久拖不决对欧盟有着极为不利的影响。欧盟决策机制的特点决定了欧盟在国际气候谈判中立场往往是预先形成的，相对僵硬和缺乏灵活性，难以对瞬息万变的谈判形势做出有力和有效的反应，这对保持欧盟国际气候领导权是极为不利的，这也是欧盟在联合国哥本哈根气候会议的最后时刻被边缘化的主要原因之一。[①]

2. 欧盟扩大对欧盟气候政策执行的影响

在国际气候领域，欧盟颇具雄心的气候承诺使其成为国际应对气候变化中的领导者。在国际气候机制发展的早期，欧盟还可以通过言辞上的承诺来确立和保持其国际领导地位，但在后京都时代，此种国际地位的保持越来越依赖于欧盟兑现气候承诺的能力。如前所言，欧盟共同气候政策和措施的执行原本就相对软弱，欧盟扩大，尤其是中东欧成员国的急剧增加，更将对欧盟气候政策执行产生复杂的影响。

从中东欧成员国执行气候政策的动力看，欧盟扩大有利于欧盟气候政策的执行。根据美国世界资源研究所（WRI）和中东欧地区环境研究中心（REC）的报告，中东欧国家的国内气候行为将给其带来巨大的收益和好处，与其他附件一国家相比，在应对气候变化中处于更有利的地位。[②]对欧盟中东欧成员国来说，四大原因也决定其将在执行气候变化措施上采取积极的立场。首先，12个中东欧成员国当前的温室气体排放水平仍远远低于《公约》及其《议定书》排放基年（1990年）的水平，从而使其面临较小的减排压力。其次，欧盟12个中东欧成员国均属于转型经济体，《议定

① 对欧盟在哥本哈根气候大会上行动能力和表现的分析，见 Lisanne Groen and Arne Niemann, EU Actorness under Political Pressure at the UNFCCC COP15 Climate Change Negotiations (Paper Prepared for the UACES Conference "Exchanging Ideas on Europe: Europe at a Crossroads", Bruges, 6-8 September 2010)。

② Kevin Baumert et al., *Capacity for Climate Economies in Transition after Kyoto* (Szentendre: The Regional Environmental Center for Central and Eastern Europe, 1999), p. 7.

书》对后者的减排责任做出了一定的灵活安排，允许在排放基年上进行相对自主的选择，中东欧国家毫无疑问会做出对其最有利的选择，比如保加利亚（1988年）、匈牙利（1985~1987年）、波兰（1988年）和罗马尼亚（1989年）。灵活排放基年的选择使得12个中东欧成员国排放基年的总排放比1990年约高出22%，从而使其更加容易实现京都减排目标。[1]再次，尽管中东欧国家已经做出了一定的减排努力，但其碳排放强度仍是欧盟平均水平的三倍多，这也成为其未来减排的潜力所在。借助京都灵活机制中的排放贸易机制（ET）和联合履约（JI），其减排潜力将转化为重大的经济、财政和环境收益。可以说，正是上述因素的驱使，中东欧国家加入欧盟后愿意积极执行欧盟的气候政策和措施。

从中东欧成员国政策执行能力看，欧盟扩大将进一步降低欧盟气候政策的执行效果。欧盟中东欧国家在冷战结束前奉行社会主义体制，对环境问题的重视程度相对较低，在申请加入欧盟的过程中，为达到入盟的“哥本哈根标准”（Copenhagen Criteria），这些国家采取欧盟的现有立法，其中也包括环境和气候立法，从短期来看其将促使中东欧国家的温室气体排放减少。但是需要注意的是，中东欧国家对欧盟现有立法的采纳和严格执行源于外部压力——加入欧盟。因此，随着中东欧成员国加入欧盟，达到“哥本哈根标准”的入盟压力骤然消失，导致中东欧成员国政策一定程度上的反弹和后退，原本这些国家的政策执行能力就相对较差，这必将反映在欧盟气候政策中，导致欧盟共同气候政策和措施的落实进一步恶化。以欧盟排放贸易体系的执行为例，考虑到中东欧国家政策执行能力的不足，在提交第一阶段国家排放许可分配计划（NAP Ⅰ）的最后期限上，欧盟委员会对其做出了特别的照顾和安排，规定中东欧12国需在2004年5月1日前提交（其他欧盟15国在2004年3月31日前）。即便如此，大多数中东欧成员国仍未能如期提交国家排放许可分配计划，几个较大的中东欧成员国，比如捷克、匈牙利和波兰面临着很大的执行困境，以至于直到2004年10月中旬，捷克和匈牙利才最终提交其国家排放许可分配计划。即便如此，提交给欧盟的国家排放许可分配计划却因中东欧国家给予其国内参

---

① Paul Csagoly，“Cashing in on Climate Change”，http：//www. ce - review. org/00/8/csagoly8. html. 最后登录时间：2014年10月7日。

与排放贸易企业过于慷慨的排放空间而被要求重新提交。因此，直到2005年4月中旬捷克国家排放许可分配计划才在欧盟委员会获得通过，波兰则拖延至2006年6月底。由于国家排放分配许可计划的延迟提交，导致中东欧国家的温室气体注册登记处投入运作的时间也不得不向后推迟，到2004年11月底，捷克、匈牙利、拉脱维亚和波兰的注册登记处尚未就绪，波兰在2006年6月依然未建立起注册登记处与欧盟排放贸易体系之间的联系。这种情况在欧盟成员国提交第二份国家排放许可分配计划时也无大的改观。

此外，欧盟扩大也将降低欧盟在国际气候谈判中的影响力。冷战后，欧盟成员国从12国剧增到27国，由此也带来了欧盟成员国在国际气候谈判中的立场协调问题。如前所述，由于气候政策属于欧盟与成员国之间的共同管辖领域，从而使欧盟轮值主席国代表的欧共体和欧盟成员国同时出现在国际气候谈判中，协调立场成为欧盟气候政策面临的重大挑战。由于欧盟奉行为期半年的轮值主席制度，当欧盟成员国中的小国担任轮值主席时，协调成员国之间立场将更加困难，加上这些国家人力资源的有限性，其很难有效地应对气候谈判中出现的问题，所有这些都将导致欧盟在国际气候谈判中表现的下降，对谈判议题塑造力的削弱，对保持欧盟在国际气候领域的领导地位造成消极影响。

总之，欧盟扩大对欧盟气候政策的制定和执行因不同的境况而有所差异，不能一概而论，但是毫无疑问的是，欧盟的扩大改变了欧盟气候政策的运作情景，其最终将会对欧盟气候政策产生什么样的影响，尚有待进一步观察。

二 机构改革提升了欧盟气候政策的效率

冷战后，成员国的迅速增加导致欧盟机构运作效率低下，机构改革成为冷战后欧洲一体化中的核心议题之一。然而从欧盟机构改革的实践来看，其进程可以说是一波三折。截至2011年，以提升欧盟运作效率为首要目标的机构改革，先后出台过三部条约，即《尼斯条约》《欧盟宪法条约》和《里斯本条约》。从其改革效果来看，2001年的《尼斯条约》未能就欧盟机构运作实现重大突破，对欧盟环境政策影响甚微，[①]《欧盟宪法条约》虽为欧盟机构改革设定了雄心勃勃的目标，但是在成员国批准中遭到否决而失败，被称为《欧盟宪法条约》简化版的《里斯本条约》在几经波折之后，终于在2009年12月正式生效，代表了近二十年内欧盟机构改革的最高成就。[②]由此，下文将主要分析《里斯本条约》生效对欧盟气候政策的影响。

1.《里斯本条约》的主要成就

《里斯本条约》是欧洲一体化进程，特别是欧盟机构改革中的一个里程碑，是对2005年被法国和荷兰公投否决《欧盟宪法条约》的替代和对欧盟制宪进程的拯救，确保了欧盟机构改革成果的实现。从内容来看，《里斯本条约》虽然取消了诸如欧盟外交部长等明显具有联邦性质的条款，但依然保持了《欧盟宪法条约》的主要内容，提升了欧盟机构的运作效率，使欧洲一体化又向前迈进一大步。

就欧洲一体化的结构而言，欧洲联盟三根支柱合而为一，欧盟取代欧共体拥有法律人格地位。1991年底，欧共体通过的《马约》不仅使欧洲一体化进入欧盟时代，而且确立欧洲一体化发展的柱状结构，即欧洲一体化由欧洲共同体、共同外交与安全政策以及司法和内务合作三根支柱组成。在三根支柱下，对欧盟的管辖权限、决策机制均有不同的规定，甚至在对外称呼上，因欧共体支柱（第一支柱）与其他两大支柱使用的法律和政策文件差异，导致欧盟和欧共体代表着不同的意义。《马约》确立的欧盟柱状结构异常复杂，让人很难理解。在对外关系中，欧共体而不是欧盟拥有法律人格地位的现实让其他国家对欧盟的代表性感到无所适从。《里斯本条约》则使这一复杂的现状得以改观，经《里斯本条约》修订后《欧洲联盟条约》第1条开宗明义地提出，“联盟将建立在本条约与《欧洲联盟运行条约》（经《里斯本条约》修改后的《欧洲共同体条约》）的基础之上。两部条约拥有同样的法律价值。联盟将取代并继承

---

① 详见 Andrew Jordan and J. Fairbrass, “European Union Environmental Policy: After the Nice Summit”, *Environmental Politics* 10 (2001): 109 - 114。

② 《里斯本条约》出台和批准进程，可参见 Kristin Archick and Derek E. Mix, *The European Union's Reform Process: The Lisbon Treaty*, CRS Report for Congress RS21618, Congressional Research Service, 2010。

欧洲共同体”。[①]欧洲一体化的这一结构性调整不仅使欧盟具备了法律人格，而且简化了欧盟的组织结构、决策程序和运行机制。

在欧盟的机构设置上，《里斯本条约》对欧盟机构的地位和作用进行了调整。①欧洲理事会正式成为欧盟的机构之一，设立欧洲理事会常任主席一职。欧洲理事会由成员国和欧盟委员会主席组成，又称欧盟峰会，在《里斯本条约》之前，该机构虽是欧洲一体化的最高指导机构，但是不属于欧盟机构。根据《里斯本条约》第 14 条对《欧洲联盟条约》第 9 条的修改，欧盟机构正式包括欧洲理事会，同时增加了《欧洲联盟条约》第 9B 条，对欧洲理事会的组成、职能、会议制度和表决方式等做了具体的规定。更为重要的是，《里斯本条约》决定设立欧洲理事会常任主席，由欧洲理事会以特定多数选举产生，每个任期两年半，可以连任一次。②对欧盟决策方式进行改革。在欧盟理事会内，《里斯本条约》对多数表决制进行了两方面的调整：一是增加了特定多数表决制（QMV）的适用领域。根据修订后的《欧洲联盟条约》第 16 条第 3 款，除非《欧洲联盟条约》和《欧洲联盟运行条约》另有规定，部长理事会以特定多数同意做出决定。据此，欧盟将有 33 个新领域采取特定多数表决制，使采用特定多数表决制的欧盟事项从 63 个增加到 96 个。[②]二是对特定多数表决制进行重新界定。从 2014 年 11 月起，特定多数指至少 55% 的理事会成员（至少 15 个欧盟成员国），其代表的成员国人口至少占欧盟总人口的 65%。此外，条约还规定了阻止少数应至少包括四个成员国，否则视为已经获得特定多数。③改革欧盟委员会。为提高欧盟委员会的工作效率问题，《里斯本条约》对欧盟委员会的组成做出改革，规定从 2014 年 11 月起，包括欧委会主席和欧盟外交与安全政策高级代表在内的委员会委员总数应为成员国总数的 2/3，并根据国民平等原则，实行轮流担任机制，在欧盟成员国国民中选任。

《里斯本条约》做出新的规定来加强欧盟民主。《里斯本条约》将修改后的原《欧洲联盟条约》第二编归入《欧洲联盟运行条约》，规定代议制民主是欧盟运作的基础，提升了欧洲议会的地位。除此之外，《里斯本条

① 程卫东、李靖堃译《欧洲联盟基础条约——经〈里斯本条约〉修订》，社会科学文献出版社，2010，第 32 页。

② Finn Laursen, “The (Reform) Treaty of Lisbon: What’s in It? How Significant?” *Jean Monnet/Robert Schuman Paper Series* 9 (2009): 6.

约》还就加强欧盟民主采取了两项新举动：一是赋予欧洲公民立法动议权。"如果公民认为实施《欧洲联盟条约》和《欧洲联盟运行条约》需要新的联盟法令，来自相当成员国总数不少于100万的民众可提出动议，提请欧委会在权力范围内提出适当的提议。"[①]二是加强成员国议会在欧盟运行中的作用。经《里斯本条约》修改后的《欧洲联盟条约》第12条明确规定了成员国议会发挥作用的途径和方式。

《里斯本条约》在欧盟对外关系上也实现了新的突破。首先，《里斯本条约》将原本分散在《欧洲共同体条约》不同部分的欧盟对外关系事务，比如，共同商业政策、发展合作与人道主义援助等并入《欧洲联盟运行条约》第五部分。其次，《里斯本条约》通过赋予欧盟法律人格和替代欧共体，使欧盟获得了在共同外交与安全政策领域缔结国际协议的能力。再次，作为欧盟对外关系领域的创新之一，《里斯本条约》设立了共同外交与安全事务高级代表。由于高级代表身兼数职，将能够协调欧盟在不同领域的对外关系，尽可能保持欧盟对外关系的一致性。此外，《里斯本条约》规定欧盟将设立欧盟对外行动局（EEAS），协助共同外交与安全政策高级代表开展工作，并与成员国外交机构进行合作。

可以说，《里斯本条约》是十几年来欧盟对扩大带来的机构运作困难和效率低下的回应，该条约的生效无疑将直接提升欧盟机构运作的效率，对欧洲一体化的发展产生深远的影响。

2.《里斯本条约》对欧盟气候政策的影响

以提升欧盟机构运作效率为主要目标的《里斯本条约》的通过使欧盟走出了当前的欧洲一体化危机，其在欧盟机构改革上的相关规定也对欧盟多个政策领域产生了不小的影响。作为当前欧盟的优先政策议程之一，欧盟气候政策的发展在《里斯本条约》生效后也开始发生积极的变化。

首先，欧盟气候政策的决策效率和民主性实现改善。决策效率低下是欧盟所有政策领域均面临的问题，其也导致欧盟往往难以做出及时和有效的政策反应。而欧盟气候政策则更为特殊，其不是涉及某一领域的一般环境政策，而是涉及能源、工业、林业等多个领域，从而使其决策更加复

---

① Publications Office of the European Union, "Consolidated Version of The Treaty on the Functioning of the European Union", *Official Journal of the European Union* 51 (2008): 21.

杂，决策效率更加低下，加上欧盟在诸多领域仍然采取一致通过的决策方式，其严重影响了欧盟气候政策的决策效率。《里斯本条约》对部长理事会决策方式的改革使这一现象有所改观，通过将特定多数（QMV）决策程序应用于欧盟更多政策领域以及规定阻碍决议通过的法定少数，提高了欧盟决议通过的可能性，提高了决策效率。不仅如此，《里斯本条约》还决定提高欧洲议会在气候政策决策中的地位和赋予欧洲公民以政策动议权。如本书第二章所言，欧洲议会是积极推动建立气候政策的欧盟机构之一，欧洲议会地位的提升将对推行更为积极的欧盟气候政策和措施有利，也将增加欧盟气候政策的发展动力，与此同时，欧洲议会议员由欧洲公民直选产生，是提高欧盟民主的表现，欧洲议会在欧盟气候政策中地位的提升也将减少欧盟气候政策的民主赤字。而欧洲公民动议权的相关规定则进一步提升了欧盟决策和政策执行过程中对欧洲公民意见和建议的尊重，有利于增加后者对欧盟政策的了解和支持程度。欧盟气候政策的效率因此将得到一定程度的提高，获得更多欧洲公民的赞同和支持。

其次，欧盟气候政策的内在协调性和连贯性得到提升。作为《里斯本条约》对欧盟机构改革的重要举动，欧盟部长理事会的组成进行了调整。在《里斯本条约》生效之前，欧盟的一般事务和对外关系处于同一个部长理事会的管辖之下，被称为“总务和对外关系理事会”。《里斯本条约》对欧盟理事会的组成进行了调整，决定分别成立一个总务理事会和对外关系理事会，前者的主要任务在于确保各不同组成机构工作的一致性，在经过与欧洲理事会主席以及欧盟委员会联络后，总务理事会负责准备欧洲理事会会议及确保会议的后续工作。总务理事会的设立对于保持欧盟不同政策目标的协调性和连贯性有重要意义，对涉及政策领域广泛的欧盟气候政策来说尤为如此，总务理事会的协调有助于将应对气候变化考虑融入其他欧盟政策的发展中。与此同时，《里斯本条约》提出的一体化原则也有利于保持欧盟气候政策的内在协调性。经《里斯本条约》修改后的《欧洲联盟运行条约》第7条明确要求欧盟要确保所有欧盟政策和活动的一致性，因而也被称为超级一体化条款，[1]其无疑将进一步提升欧盟气候政策与欧盟其

---

① Hans Vedder, “The Treaty of Lisbon and European Environmental Law and Policy”, *Journal of Environmental Law* 22 (2010): 289.

他政策之间的协调性，使气候变化考虑更好地和更加全面地融入欧盟其他政策制定和执行中。

再次，欧盟对外气候政策的一致性有所改观。欧盟及成员国在气候政策上的共享管辖权限和多重代表权使欧盟在国际气候谈判中协调困难，谈判立场缺乏协调性和一致性，由此也导致欧盟影响和塑造国际气候谈判的能力大大受到削弱，然而 2009 年底生效的《里斯本条约》使这一状况有所改观。为提高欧盟对外气候政策立场的协调性，《里斯本条约》设立联盟共同外交与安全事务高级代表。共同外交与安全事务高级代表身兼数职，在有关共同外交与安全政策的事项上，高级代表代表欧盟与第三方进行政治对话，并在国际组织中和国际会议上阐明欧盟的立场；在部长理事会召开会议时，高级代表替代此前的轮值主席国外交部长主持外交部长理事会；在欧盟委员会内，高级代表是欧委会的副主席，负责由欧委会承担的对外关系方面的事务，协调欧盟对外行动的其他方面。欧盟高级代表的设立和对《公约》下欧盟气候政策活动的介入将推进欧盟气候政策与其他联盟对外政策之间的一体化，对于提高欧盟在国际气候谈判的一致性将大有裨益。同时，欧盟对外行动局的建立也将有助于保持欧盟对外政策立场的一致性。根据《里斯本条约》的相关规定，未来成立的欧盟对外行动局将协助欧盟共同外交与安全政策高级代表开展工作，并与欧盟成员国的外交机构进行合作，其无疑是欧盟对外关系中的一次重大变革，将大大提升欧盟在对外关系领域的行动能力，更好地协调成员国与欧盟在对外关系上的一致性。

在《里斯本条约》之后，欧盟对外政策的多重代表状况也有所改善。对于欧盟的代表权问题，经《里斯本条约》修改后的《欧洲联盟条约》第 15 条第 6 款规定，“在不损害联盟外交事务和安全政策高级代表的权限的前提下，欧洲理事会主席在其主席级的层面上以其主席身份就属于共同外交与安全政策方面的事务对外代表联盟”。[①]同时，《欧洲联盟条约》第 17 条阐明，“除共同外交与安全政策及两部条约[②]规定的其他情形外，欧盟委员会对外代表欧盟”。因此其最终结果是欧盟的对外代表权要么由欧盟委

① 欧洲联盟官方出版局编《欧洲联盟基础法》，苏明忠译，国际文化出版公司，2010，第 246 页。

② 两部条约指经《里斯本条约》修改后的《欧洲联盟条约》和《欧洲联盟运行条约》。

员会执行，要么由高级代表来执行，完全没有轮值主席国的位置。①目前关于欧盟的对外代表权仍存在着不小的争议，但是不管其最终由欧盟委员还是高级代表来充当，都会使欧盟在国际气候谈判中表现出更高一致性，气候政策立场也将更加的稳定。

总之，《里斯本条约》的生效将对欧盟气候政策的运转产生很大的积极作用，尽管在条约的执行中各方还存在着一定的问题，但毫无疑问将加强欧盟气候政策的效率，提高欧盟气候政策的协调性和一致性。

三　欧洲2020战略提高欧盟气候政策的地位

欧洲2020战略是欧盟摆脱2008～2009年国际金融危机的退出战略，该战略意在通过加强欧盟经济政策的协调，实现经济的可持续发展，也取代于2010年到期的欧盟"里斯本战略"，成为未来欧盟新的经济增长和就业战略。在欧洲2020战略中，欧盟提出了"理性、可持续和包容性增长"的概念，将欧盟的中期气候和能源目标纳入其中，从而使欧洲2020战略对欧盟气候政策产生了一定的影响。

1. 欧洲2020战略的主要内容

欧洲2020战略勾勒了21世纪欧洲社会经济的发展前景，其目标在于将欧盟转变成为一个理性的、可持续的和包容性增长的经济体，实现充分就业、生产高效和社会和谐，进而提升欧盟在全球治理中的行为体地位。基于此，欧洲2020战略主要由两部分组成。

首先，欧洲2020战略确立了实现欧盟经济增长模式转型的三大优先议程。根据欧盟委员会2010年3月发布的"欧洲2020——理性、可持续和包容性增长战略"磋商文件，欧盟经济增长模式的转型要实现三大战略目标：①理性增长（Smart Growth），即要发展以知识和创新为基础的经济；②可持续增长（Sustainable Growth），即推进资源利用更加高效、更加注重生态和更具竞争力的经济发展；③包容性增长（Inclusive Growth），即在繁荣经济、实现充分就业的同时确保社会和地区的均衡发展和融合。

---

① Piotr Maciej Kaczyński, *Single Voice, Single chair? How to Re－organise the EU in International Negotiations under the Lisbon Rules* (Brussels: Centre for European Policy Studies, 2010), p. 2.

其次，欧洲2020战略为欧盟规定了具体的目标。为防止重蹈里斯本战略的覆辙，欧盟在该战略中详细列举了未来十年（2010～2020年）要实现的五大目标：①到2020年，年龄在20～64岁的欧盟公民的就业率应达到75%；②确保欧盟GDP的3%用于技术研发；③实现欧盟“能源与气候变化”一揽子立法为欧盟设定的“20/20/20”气候变化和能源目标；④小学生的辍学率应低于10%，至少40%的欧盟年轻公民拥有第三学位；⑤加大消除贫困力度，将欧盟的贫困人口减至2000万人以下。[①]欧盟委员会还在文件中指出，这些目标之间是相互联系的，对于实现欧盟从国际金融危机中摆脱出来和经济发展转型尤为重要。为了确保欧盟成员国适应欧洲2020战略的需要，欧盟委员会建议将欧洲2020战略的目标转化为欧盟成员国的国家目标。可以说，欧洲2020战略为欧盟未来发展确立了明确目标。

为实现上述目标，欧盟委员会也在欧洲2020战略中规划了未来欧盟应采取的政策倡议和在政策倡议下欧盟和成员国各自应采取的行动。根据“欧洲2020战略”磋商文件的内容，欧盟共提出了7大政策倡议（Flagship Initiatives）。其中，“创新欧洲”“青年流动”和“数字欧洲”等三大倡议意在通过改善欧盟研究和创新的总体条件和资金支持状况来加强欧盟的创新基础，提高其对研究的投资力度，改善欧盟高等教育体系和提高其国际吸引力，加速推进高速互联网的扩展和以家庭和企业为服务对象的数字单一欧洲市场的建立，并最终实现理性增长。“资源高效的欧洲”和“全球化时代的工业政策”等两大倡议则以实现欧盟的可持续发展为目标，前者关注的重心是气候和能源，意在通过推进经济发展和能源使用的脱钩，实现欧盟经济的“脱碳”，提高可再生能源的使用、交通运输部门的现代化以及提高能效等；后者则以改善公司运营环境，特别是中小企业（SMEs），支持其建立稳固和可持续的工业发展基础以应对来自其他地区的全球竞争。对于包容性增长，欧盟将其两大政策倡议——“新的工作和就业机会”和“应对贫困的欧洲平台”——集中在就业、技能培训和消除贫困上。“新的工作和就业机会”通过劳动力市场的现代化、便利劳动力流动

---

① European Commission, Communication from the Commission, *Europe 2020: A Strategy for Smart Sustainable and Inclusive Growth*, COM (2010) 2020, Brussels, 3 March 2010, p. 3.

和终生技能培训来提高欧盟劳动力市场的活力，实现劳动力更好的供求平衡；“应对贫困的欧洲平台”的目的在于实现社会和地区融合，进而确保欧盟经济增长和就业带来的收益的充裕供给，确保欧盟的贫困人口能够过上有尊严的生活和对社会活动的积极参与。①

可以说，欧洲2020战略不仅仅是对欧盟“里斯本战略”的简单替代和继承，从其内容上看，其更是对过去十年（2000～2010年）欧盟经济和就业战略的深刻反思。欧洲2020战略与里斯本战略的最大不同在于前者明确提出了未来欧盟经济社会发展模式，即借助欧盟社会和环境规范的现代化，实现经济增长，适应现代经济现实和应对包括全球化、气候变化和人口老龄化等在内的各种挑战。从当前来看，国际金融危机和气候变化是欧盟面临的主要挑战，在这个意义上，欧洲2020战略是欧盟对两大危机——国际金融危机和气候变化危机——做出的反应，其也必将对欧盟气候政策施加一定的影响。

2. 欧洲2020战略对欧盟气候政策地位的提升

作为欧洲2020战略的核心，推进欧盟的经济发展模式转型，实现理性的、可持续的和包容性增长成为欧盟未来的经济社会发展模式，其中绿色和低碳是这一经济增长模式的中心词。因此随着欧洲2020战略的实施，其必将对未来的欧盟气候政策产生积极影响。

首先，欧洲2020战略将加大对技术研发的投入，提升欧盟在低碳技术领域的优势。在欧盟国家看来，理性增长要求其未来的经济增长更多地依赖知识和创新，其必然意味着对研发更多的投入，然而现实的情况是，欧盟对技术研发的投入落后于其他发达国家。根据欧盟委员会的统计，欧盟用于研发的费用主要来自私人投资，在其GDP中的份额低于2%，而同期的美国则为2.6%，日本则高达3.4%，这也是欧盟创新能力落后于美日等国的原因之一。欧洲2020战略的实施将改变这种状况，根据“创新欧洲”（Innovation Europe）倡议，欧盟将调整研发和创新政策重心，使其成为欧盟应对当前各种社会挑战——诸如气候变化、能源和资源效率等——的手段和工具。为此，欧盟委员会在倡议中提出要完成欧洲研发区（European

① Annette Bongardt and Francisco Torres，“The Competitiveness Rationale Sustainable Growth and the Need for Enhanced Economic Coordination”，*Intereconomics* 45（2010）：137.

Research Area）的建设，制定战略研究议程以应对上述挑战，同时加强欧盟政策工具在支持创新中的作用。气候变化是欧盟当前面临的社会挑战之一，其在欧盟的研发和创新政策中受到特别的重视，欧委会不仅表示将加大对气候变化科学研究的投资力度，而且主张建立与碳市场相联系的创新激励机制，意在保持欧盟在低碳领域的技术优势，其最终将推进欧盟气候政策的发展。

其次，欧洲2020战略摆正了欧盟应对气候变化和保持竞争力之间的关系。自气候变化出现在欧盟政策议程开始，应对气候变化和保持欧盟竞争力就成为欧盟机构及成员国争论的焦点。在相当长的一段时间内，大多成员国认为，在其他国家未做出可比性减排努力情况下的欧盟减排行为将会大大削弱欧盟经济的国际竞争力，因而迟迟不愿意做出雄心勃勃的气候变化承诺。在欧盟里斯本战略出台后，诸多欧洲国家更是认为减排不利于其经济发展和实现充分就业。然而在欧洲2020战略中，欧盟成员国对应对气候变化和欧盟竞争力之间关系的看法已经发生变化。根据欧盟委员会发布的“欧洲2020战略”磋商文件，可持续发展的含义在于推进资源利用更加高效、更加绿色和更具竞争力的经济。为此，欧委会提出欧盟应在提高经济竞争力、应对气候变化和发展清洁且高效的能源等三个方面展开行动。欧盟委员会在欧洲2020战略中更是建议通过保持欧盟在低碳技术、绿色技术市场领域的领先地位来提高欧盟经济的竞争力，为欧洲创造更多的绿色就业机会。在许多欧洲人看来，增长已经不是优先议程，经济的绿化和创造工作机会才是欧洲2020战略应该关注的焦点。[①]欧盟成员国在应对气候变化和保持欧盟经济竞争力关系上的转变对于欧盟气候政策意义重大。

再次，欧洲2020战略将欧盟气候政策目标纳入欧盟未来的经济发展中。欧洲2020战略与欧盟里斯本战略的重大区别之一是前者将欧盟应对气候变化的中期目标融入欧盟未来的发展中，并且以具体的政策措施保证其落实。在欧洲2020战略中，作为实现欧盟可持续发展的主要手段，欧盟提出了“资源高效的欧洲”倡议，意在实现欧盟向资源利用高效和低碳经济的转型。在该倡议中，欧盟不仅提出了联盟层面和成员国层面应该采取的

---

① Laszlo Csaba，“Green Growth：Mirage or Reality?” *Intereconomics* 45（2010）：153.

政策和行动，而且详细阐述了实现上述目标的政策手段。其中，欧盟特别强调对欧盟气候政策目标的实现，从而使欧盟气候政策与其未来的经济发展战略紧密结合起来，提升了前者在欧洲一体化中的地位。

总之，欧洲 2020 战略绘制了未来欧盟经济发展和就业的蓝图，其不仅将欧盟气候目标纳入其中，更是将推进欧盟的低碳转型，保持在绿色技术领域的领先优势作为保持欧盟经济竞争力的方式之一。从这个意义上讲，欧洲 2020 战略提升了欧盟气候政策的地位，有利于欧盟气候政策的进一步发展。

· 结语 ·

欧盟气候政策的未来及其对世界的借鉴意义

自 1986 年欧洲议会首次从政治角度讨论气候变化问题以来，欧盟对气候变化重要性的认知不断提高，并在 20 世纪 90 年代初确立了追求国际气候领导权的战略。在这一战略的支配下，欧盟共同气候政策得以确立。由 27 个成员国组成的欧盟不仅以一个整体参与国际气候合作，而且在联盟内制定和执行了诸多共同政策和措施来应对气候变化，是当前国际气候领域的领导者，然而欧盟气候政策的发展也面临着不小的挑战。尽管如此，欧盟为应对气候变化所采取的政策和措施仍为世界应对气候变化提供了一定的借鉴意义。

一　欧盟气候政策发展的前景

毫无疑问，欧盟气候政策经过二十多年的发展，已经形成了一个相对稳定的政策体系，取得了一定的成就。从当前来看，借助应对气候变化，实现欧盟可持续发展转型，推动欧洲一体化的发展，扩展解决国际问题的“欧洲模式”和提高欧洲国家在世界上地位等动因决定了在未来数十年内欧盟气候政策将仍是欧洲一体化发展中欧盟及成员国的优先议程之一。但是鉴于欧洲一体化和国际应对气候变化形势的发展变化，欧盟对一系列挑战的应对和不确定因素的处理将决定欧盟气候政策的未来走向。

第一，欧盟能否实现其气候目标。雄心勃勃的减排承诺是欧盟确立和保持其在国际气候领导权的主要手段，然而进入后京都气候时代，欧盟国际气候领导权取决于欧盟兑现承诺的能力。从短期来看，欧盟最为明显和直接的挑战是是否能够实现《议定书》规定的京都目标。自 2000 年以来，欧盟采取的气候政策和措施使欧盟实现京都目标的可能性大大提高，2010年欧委会甚至宣称将超额完成京都减排目标，但是根据欧洲环境署的研究报告，欧盟将能够完成其京都减排目标，前提是充分利用《议定书》下的灵活机制和将非欧盟气候政策带来的减排效果，比如经济结构重组、2008～2009年国际金融危机导致的经济萧条、居高不下的世界能源价格以及持续的暖冬等因素考虑其中。[①]否则，欧盟将很难实现京都目标。从中长期来看，欧盟承诺到2020年无条件减排20%和有条件减排30%的气候目标，虽然为此欧盟于2008年年底通过了“能源与气候变化”一揽子立法，这对于实现2020气候目标仍然是不足的。荷兰环境评估机构（Netherland Environmental Assessment Agency）的研究显示，倘若要实现到2020年减排20%的目标，欧盟应做出三倍于当前的政策努力，在CO_2减排上应做出相当于当前五倍的努力才行。如若2020年减排目标提高到30%，欧盟则需更大的政策努力。在此情况下，欧盟采取何种新的措施来实现上述目标是决定欧盟气候政策发展和走向的根本性因素。

第二，欧盟对减缓和适应气候变化关系的处理也将影响欧盟气候政策的未来。在欧盟二十多年的气候政策发展中，减缓气候变化是欧盟气候政策的重心，由此也导致对适应气候变化的重视不够。截至目前，欧盟在适应气候变化领域尚未形成完整的政策框架。然而随着气候变化影响在欧盟国家的频繁出现，如何适应气候变化带来的不利影响已经成为欧盟气候政策不得不面临的问题。从目前欧盟气候政策的发展态势来看，建立强有力和协调的适应政策并非易事。考虑到减缓气候变化政策，特别是保持全球升温与工业革命前相比不超过2℃的目标是欧盟气候领导权的象征，任何抛弃这一目标的努力在政治上都是不可接受的。在欧盟有限的资源条件下，发展欧盟共同的适应气候政策必将对减缓气候变化政策产生影响。因此欧盟如何处理减缓和适应气候变化之间的关系无疑将影响欧盟未来气候政策的发展方向。

第三，欧洲一体化的发展也将影响欧盟气候政策的走向。在后京都气候时代，欧盟机构改革和经济发展与就业战略是欧盟最为重要的议程。对

---

① EEA, *Annual European Community Greenhouse Gas Emission Inventory 1990－2007 and Inventory 2009*（Copenhagen：European Environmental Agency，2009）.

于前者，在经过近十年的努力，经历了《欧盟宪法条约》的失败、《里斯本条约》的否决和重新批准之后，代表欧盟机构改革最高成就的《里斯本条约》在 2009 年 12 月最终生效，使欧洲一体化的发展向前迈进一大步。《里斯本条约》有关欧盟机构改革的相关条款将对欧盟气候政策的内在连贯性和在国际气候谈判中的协调性、一致性产生积极作用，但是鉴于《里斯本条约》在欧盟内的落实仍需一定的时间，因此其最终会对欧盟气候政策发展产生何种影响，目前尚难以确定。对于后者，作为欧盟经济发展和就业战略——里斯本战略的替代和发展，2010 年通过的欧洲 2020 战略提出了“理性的、可持续的和包容性的增长”，其中强调应对气候变化和实现 2020 年欧盟气候目标，并为此规定将采取的措施，大大提升了欧盟气候政策的地位，但是欧洲 2020 战略能在多大程度上推进欧盟气候政策的发展尚有待实践的检验。

总之，欧盟气候政策毫无疑问是未来欧洲一体化发展中最为重要的政策领域之一，但是鉴于面临的挑战和欧洲一体化发展中的不确定因素，欧盟气候政策的发展方向仍有待进一步观察。

二　欧盟气候政策对世界应对气候变化的借鉴意义

尽管欧盟气候政策存在这样或者那样的问题，但是与其他地区和国家采取的应对气候变化努力相比，欧盟仍是应对气候变化的先行者。保持在国际气候领域的领先地位不仅是欧盟及成员国追求的战略目标，而且国际气候领导权也得到了《公约》其他缔约方的认可。更为重要的是，欧盟气候政策为其他国家和地区树立了榜样，提供了颇为重要的借鉴。

第一，欧盟国家间达成的《责任分摊协议》对于世界应对气候变化责任的划分有重要的参考价值。气候变化是典型的全球公共问题，在以国家为主要行为体的国际政治中，各国在应对气候变化问题上存在着严重的机会主义和搭便车倾向，应对气候变化责任的划分成为解决气候变化问题最为棘手的议题。虽然《公约》规定应对气候变化遵循“共同但有区别的责任”原则，但是在实践中效果并不理想，导致国际气候机制的构建和发展困难，特别是当前围绕着后京都气候机制和 2020 年后国际气候机制的构建，谈判各方在气候责任的划分上分歧严重，迟迟难以做出相应的安排。

然而欧盟成员国间《责任分摊协议》却为解决这一问题提供了启示。在欧盟成员国中，既有世界上经济最为发达的德法英等西欧国家，也有发展相对落后的南欧国家，更有经济发展明显滞后的中东欧国家，然而欧盟却借助《责任分摊协议》使不同发展层次的成员国接受从减排 20% 到增排 20% 的不同气候目标，并进而成功实现欧盟的总体减排目标。在一定意义上，欧盟的责任分摊协议是对《公约》规定的“共同但有区别责任”原则的成功实践，倘若能够将欧盟达成责任分摊协议的经验运用到世界各国气候责任的划分中，对世界应对气候变化将大有裨益。

第二，欧盟排放贸易体系的运行为全球排放贸易的开展提供了经验。排放贸易是京都灵活机制的三大组成部分之一，是全球实现最低成本减排的重要手段。欧盟起初对美国提出的排放贸易持反对态度，并主张严格限制其使用，然而随着国际气候谈判形势的发展，欧盟从排放贸易的反对者迅速成为排放贸易的支持者和实践者，并且于 2005 年启动了世界上第一个区域性温室气体排放贸易机制——欧盟排放贸易体系。该体系在经历了第一阶段（2005～2007 年）的试运行之后，第二阶段（2008～2012 年）涵盖的范围不断扩大，减排效果日渐显现。可以说，欧盟排放贸易体系的成功运行为世界借助排放贸易实现减排目标提供了借鉴，欧盟排放贸易体系运行中出现的问题也为其他国家和地区开展排放贸易提供了不可多得的经验和教训。

第三，欧盟借助应对气候变化推进经济发展模式转型也对其他国家的经济发展具有重要的借鉴参考意义。实现经济的可持续发展转型，借助应对气候变化抢占低碳发展技术的制高点，走低碳经济发展之路是欧盟的经济发展战略，这一点在 2010 年出台的欧洲 2020 战略中被充分强调。为此，我们也看到欧盟出台了各种积极的气候政策和措施来实现这一发展模式转变。通过提高能源效率、发展可再生能源和将气候变化纳入欧盟其他政策领域中统筹考虑都使欧盟经济逐步减少对化石能源的依赖，降低欧盟经济的碳强度。虽然欧盟目前在低碳经济发展转型中并不是十分成功，但是其启动的这一进程却为世界各国的经济发展提供了一个新的方向。

·参考文献·

（一）中文著作

Svein S. Anderson、Kjell A. Eliassen 主编《欧洲政策制定》（第二版），陈寅章等译，国家行政学院出版社，2003。

〔澳〕郜若素：《郜若素气候变化报告》，社会科学文献出版社，2009。

〔比利时〕尤利·德沃伊斯特、［中国］门镜《欧洲一体化进程——欧盟的决策与对外关系》，门镜译，中国人民大学出版社，2007。

〔德〕费迪南·穆勒－罗密尔和托马斯·波古特克主编《欧洲执政绿党》郇庆治译，山东大学出版社，2005。

〔德〕贝娅特·科勒－科赫、托马斯·康策尔曼、米歇勒·克诺特《欧洲一体化与欧盟治理》，顾俊礼等译，中国社会科学出版社，2004。

〔美〕莫劳夫奇克：《欧洲的抉择》（上、下册），赵晨、陈志瑞译，社会科学文献出版社，2008。

〔美〕诺曼·迈尔斯：《最终的安全：政治稳定的环境基础》，上海译文出版社，2001。

〔美〕詹姆斯·多尔蒂，小罗伯特·普法尔茨格拉夫：《争论中的国际关系理论》（第五版），世界知识出版社，2003。

〔英〕安东尼·吉登斯：《气候变化的政治》，曹荣湘译，社会科学文献出版社，2009。

〔英〕安特耶·维纳、〔德〕托马斯·迪兹主编《欧洲一体化理论》，朱立群等译，世界知识出版社，2009。

《气候变化国家评估报告》编写委员会编著《气候变化国家评估报告》，科学出版社，2007。

薄燕：《国际谈判与国内政治——美国与“京都议定书”谈判的实例》，上海三联书店，2007。

蔡守秋主编《欧盟环境政策法律研究》，武汉大学出版社，2002。

陈刚：《京都议定书与国际气候合作》，新华出版社，2008。

陈乐民：《欧洲文明十五讲》，北京大学出版社，2004。

陈乐民、周弘：《欧洲文明的进程》，生活·读书·新知三联书店，2003。

陈玉刚：《国家与超国家：欧洲一体化理论比较研究》，上海人民出版社，2001。

程卫东、李靖堃译《欧洲联盟基础条约——经〈里斯本条约〉修订》，社会科学文献出版社，2010。

崔大鹏：《国际气候合作的政治经济学分析》，商务印书馆，2005。

戴炳然主编《里斯本条约后的欧洲及其对外关系》，时事出版社，2010。

胡荣花主编《欧洲未来：挑战与前景》，中国社会科学出版社，2005。

郇庆治：《欧洲绿党研究》，山东人民出版社，2000。

李巍、王学玉主编《欧洲一体化理论与历史文献选读》，山东人民出版社，2001。

林云华：《国际气候合作与排放权交易制度研究》，中国经济出版社，2007。

刘文秀、埃米尔·J. 科什纳等：《欧洲联盟政策及政策过程研究》，法律出版社，2003。

欧共体官方出版局编《欧共体基础法》，苏明忠译，国际文化出版公司，1992。

欧共体官方出版局编《欧洲联盟条约》，苏明忠译，国际文化出版公司，1999。

欧洲联盟官方出版局编《欧洲联盟基础法》，苏明忠译，国际文化出版公司2010年版。

潘家华、庄贵阳、陈迎：《减缓气候变化的经济分析》，气象出版社，2003。

苏长和：《全球公共问题与国际合作——一种制度分析》，上海人民出版社，2000。

田野：《国际关系中的制度选择——一种交易成本的视角》，上海人民出版社，2006。

王伟光、郑国光主编《应对气候变化报告：坎昆的挑战和中国的行动(2010)》，社会科学文献出版社，2010。

王伟光、郑国光主编《应对气候变化报告：通向哥本哈根（2009）》，社会科学文献出版社，2009。

王伟男：《欧盟应对气候变化的基本经验及其对中国的借鉴意义》，博士学位论文，上海社会科学院，2009。

徐再荣：《全球环境问题与国际回应》，中国环境科学出版社，2007。

杨洁勉主编《世界气候外交和中国的应对》，时事出版社，2009。

杨兴：《“气候变化框架公约”研究：国际法与比较法的视角》，中国法制出版社，2007。

于宏源：《环境变化与权势转移——制度、博弈和应对》，上海人民出版社，2011。

俞可平主编《全球化：全球治理》，社会科学文献出版社，2003。

张海滨：《环境与国际关系：全球环境问题的理性思考》，上海人民出版社，2008。

张海滨：《气候变化与中国国家安全》，时事出版社，2010。

张焕波：《中国、美国和欧盟气候政策分析》，社会科学文献出版社，2010。

张利军：《中美关于应对气候变化的协商与合作》，世界知识出版社，2008。

中国国际关系学会主编《国际关系史（1990~1999）》（第12卷），世界知识出版社，2006。

中国现代国际关系研究院：《欧洲思想库及其对华研究》，时事出版社，2004。

朱贵昌：《多层治理理论与欧洲一体化》，山东大学出版社，2009。

庄贵阳、陈迎：《国际气候制度与中国》，世界知识出版社，2005。

（二）中文期刊论文

薄燕：《“京都进程”的领导者：为什么是欧盟而不是美国?》，《国际论坛》2008 年第 5 期。

薄燕：《全球气候变化问题上的中美欧三边关系》，《现代国际关系》2010 年第 4 期。

薄燕：《双层次博弈理论：内在逻辑及其评价》，《现代国际关系》2003 年第 6 期。

薄燕、陈志敏：《全球气候变化治理中的中国与欧盟》，《现代国际关系》2009 年第 2 期。

薄燕、陈志敏：《全球气候变化治理中欧盟领导能力的弱化》，《国际问题研究》2011 年第 1 期。

陈迎：《国际气候制度的演进及对中国谈判立场的分析》，《世界经济与政治》2007 年第 2 期。

陈迎：《英国气候政策及其对中国的借鉴》，《绿叶》2008 年第 9 期。

陈迎、潘家华：《对斯特恩新报告的要点评述和解读》，《气候变化研究进展》2008 年第 5 期。

陈迎、庄贵阳：《〈京都议定书〉的前途及其国际经济和政治影响》，《世界经济与政治》2001 年第 6 期。

陈玉刚：《〈里斯本条约〉后的欧盟政治发展》，《国际观察》2011 年第 1 期。

程卫东：《〈里斯本条约〉：欧盟改革与宪政化》，《欧洲研究》2010 年第 3 期。

崔宏伟：《欧盟气候新政及其对欧洲一体化的推动》，《欧洲研究》2010 年第 6 期。

董勤：《美国气候变化政策分析》，《现代国际关系》2007 年第 11 期。

房乐宪：《中欧气候变化议题：演进及政策含义》，《现代国际关系》2008 年第 11 期。

傅聪：《欧盟环境政策中的软性治理：法律推动一体化的退潮?》，《欧洲研究》2009 年第 6 期。

高翔、牛晨：《美国气候变化立法进展及启示》，《美国研究》2010 年第 3 期。

何奇松：《气候变化与欧盟北极战略》，《欧洲研究》2010 年第 6 期，第 59 ~ 73 页。

雷建锋：《多层治理：欧洲联盟正在成型的新型民主模式》，《世界经济与政治》2008年第2期。

李海东：《从边缘到中心：美国气候变化政策的演变》，《美国研究》2009年第2期。

李慧明：《当代西方学术界对欧盟国际气候谈判立场的研究综述》，《欧洲研究》2010年第6期。

李慧明：《欧盟在国际气候谈判中的政策立场分析》，《世界经济与政治》2010年第2期。

刘慧、陈欣荃：《美欧气候政策的比较分析》，《国际论坛》2009年第6期。

刘明礼：《欧盟能源与气候政策的战略性调整》，《国际资料信息》2009年第10期。

刘文秀、汪曙申：《欧洲联盟多层治理的理论与实践》，《中国人民大学学报》2005年第4期。

娄伶俐：《"双层次博弈"理论框架下的环境合作实质——以多边气候变化谈判为例》，《世界经济与政治论坛》2008年第2期。

潘家华：《哥本哈根气候会议的争议焦点与反思》，《红旗文稿》2010年第5期。

潘家华：《哥本哈根之后的气候走向》，《外交评论》2009年第6期。

潘家华：《后京都国际气候协定的谈判趋势与对策思考》，《气候变化研究进展》2005年第1期。

潘家华：《满足基本需求的碳预算及其国际公平与可持续含义》，《世界经济与政治》2008年第1期。

潘家华、陈迎：《碳预算方案：一个公平、可持续的国际气候制度框架》，《中国社会科学》2009年第5期。

潘家华、庄贵阳、陈迎：《"气候变化20国领导人会议"模式与发展中国家的参与》，《世界经济与政治》2005年第10期。

钱皓：《奥巴马政府"绿色新政"与中美关系——从〈京都议定书〉到后〈京都议定书〉》，《国际观察》2010年第4期。

王传兴：《"双层次博弈"理论的兴起和发展》，《世界经济与政治》2001年第5期。

王谋、潘家华、陈迎：《〈2009年美国清洁能源与安全法〉的影响及意义》，《气候变化研究进展》2010年第4期。

王伟男：《国际气候话语权之争初探》，《国际问题研究》2010年第4期。

王伟男：《欧盟国际气候政策中的消极因素》，《现代国际关系》2010年第12期。

王伟男：《欧盟排放权交易机制及其成效评析》，《世界经济研究》2009年第7期。

王文军：《英国应对气候变化的政策及其借鉴意义》，《现代国际关系》2009年第9期。

王文军、潘家华：《欧盟对2012年后气候协定的立场》，《气候变化研究进展》2009年第4期。

王鑫、陈迎：《碳关税问题刍议——基于欧盟案例的分析》，《欧洲研究》2010年第6期。

吴向阳：《英国温室气体排放贸易制度的实践与评价》，《气候变化研究进展》2007年第1期。

吴志成、李客循：《欧洲联盟的多层级治理：理论及其模式分析》，《欧洲研究》2003年第6期。

谢来辉：《欧盟应对气候变化的边境调节税：新的贸易壁垒》，《国际贸易问题》2008年第2期。

徐静：《欧洲联盟多层级治理体系及主要论点》，《世界经济与政治论坛》2008年第5期。

严双伍、高小升：《后哥本哈根气候谈判中的基础四国》，《社会科学》2011年第2期。

严双伍、高小升：《欧盟在国际气候谈判中的立场与利益诉求》，《国外理论动态》2011年第4期。

殷桐生：《欧盟是否还会扩大?》，《欧洲研究》2008年第6期。

张莉：《美国气候变化政策演变特征和奥巴马政府气候变化政策走向》，《国际展望》2011年第1期。

钟龙彪：《双层博弈理论：内政与外交的互动模式》，《外交评论》2007年第4期。

周剑、何健坤：《欧盟气候变化政策及其经济影响》，《现代国际关系》2009 年第 2 期。

周剑、刘艺：《欧盟气候变化政策动向及其动因假设》，《求索》2009 年第 12 期。

周琪：《奥巴马政府的气候变化政策动向》，《国际经济评论》2009 年第 2 期。

朱贵昌：《多层治理理论与欧洲一体化》，《外交评论》2006 年第 6 期。

朱松丽、徐华清：《英国的能源政策和气候变化应对战略——从 2003 版到 2007 版能源白皮书》，《气候变化研究进展》2008 年第 5 期。

朱晓中：《欧洲一体化与巴尔干欧洲化》，《欧洲研究》2006 年第 4 期。

庄贵阳：《欧盟“气候行动与可再生能源综合计划建议草案：核心要点与战略意义》，《气候变化研究进展》2008 年第 4 期。

庄贵阳：《欧盟温室气体排放贸易机制及其对中国的启示》，《欧洲研究》2006 年第 3 期。

庄贵阳：《温室气体减排的南北对立与利益调整》，《世界经济与政治》2000 年第 4 期。

庄贵阳、陈迎：《试析国际气候谈判中的国家集团及其影响》，《太平洋学报》2001 年第 2 期。

（三）英文著作

Albrecht, Johan, ed., *Instruments for Climate Policy: Limited Versus Unlimited Flexibility* (Cheltenham, UK · Northampton, USA: Edward Elgar Publishing, 2002).

Bache, Ian and Matthew Flinders, eds., *Multi – level Governance* (Oxford and New York: Oxford University Press, 2004).

Balta, Nazmiye, Climate Change Policy in an Enlarged European Union: Institutions, Efficiency, and Equity (Ph. D Thesis, Urbana – Champaign: University of Illinois, 2004).

Bert, Bolin, *A History of the Science and Politics of Climate Change: The*

Role of the Intergovernmental Panel on Climate Change (Cambridge: Cambridge University Press, 2007).

Bert, Metz and Mike Hulme, eds., *Climate Policy Options Post – 2012: European strategy, Technology and Adaptation after Kyoto* (London and Sterling: Earthscan Publications Ltd., 2005).

Biermann, Frank, Philipp Pattberg and Fariborz Zelli, eds., *Global Climate Governance Beyond 2012: Architecture, Agency and Adaptation* (Cambridge: Cambridge University Press, 2010).

Bows, Alice et al., *Aviation and Climate Change: Lessons for European Policy* (London and New York: Routledge, 2009).

Bretherton, Charlotte and John Vogler, *The European Union as a Global Actor* (London and New York: Routledge, 1999).

Buchan, David, *Energy and Climate Change: Europe at the Crossroads* (Oxford: Oxford Institute for Energy Studies, 2009).

Burniaux, Jean – Marc and Paul O' Brien, *Action against Climate Change: the Kyoto Protocol and Beyond* (Paris: Organization for Economic Cooperation and Development, 1999).

Cass, Loren R., *The Failures of American And European Climate Policy: International Norms, Domestic Politics and Unachievable Commitments* (New York: State University of New York Press, 2006).

Chevalier, Jean – Marie, ed., *The New Energy Crisis: Climate, Economics and Geopolitics* (New York: Palgrave MacMillan, 2009).

Cipriani, Gabriele, *The EU Budget: Responsibility without Accountabilities?* (Brussels: Centre for European Policy Studies, 2010).

Collier, Ute and Ragnar Löfstedt, eds., *Cases in Climate Change Policy: Political Reality in the European Union* (London: Earthscan Publications Ltd, 1997).

Commission of European Communities, *Communication from the Commission to the Council and the European Parliament on EU Policies and Measures to Reduce Greenhouse Gas Emissions: Towards a European Climate Change Programme (ECCP)*, COM (2000) 88 Final, 2000.

Commission of European Communities, *Green Paper From the Commission to the Council, the European Parliament, the European Economic and Social Committee of the Regions, Adapting to Climate Change in Europe – Options for EU Action*, COM (2007) 354 Final, 2007.

Commission of the European Communities, *Green Paper: A European Strategy for Sustainable, Competitive and Secure Energy*, COM (2006) 105 Final, Brussels, 2006.

Commission of the European Communities, *European Governance: A White Paper*, COM (2001) 428, 2001.

Commission of the European Communities, *Stepping up International Climate Finance: A European Blueprint for the Copenhagen Deal*, COM (2009) 475/3, 2009.

Commission of the European Communities, *Towards a Comprehensive Climate Change Agreement in Copenhagen*, COM (2009) 39 Final, 2009.

Curtin, John, *The Copenhagen Conference: How Should the EU Respond?* (Dublin: Institute of International and European Affairs, 2010).

Dedman, Martin, *The Origins and Development of the European Union 1945 – 2008: A History of European Integration* (London and New York: Routledge, 2010).

Delbeke, Jos, ed., *EU Environmental Law: The EU Greenhouse Gas Emission Trading Scheme* (Leuven: Claeys and Casteels, 2006).

Dente, Bruno, ed., *Environmental Policy in Search of New Instruments* (Dordrecht: Kluwer Academic Publishers, 1995).

Dessler, Andrew E. and Edward A. Parson, *The Science and Politics of Global Climate Change: A Guide to the Debate* (Cambridge: Cambridge University Press, 2006).

EEA, *Annual European Community Greenhouse Gas Emission Inventory 1990 – 2007 and Inventory 2009* (Luxembourg: Office for Official Publications of the European Communities, 2009).

Egenhofer, Christian, ed., *Beyond Bali: Strategic Issues for the Post – 2012 Climate Change Regime* (Brussels: Center for European Policy Studies,

2008).

Elgström, Ole and Christer Jönsson, eds., *European Union Negotiations: Processes, Networks and Institutions* (London and New York: Routledge, 2005).

European Commission, *Analysis of Options to Move beyond 20% Greenhouse Gas Emission Reductions and Assessing the Risk of Carbon Leakage*, COM (2010) 265 Final, 2010.

European Commission, Communication from the Commission, *Europe 2020: A Strategy for Smart, Sustainable and Inclusive Growth*, COM (2010) 2020, 2010.

European Commission, *EU Action against Climate Change: Adapting to Climate Change* (Luxembourg: Office for Official Publications of the European Communities, 2008).

European Commission, *International Climate Policy Post - Copenhagen: Acting Now to Reinvigorate Global Action on Climate Change*, COM (2010) 86 Final, 2010.

Faure, Michael and Marjan Peeters, eds., *Climate Change and European Emissions Trading: Lessons for Theory and Practice* (Cheltenham, UK · Northampton, USA: Edward Elgar Publishing, 2008).

Faure, Michael G., Joyeeta Gupta and A. Nentjes, *Climate Change and the Kyoto Protocol: The Role of Institutions and Instruments to Control Global Change* (Cheltenham, UK · Northampton, USA: Edward Elgar Publishing, 2003).

Ferman, Gunnar, eds., *International Politics and Climate Change: Key issues and Critical Actors* (Oslo: Scandinavian University Press, 1997).

Golub, Jonathan, ed., *Global Competition and EU Environmental Policy* (London: Routledge, 1998).

Grant, Wyn, Duncan Matthews and Peter Newell, *Effectiveness of European Union Environmental Policy* (London: Macmillan Press Ltd, 2000).

Grobbel, Merle, *Implementing Climate Change Measures in the EU: Key Success Factors* (Wiesbaden: VS Verlag, 2009).

Gupta, Joyeeta and Michael Grubb, eds., *Climate Change and European Leadership: A Sustainable Role for Europe?* (Dordrecht: Kluwer Academic Publishers, 2000).

Gupta, Joyeeta and Nicolien van der Grijp, eds., *Mainstreaming Climate Change in Development Cooperation: Theory, Practice and Implications for the European Union* (Cambridge: Cambridge University Press, 2010).

Gupta, Joyeeta, *The Climate Change Convention and Developing Countries: From Conflict to Consensus?* (Dordrecht: Kluwer Academic Publishers, 1997).

Harris, Paul G., ed., *Climate Change and Foreign Policy: Case Studies from East to West* (London and New York: Routledge, 2009).

Harris, Paul G., ed., *Europe and Global Climate Change: Politics, Foreign Policy and Regional Cooperation* (Cheltenham, UK: Edward Elgar Publishing Limited, 2007).

Hillman, Mayer et al., *The Suicidal Planet: How to Prevent Global Climate Catastrophe* (New York: St. Martin's Press, 2007).

Hooghe, Liesbet and Gary Marks, *Multi – level Governance and European Integration* (Lanham: Rowman & Littlefield Publishers, 2001).

Hubert, Heinelt et al. eds., *European Union Environment Policy and New Forms of Governance* (Aldershot: Ashgate Publishing Limited, 2001).

Hulme, Mike and Henry Neufeldt, eds., *Making Climate Change Work for Us: European Perspectives on Adaptation and Mitigation Strategies* (Cambridge: Cambridge University Press, 2010).

Hurrell, Andrew and Benedict Kingsbury, eds., *The International Politics of the Environment: Actors, Interests, and Institutions* (New York: Oxford University Press, 1992).

Jachtenfuchs, Markus, *International Policy – Making as a Learning Process? The European Union and the Greenhouse Effect* (Aldershot: Ashgate Publishing Limited, 1996).

Jaggard, Lyn, *Climate Change Politics in Europe: Germany and the International Relations of the Environment* (London & New York: Tauris Academic Studies, 2007).

Jepma, Catrinus J. and Mohan Munasinghe, *Climate Change Policy: Facts, Issues, and Analyses* (Cambridge: Cambridge University Press, 1998).

Jordan, Andrew and Adriaan Schout, *The Coordination of the European Union: Exploring the Capacities for Networked Governance* (Oxford: Oxford University Press, 2006).

Jordan, Andrew et al., eds., *Climate Change Policy in the European Union: Confronting the Dilemmas of Adaptation and Mitigation?* (Cambridge: Cambridge University Press, 2010).

Jordan, Andrew, and Duncun Liefferink, eds., *Environmental Policy in Europe: The Europeanization of National Environmental Policy* (London and New York: Routledge, 2006).

Jordan, Andrew, ed., *Environmental Policy in the European Union: Actors, Institutions and Processes* (London and Sterling: Earthscan Publications Ltd, 2005).

Kaczyński, Piotr Maciej, *Single Voice, Single chair? How to Re-organise the EU in International Negotiations under the Lisbon Rules* (Brussels: Centre for European Policy Studies, 2010).

Karr, Karolina, *Democracy and Lobbying in the European Union* (Frankfurt and New York: Campus Verlag, 2006).

Knill, Christoph and Duncun Liefferink, *Environmental Politics in the European Union: Policy-making, Implementation and Patterns of Multi-level Governance* (Manchester: Manchester University Press, 2007).

Kohler-Koch, Beate and Rainer Eising, eds., *The Transformation of Governance in the European Union* (London: Routledge, 1999).

Lacy, Mark J., *Security and Climate Change: International Relations and the Limits of Realism* (London and New York: Routledge, 2003).

Leary, Neil et al., *Climate Change and Adaptation* (London: Earthscan, 2008).

Lee, Bernice et al., *Changing Climate: Interdependencies on Energy and Climate Security for China and Europe* (London: the Royal Institute of International Affairs, 2007).

Liefferink, J. D. , et al. , eds. , *European Integration and Environmental Policy* (*London and New York*: *Belhaven Press*, 1993).

Luterbacher, Urs and Detlef F. Sprinz, eds. , *International Relations and Global Climate Change* (Cambridge, Massachusetts: MIT Press, 2001).

Manners, Ian, *Substance and Symbolism*: *An Anatomy of Cooperation in the New Europe* (Aldershot: Ashgate Publishing Limited, 2000).

Marquina, Antonio, ed. , *Global Warming and Climate Change*: *Prospects and Policies in Asia and Europe* (New York: Palgrave Macmillan, 2010).

Milio, Simona, *From Policy to Implementation in the European Union*: *the Challenge of a Multi – level Governance System* (London and New York: Tauris Academic Studies, 2010).

Newell, Peter, *Climate for Change*: *Non – state Actors and the Global Politics of the Greenhouse* (Cambridge: Cambridge University Press, 2000).

Oberthür, Sebastian and Herman E. Ott, *The Kyoto Protocol – International Climate Policy for the 21st Century* (Berlin: Springer, 1999).

Oberthür, Sebastian and Marc Pallemaerts, eds. , *The New Climate Policies of the European Union*: *Internal Legislation and Climate Diplomacy* (Brussels: VUB Press, 2010).

O' Riordan, Tim and Jill Jäger, eds. , *Politics of Climate Change*: *A European Perspective* (London and New York: Routledge, 1996).

Paterson, Matthew, *Global Warming and Global Politics* (London: Routledge, 1996).

Paterson, Matthew, *Understanding Global Environmental Politics*: *Domination*, *Accumulation*, *Resistance* (New York: St. Martin's Press, 2000).

Peeters, Marjan and Kurt Deketelaere, *EU Climate Policy*: *the Challenge of New Regulatory Initiative* (Cheltenham, UK · Northampton, USA: Edward Elgar Publishing, 2006).

Piattoni, Simona, *The Theory of Multi – level Governance*: *Conceptual*, *Empirical*, *and Normative Challenges* (New York: Oxford University Press, 2010).

Rhodes, Carolyn, ed. , *The European Union in the World Community*

(Boulder: Lynne Rienner Publishers, Inc, 1998).

Rosamond, Ben, *Theories of European Integration* (London: Macmillan Press Ltd, 2000).

Scherurs, Mrianda A. et al., eds., *Transatlantic Environment and Energy Politics: Comparative and International Perspectives* (Farnham: Ashgate Publishing Limited, 2009).

Scott, Joanne, eds., *Environmental Protection: European Law and Governance* (Oxford: Oxford University Press, 2009).

Skjærseth, Jon Birger and Jørgen Wettestad, *EU Emissions Trading: Initiation, Decision - making and Implementation* (Aldershot: Ashgate Publishing Limited, 2008).

Skodvin, Tora, *Structure and Agent in the Scientific Diplomacy of Climate Change: An Empirical Study of Science - Policy Interaction in the Intergovernmental Panel on Climate Change* (Dordrecht: Kluwer Academic Publishers, 2000).

Stavins, Robert N. et al., eds., *Architectures for Agreement: Addressing Global Climate Change in the Post - Kyoto World* (Cambridge: Cambridge University Press, 2007).

Tallberg, Jonas, *Leadership and Negotiation in the European Union* (Cambridge: Cambridge University Press, 2006).

Telò, Mario, ed., *The European Union and Global Governance* (London and New York: Routledge, 2009).

Tömmel, Ingeborg and Amy Verdun, eds., *Innovative Governance in the European Union: the Politics of Multilevel Policymaking* (Boulder: Lynne Rienner Publishers, 2009).

Verheyen, Roda, *Climate Change Demage and International Law: Prevention Duties and State Responsibility* (Leiden: Martinus Nijhoff Publishers, 2005).

Victor, David G., *The Collapse of the Kyoto Protocol and the Struggle to Slow Global Warming* (Princeton and Oxford: Princeton University Press, 2007).

Wallace, Helen and William Wallace, eds., *Policy - making in the Euro-*

pean Union (Oxford: Oxford University Press, 2000).

Weale, Albert et al., *Environmental Governance in Europe: An Ever Closer Ecological Union?* (Oxford: Oxford University Press, 2003).

Wiener, Antje and ThomasDiez, eds., *European Integration Theory* (Oxford: Oxford University Press, 2004).

Wurzel, Rüdiger K. W. and James Connelly, eds., *The European Union as a Leader in International Climate Change Politics* (London and New York: Routledge, 2011).

Youngs, Richard, *Energy Security: Europe's New Foreign Policy Challenge* (London and New York: Routledge, 2009).

（四）参考的英文期刊和研究网站

1. Climate Policy
2. *Energy Policy*
3. *Environmental Policy and Governance*
4. *Environmental Politics*
5. *Global Environmental Politics*
6. *Global Environmental Change*
7. *International Environmental Agreements: Politics, Law and Economics*
8. *International Organization*
9. *International Review for Environmental Strategies*
10. *Journal of Common Market Studies*
11. *Journal of European Environmental &Planning Law*
12. *Journal of European Public Policy*
13. *Mitigation and Adaptation Strategies for Global Change*
14. *Official Journal of the European Union*
15. *Review of European Community & International Environmental Law (RECIEL)*
16. http://europa.eu/index_en.htm.
17. http://www.pewclimate.org.
18. http://www.iisd.ca.

19. http：//www. tyndall. ac. uk.

20. http：//unfccc. int.

21. http：//www. ipcc. ch.

22. http：//www. oecd. org.

23. http：//www. iea. org.

24. http：//www. wri. org.

25. http：//www. rff. org.

图书在版编目(CIP)数据

欧盟气候政策研究 / 高小升著. —北京: 社会科学文献出版社, 2014.12

ISBN 978 - 7 - 5097 - 6873 - 0

Ⅰ. ①欧… Ⅱ. ①高… Ⅲ. ①气候 - 政策 - 研究 - 欧洲
Ⅳ. ①P46 - 015

中国版本图书馆 CIP 数据核字(2014)第 289559 号

欧盟气候政策研究

著　　者 / 高小升

出 版 人 / 谢寿光
项目统筹 / 宋浩敏　曹义恒
责任编辑 / 宋浩敏

出　　版 / 社会科学文献出版社 · 社会政法分社 (010) 59367156
地址: 北京市北三环中路甲 29 号院华龙大厦　邮编: 100029
网址: www. ssap. com. cn
发　　行 / 市场营销中心 (010) 59367081　59367090
读者服务中心 (010) 59367028
印　　装 / 北京季蜂印刷有限公司

规　　格 / 开 本: 787mm × 1092mm　1/16
印 张: 16　字 数: 244 千字
版　　次 / 2014 年 12 月第 1 版　2014 年 12 月第 1 次印刷
书　　号 / ISBN 978 - 7 - 5097 - 6873 - 0
定　　价 / 65.00 元